よくわかる
デライト設計入門

ワクワクするような製品は
天才がいなくとも作れる

大富 浩一［著］

日刊工業新聞社

はじめに

ものの充足、顧客の要求の多様化に伴い、従来のものづくりでは対応できなくなっている。一方、欧米の天才が創出したアイデアをトップダウンで展開していく仕組みは日本のものづくりとは相いれない。一時期、日本でも西欧の仕組みを真似たこともあったがことごとく失敗し元に戻っている。日本の仕組みを尊重し、日本の文化、ものづくりを前提とした新しいデライトものづくりの構築が急務となっている。特に、ものづくりの中でも“人の琴線に触れる”製品、いわゆるデライト製品での日本の立ち遅れが目立っている。

そこで、デライトとは？ デライト設計とは？ 誰にとってのデライト？ と言った本質から説き起こして、目指すべき“デライト設計”を明らかにする。これらを通してデライト設計が特別なものではなく、ものづくりが本来目指すところであることに気付く。

デライト設計を具体的にイメージしてもらうために、最初に“製品音のデライト設計”について紹介する。この事例は著者が企業在職中に実施したもので当時はデライト設計を意識していたわけでなく、従来のものづくりに議論を持ち、自然な形で行ったものである。これからも、デライト設計はものづくりの自然な流れと言える。

次に、実際にデライト設計はどうやって行うのか、その方法とプロセスについて述べる。デライト設計はマスト設計、ベター設計が担保された上で成り立っているのでこの辺りについても触れる。デライトだけを志向しても真の意味でのデライトにはならない。デライト設計は、デライト価値を定義するプロセスとデライト価値を実現するプロセスの大きく二つから構成される。その具体的手順について紹介する。

さらに、デライト設計を行うにあたって、必要となる手法、ツールに関して紹介する。これらの手法、ツールは適材適所で使われる種類のものであることを特筆する。また、実際にデライト設計に使用する手法、ツールの多くはすでに他の多くの分野で実績にあるものである。デライト設計という切り口でどのように適用するかがポイントとなる。

デライト設計の適用例としてドライヤをモチーフに紹介する。ここではいわゆる設計者（エンジニアリングデザイン）とデザイナ（インダストリアルデザイン）の掛け合い（相乗効果）についても触れる。

デライト設計は確立された考え方、手法ではない。最後に、今後の新たな展開について展望する。

本書の内容は著者の企業での35年余りの実務経験のうち、音振動研究の一環として、2005年に世に問うた音のデザイン研究に端を発する。その後、2015年からは内閣府の戦略的イノベーション創造プログラム（SIP）の"革新的設計生産技術"の一つのプロジェクトの中で展開を図った。第3章の製品音のデザインは主にクリーナの音のデザインに関して、事業部と一体となって想いを実現した結果である。ともに切磋琢磨した穂坂倫佳氏、岩田宜之氏なくしては音のデザインは生まれなかった。また、音のデザイン研究に際しては、九州大学岩宮眞一郎先生、高田正幸先生から多数の助言をいただくとともに、音質評価に関してはドイツHead-acoustics社のKlaus Genuit氏に全面的に支援いただいた。さらに、設計の視点から東京大学村上存先生、柳澤秀吉先生から多くのヒントをいただいた。第4章から第6章は上記SIPプロジェクトを通して考えたこと、使った手法、事例を纏めた。私の活動を全面的に支えていただいたプロジェクトリーダーの東京大学鈴木宏正先生ならびにプロジェクトメンバの皆様のご協力に感謝申し上げる。特に、1Dモデリングに関する部分は片山寛之氏の努力の賜物である。また、統計的手法に関しては広島国際大学井上勝雄先生に理論的背景を含めて支援いただいた。

なお、第4章から第6章の成果の一部は、国立研究開発法人新エネルギー・産業技術総合開発機構（NEDO）の委託業務の結果得られたものである。お礼申し上げる。

2017年4月

大富　浩一

目　次

なぜ今デライト設計なのか

必要なものが充足し、顧客の要求の多様化に伴い、製造業は従来のものづくりでは対応できなくなっている。一方、欧米における、天才が創出したアイデアをトップダウンで展開していく仕組みは、日本のものづくりとは相いれない。日本の文化、ものづくりを前提とした新しいデライトものづくりの構築が急務となっている。

ものづくりにおいて、設計と生産は車の両輪である。設計はものづくりの方向を決める前輪であり、生産はものづくりを加速する後輪ともいえる。ものづくりの規模が小さく、複雑でなかった時代は、設計と生産は一体となり、いわゆるものづくりが行われていた。このような時代においては、ものづくりを行う技術者の能力にその良否は大きく影響していた。

その後、人の生活を豊かにする製品群が大量生産技術の向上とともに世の中に充足してくるとともに、ものづくりの研究、技術も飛躍的に向上した。この時期において、特に日本の生産技術は世界をリードしていた。また、設計においても、日本発のオリジナル製品が創出された。1950年代から1980年代までは、このような製品群が人々の生活を物質的に豊かにした時代であったと言える。

図1-1に、主に1950年代以降のものづくりの変遷を示す。

1990年代以降、ものが充足するに従って環境問題が深刻化し、ものづくりは新たな局面を迎える。この頃から、物質的には充足した状態での、精神的な充足を目的としたものづくりが始まった。これには、インターネットをはじめとするIT技

欲しいものが明確
ハード中心、メカ中心、大量生産

顧客ニーズの多様性
ハード＋ソフト、
メカエレキソフト融合

		～1930代	1940代	1950代	1960代	1970代	1980代	1990代	2000代	2010代
世界	社会				IKEA：1963		HMV：1990	ハリーポッター：2002		
	もの	Nilfisk掃除機：1920 T型フォード：1923	ライカM3：1954 ポルシェ356クーペ：1950	セレクトリックタイプライター：1961	真空掃除機サイクロン：1981	Macintosh K128：1984	DC01：1993	iPod：2001 ルンバ：2002	iPhone：2007	iPad：2010
日本	社会			東京オリンピック：1964 東京タワー：1958 MG5：1967	セブンイレブン1号店：1974 マクドナルド1号店：1971	サンリオ：1974 無印良品：1980 東急ハンズ：1976	NTT：1985 JR：1987 Jリーグ：1993 ユニクロ：1984	冬ソナ：2004 たまごっち：1997	なでしこジャパン：2011 スカイツリー：2012 アキバ：2005	
	もの	日本初電気掃除機：1931		カップヌードル：1971 電気釜：1955 トランジスタラジオ：1958 トランジスタテレビ：1959 スバル360：1958	ハイクリーンD：1965 カシオミニ：1972 ウォークマン：1979 初代カローラ：1966	ウォシュレット：1980 ファミコン：1983 ニコンF3：1980 写ルンです：1986 CDプレーヤー：1985 初代シビック：1972	アサヒスーパードライ：1986 ゲームボーイ：1989 初代シーマ：1988	AIBO：1999 ASIMO：2000 IXY：1996 液晶ビューカム：1992 MDウォークマン：1992 プリウス：1997	スマートフォン：2011 ワクワクする（デライトな）ものが不在 リーフ：2010	

図1-1　ものづくりの変遷

術の進化が連動している。また、製品の形態も、1980年代まではメカを中心としたものが主体であったが、1990年代以降は、最終形態としてはメカであるが実態はメカという衣装をまとったメカエレキソフト融合製品が主体となった。

これにともない、ものづくりも大きく変化した。これに追従できない企業は衰退を余儀なくされ、設計研究においても多様化が進んでいる。このような背景のもと、大量生産技術に機軸を置いた日本のものづくりは、相対的に弱体化の兆候を示すようになった。

図1-1は、いわゆるヒット商品の変遷を示しているともいえる。ここで象徴的なのは、2000年以降、ヒット商品（ワクワクするもの）が激減していることである。何を持ってヒット商品と考えるかは年代によっても異なると考えるが、最近の大学生に聞いてみても、ものへの執着が我々の世代（団塊の世代の直後）に比べて格段に減少している。

この理由は、上述のように物質的な豊かさが行き渡っていることを意味しており、これはこれで結構なことである。一方で、ものづくりの視点に立つならば、違った視点でのものづくりが必要になってきていることを意味する。すなわち、“物質的な豊かさ”から“精神的な豊かさ”に、人の欲求がシフトしていると考えられる。これらのことから、“精神的な豊かさ”を具現化するものづくり、心を豊かにするものづくりをデライト設計と呼ぶことにする。

ここで、“心を豊かにするものづくり”について考えてみたい。心を豊かにするものづくりと言っても、その定義は難しい。そこでとりあえずは、心を豊かにするものと、これをつくるためのものづくりとに分けて考えみる。

ものは顧客のための製品であり、ものづくりはそれを提供する側の手段である。心を豊かにするものづくりのためには、もの自体が顧客の心を豊かにするだけでなく、ものづくりも心豊かに行われる必要があると考える。そこでここでは、ものの豊かさ、こころの豊かさの関係について触れるとともに、こころの豊かさを提供するための手段である“ものづくり”の考え方を紹介する。こころの豊かさを提供するものづくりを実現するには、“作る”（設計）から“創る”（デザイン）へと、“ものづくり”を行う側も発想の転換を図る必要がある。

ものの豊かさとこころの豊かさには、何らかの関係が存在する。**図1-2**に横軸に“もの”の豊かさ（物質的充足度）、縦軸に“こころ”の豊かさ（精神的満足度）をとって両者の関係を示す。一般には“もの”が充足するに伴って、こころも満足し

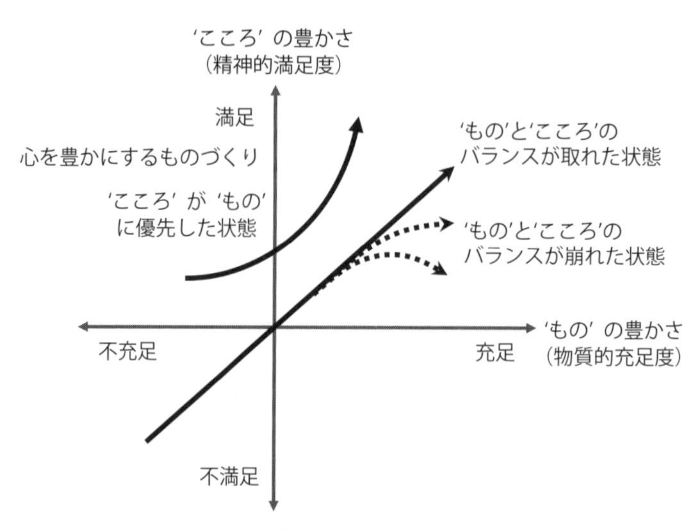

図1-2 “もの”の豊かさと“こころ”の豊かさの関係

ていく。これがものとこころのバランスが取れた状態である。これは狩野モデルで言うところの性能品質に相当する。しかしながら、ものの供給が過剰な状態になると、ものとこころの線形的な関係が崩れて、ものとこころのバランスが崩れた状態になる。一方、こころがものに優先した状態が存在する。ものはそれほど充足していなくても、こころが満足している状態である。この状態は魅力品質に相当する。ものとこころのバランスが取れた状態を目指すのが従来型のものづくりとすると、こころがものに優先した状態を目指すのが心を豊かにするものづくりと考える。

“もの”が与える“こころ”の豊かさの時間的変化を、**図1-3**に示す。横軸に時間、縦軸にこころの豊かさ（精神的満足度）を取り、3つの“もの”について示している。

第1の“もの”（①）は、最初が一番こころの豊かさが大きく、時間の経過とともに満足度が低下していく場合である。これは、購入したものは、最初は一番見た目も綺麗であり、その結果このような傾向を示していると理解できる。けれども、この場合、必ずしもものづくりが適切に行われたとは言えない。ものづくりが表層的に行われていることを示す。

第2の“もの”（②）は、購入してからじわじわとこころの豊かさが増大し、ある時期に最大値を示し、その後緩やかに減少していく場合である。使って見なければ分からない価値がものに包含されている場合、この様な変遷を経る。ある種の文

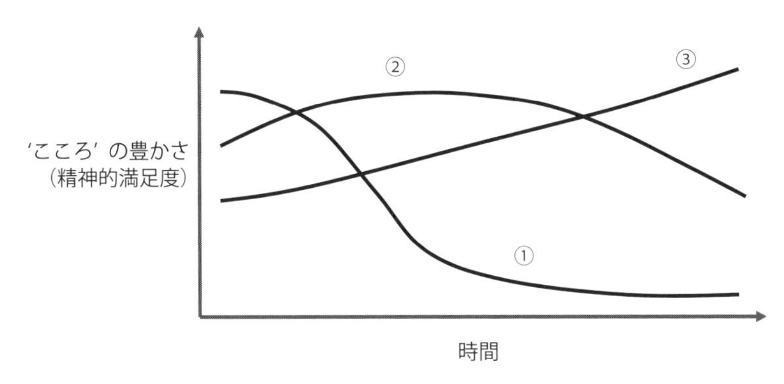

図1-3　“こころ”の豊かさの時間的変化

房具がこれに相当する。これは一般的な“人”と“人”の関係に通じる。

第3の“もの”(③)は、時間とともにこころの豊かさが増大していく場合である。古くなればなるほど価値が出る芸術作品がこれに相当する。“人”と“人”の関係においても理想形である。

こころを豊かにするものづくりは、図1-2の、こころの豊かな状態を演出するためのものづくりである。3つのパターンのどれを目指すかはものによって異なってくるが、第2の“もの”が心を豊かにするものづくりの目標と考える。

では、こころの豊かさはどのように演出されるのであろうか。**図1-4**で、“こころ”の豊かさを量的な指標、質的な指標との関係で説明する。横軸は量的指標で、軽量化、小型化、高性能化といった数値で表現可能なものの状態で、ものづくりの側に重きがある。縦軸は質的指標で、持ちやすい、使いやすい、心地よいといったものの状態で、ものを使う側に重きがある。ものをつくる側もものを使う側の要求を配慮して、数値目標を設定しているのだが、結果としてものをつくる側の独りよがりになっている場合が少なくない。図1-4に示すように、心を豊かにするものづくりには、質的指標をいかに取り入れるかが重要である。

心を豊かにするものづくりのためには、“作る”(設計)から“創る”(デザイン)へと発想の転換を図る必要がある。“作る”(設計)とは、与えられた仕様に基づいて作り込んでいく行為である。これはごく一般のものづくりの方法である。しかしながら、“人”と“もの”との関係が密接な状態にある場合には、この方法では限界がある。図1-4の横軸の量的指標が、“作る”(設計)ための仕様に相当する。

一方、“創る”(デザイン)とは、仕様そのものを定義し、その仕様をものに創り込んでいく一連の行為を示す。図1-4の縦軸の質的指標（この段階では曖昧な状態）を仕様に落とし込み、ものに創り込んで行くのである。たとえば、軽量化という目的のために1kgという量的指標を設定し、これを1gでも切るように頑張るのが設計であり、軽量化の目的を持ちやすいという質的指標に置き換え、あるべき形状や重さを設定し、これを実現するプロセスがデザインである。

ここで、創る（デザイン）人を“創り手”と呼ぶことにし、使う側を“使い手”と呼ぶことにする。創り手と使い手の理想的な関係を**図1-5**に示す。心の豊かな創り手が心を豊かにするものを使い手に提供し、これにより、心の豊かな使い手が生まれ、これがさらに心の豊かな創り手を生むという相乗効果により、心の豊かなものづくりが形成される。

この心の豊かな創り手を生むためには、設計からデザインへと、思考の転換を図る必要がある。デザインとは、使う側の視点に立ってものづくりを行うと言うごく当たり前のことであるが、実際は、「言うは易し、行うは難し」である。

心を豊かにするものづくりのための方法は、いくつかあると考える。一つは発想支援の方法を研究し、実践することである。このためには必ずしも学問的方法でなくとも、実践的方法でも良いと考える。最近、米国でこのための方法論が生まれ、多くの国内企業も注目している。しかしながら、このような方法は文化の異なる国での成功事例であり、これを否定するわけではないが、日本にはもっと日本の資質にあった ものづくりの方法があると考える。

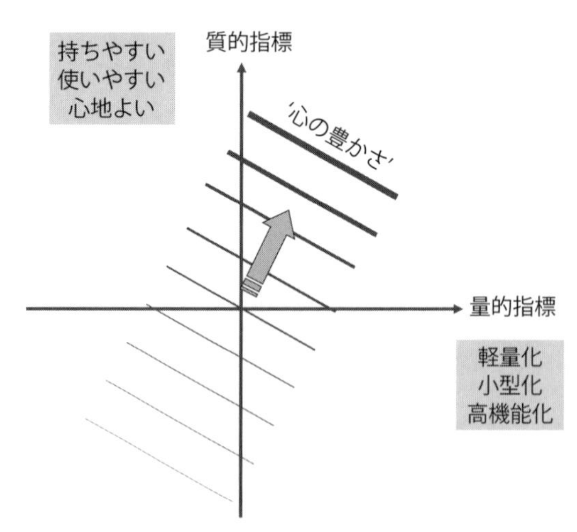

図1-4　“こころ”の豊かさと量的指標、質的指標の関係

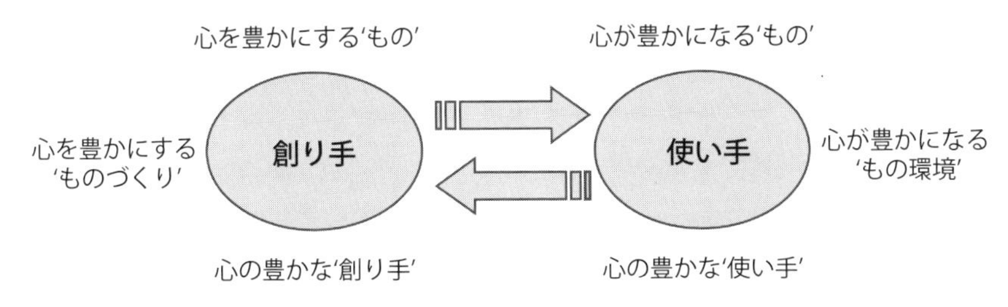

図1-5　創り手”と“使い手”の理想的な関係

日本のものづくりの特徴は、“擦り合わせ”という言葉で表現される。阿吽の呼吸とも言える。うまく機能すれば効率的であり、思わぬ成果を生み出す。最近、“擦り合わせ”が機能しなくなっている背景には、ものづくりの分野でのIT化の影響が無視できない。IT化ありきではなく、“擦り合わせ”ものづくりの仕組みにうまくIT技術を取り込んでいく発想が必要である。このためには、欧米発のITものづくり技術だけでは不十分なのは当然のことである。

心を豊かにするものづくりのためには、“擦り合わせ”がキーワードであると考えるが、これは人の重要性を意味する。すでに述べたように、心を豊かにするものは、心の豊かな創り手からのみ生まれると言っても過言ではない。ということは、心の豊かな創り手を生み出すことが、心を豊かにするものづくりのため唯一の方法である。けれども、心の豊かな創り手は作ろうと思ってできるものでもなく、すべての人がそのようになることもできない。しかしながら、日本にはこのような創り手が多く潜在しているように思う。このような創り手を発掘し、彼らをコアに、ものづくりの環境を構築していくことは可能である。

デライト設計とは

デライトとは何か？　デライト設計とは？　誰にとってのデライト？　と言った本質から説き起こして、目指すべき”デライト設計”を明らかにする。これらを通して、デライト設計が特別なものではなく、ものづくりが本来目指すところであることに気付く。

製品開発の考え方、方法は時代とともに変化する。20世紀の戦後のもののない時代は、顧客が必要としているものは明確であり、メーカーはこれを具現化することにより社会に貢献してきた。テレビ、ランドリ、クリーナ、エアコン、冷蔵庫、自動車といった製品がこれに相当する。この場合、製品を具体化するために製品を構成する部品（モータ、ファン、コンプレッサ、エンジン等）を開発していった。このような製品開発が進むことにより、部品も標準化されていった。

一方、戦後の大量生産大量消費の時代を経て、もののない時代からものがあふれた時代へ世の中が移行し、また、70年代以降のオイルショック、環境問題、そして最近の多様化の時代を迎え、製品開発のあり方が大きく変化している。**図2-1**に携帯オーディオ、ノートPC、家電、自動車を例にとり、製品開発の変遷を示す。

携帯オーディオは記録媒体がテープ、CD、HDD、メモリと変化するとともに、機器単独での使用からネットワーク環境下での使用へと、その質、量がともに大きく変化している。また、ノートPCはワープロ専用機の後を受けるように世の中に現れ、現在では業務に趣味にと、必須の機器の一つになっている。小型化、軽量化、高性能化の厳しい競争のもと、最近では高信頼性を一つの特徴に据えてノートPCを開発するメーカーも出てきた。これも時代を反映するものといえる。さらには、携帯オーディオと携帯電話が融合してスマートフォンに、さらにスマートフォンとノートPCが融合したタブレットなども現れ、今後この変化の流れは一層加速するものと思われる。

一方、家電機器は、炊事洗濯といった家事から人を解放するツールとして出発した。当初は家事の代替という価値が高く評価されたが、家電機器の普及ととともに、高性能、高効率、低振動、低騒音といった道を辿り、高機能を訴求し始めたあたりから若干雲行きが怪しくなっている。この背景には、海外家電メーカーの、全く視点を別にした家電機器が入ってきたことも無視できない。

家電機器が家事を支援するというニーズを具現するために、要素部品といったシーズが発展していったのに対して、携帯オーディオ等は“いつでもどこでも音楽を”というニーズと、半導体、圧縮技術といったシーズが対等に、そして最近ではシーズ先行で進んでいる点が特徴的である。

また、自動車も家電機器と同様の発展を遂げてきているが、その開発規模が大きいという点においてものづくりへのインパクトは大きい。内燃機関からモータ、人

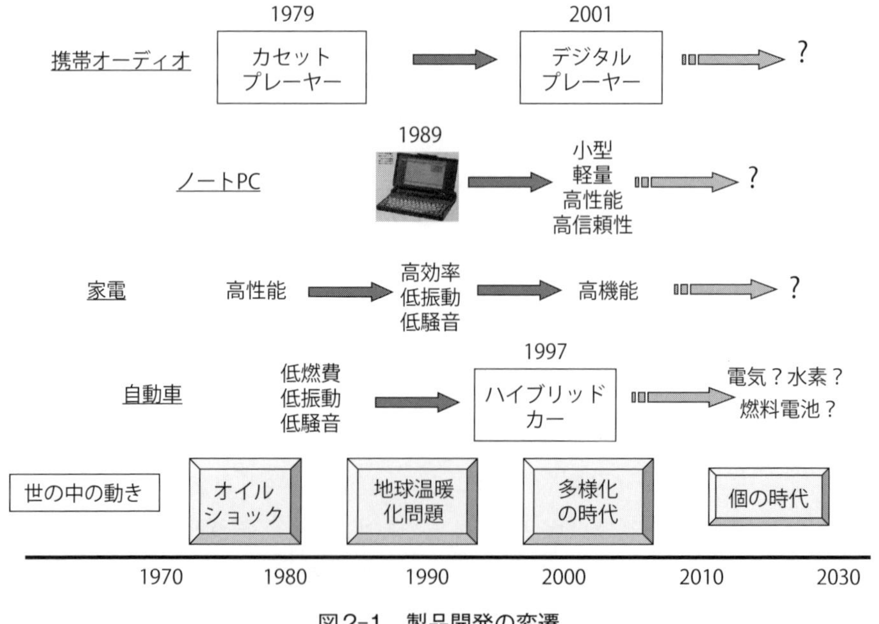

図2-1　製品開発の変遷

が運転から自動運転と大きな変化が起きつつあるが、これが今後どのように推移するのかは不透明だ。図2-1では、ここ過去20年、30年の製品開発の変遷を見てきた。今後20年後、30年後にこれらがどうなっていくか、どうなっていくべきかを設計の視点から考えることも重要である。

製品の良否は、製品そのものと製品を構成する要素（ハード、ソフト）との相性で決まる。顧客の要求を先読みし（顧客に聞いても答は出ない）、要素技術のトレンドを見極め、製品を設計する必要がある。

個人的には、これからは個の時代と考える。個の時代に合った製品とは何か、このための設計とは何か、これは既存の設計技術で可能なのか、そうでないとすると今後どのような設計技術が必要となるのかを考える時機にある。そして、そうした今後の製品開発において、デライト設計が重要となってくるのだ。

2.1 設計の定義

設計を定義することは容易ではないが、簡単に言うならば、製品の仕様を決めるプロセスといえる。製品の仕様とは単なる文章、数値の羅列ではなく、実現可能な性能、機能をコスト、開発期間、顧客満足度までも考慮して定義することにある。

今までは、製品開発を通して設計作業が行われてきた。しかし、今後は目指すべき設計を明確にすることにより、製品そのもののイメージを製品開発初期に具体化しておくことが重要と考える。例えば、高信頼なPCを設計が目指すべきものとすると、これをハードで実現するのか、ソフトで実現するのか、もしくは他の手段で行うのかを考える。いくつかの選択肢についてトレードオフを行い、選択したものについてイメージを具体化し、最終的に製品仕様となる。従来の方法では、ハード的に丈夫なものは高信頼であると考える（これ自体は間違っていない）ことにより、多くの選択肢を捨ててしまっている。

それを避けるためには、設計についての逆転の発想が求められている。つまり、設計を製品開発の単なる手段と考えるのではなく、設計の行き着く先に製品があると考えることに、先行き不透明な現在、そして将来の製品開発を正しく行うヒントが隠されているのだ。すなわち、設計のやり方次第で製品が変わるのである。このためには、設計の方向（何を目指す設計なのか）を製品開発の初期段階で決めておく必要がある。

2.2 3つの設計

設計の目指すべき方向を明確にするため、まずは設計を分類することを試みる。そのために、狩野モデルを用いることにする。狩野モデルとは、1970年代後期に東京理科大の狩野紀昭博士が、品質を①製品またはサービスが果たす性能の度合いと、②ユーザが満足している度合いの2次元で表現したものである。狩野モデルによれば、品質は以下の3つに分類される。

Ⅰ．当たり前品質

顧客要求が達成されていても顧客の満足度は限定的で、顧客要求が満足されていないと高い不満足（負の顧客満足）を生じる品質（車のドアがちゃんと開いても誰も喜ばないが、もし、ドアが開かないと皆不満を感じる）

Ⅱ．性能品質

顧客要求の達成度と顧客満足度が比例する品質（燃費のいい車ほど顧客は喜ぶ）

Ⅲ．魅力品質

顧客要求の達成度とあまり関係なく顧客満足度が高い品質（顧客は期待していないが提示されると満足する意外性のある顧客満足）

狩野モデルの3つの品質に対応させる形で、設計（デザイン）をその目指すべき方向ごとに3つに分類する（**図2-2**）。

Ⅰ．マスト設計（当たり前品質に相当）

デザイン保障が必須の設計。多くのトラブルは、この設計をないがしろにすることによって発生する。評価されにくいため取り組みにくい分野であるが、設計の基本。

Ⅱ．ベター設計（性能品質に相当）

評価が明白なため取り組みやすい分野ではあるが、皆が考えることは同じであり、最終的にはコスト競争に陥る。効率向上のための設計。

Ⅲ．デライト設計（魅力品質に相当）

デザインコンセプトが最重要な設計。多くのヒット商品はこの分野から誕生している。創発的な設計と思われがちではあるが、技術、顧客要求の先取りがポイント。

例えば、図2-1の携帯オーディオの場合、最初はデライト設計であるが、同業他社の参入によりベター設計へ移行する。いずれの場合も、マスト設計は必要である

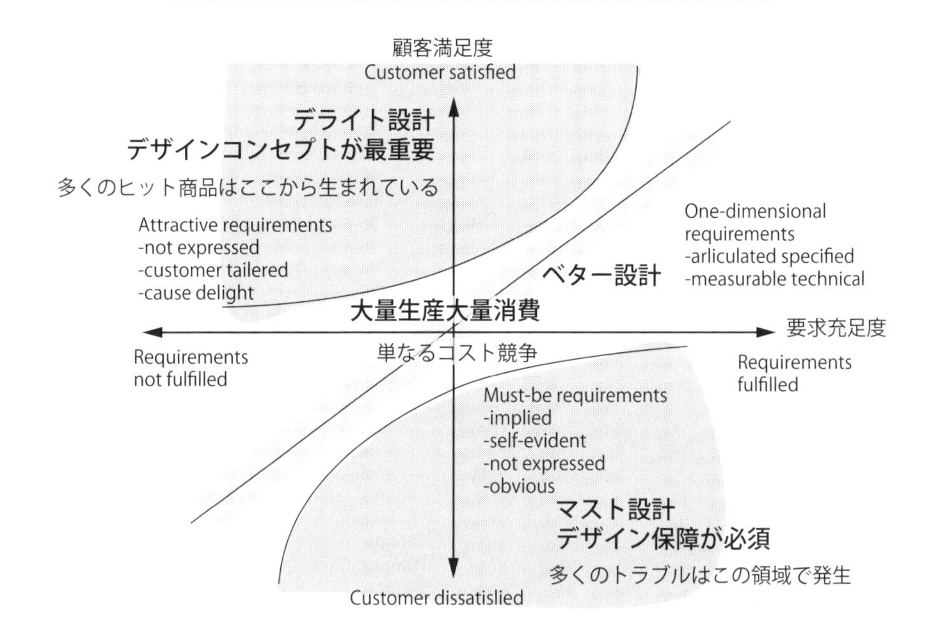

図2-2　3つの設計

が、必ずしも積極的なものでなく、最低保障の位置づけにある。ノートPCも同様の推移をたどっている（デライト設計からベター設計）。ただ、携帯オーディオが趣味用であるのに対し、ノートPCは業務用の側面が強いため、高信頼性が一つの売りとなる。この場合、マスト設計が前面に出てくる。

このように、製品ごと、また製品の成熟の度合いによって、デライト設計、ベター設計、マスト設計のどの設計に注力するのかを見極めることが良い製品開発を生む源泉となる。すなわち、これから行おうとしている製品開発がデライト、ベター、マストのいずれを目指しているのかを最初に決めることにより、最終的に出来上がる製品価値を最大化することができる。

この3つの設計に対応して、3つの設計技術が必要となる。これらは以下のように定義できる。また、それぞれの設計技術を構成する設計手法を**図2-3**に示す。

Ⅰ．マスト設計技術

製品は要素がいかに優れていても、たった一つのミスにより製品全体の価値を下落させてしまう。マスト設計技術は、要素の性能、品質を維持しつつ、全体の性能、品質を最大化する技術である。これは、一般的にはシステムズエンジニアリングとよばれている。日本が弱い領域であり、飛行機を丸ごと開発する等の製品モ

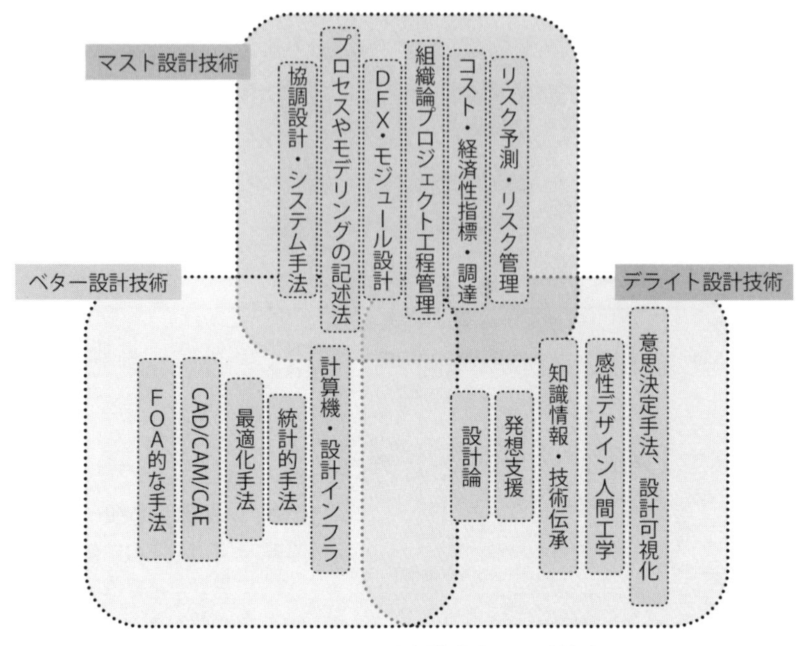

図2-3　3つの設計を構成する設計技術

チーフを設定することが飛躍のきっかけになると考える。

Ⅱ．ベター設計技術

設計効率向上（解を早く見つける）のためのものであり、手法としてはCAD、CAE、最適化が代表的なものである。CADはイメージ表現技術として設計の必須手法となっている。CAE、最適化に関しては、解ける現象に限界があり、あくまでヒントを与えてくれる手法であることを理解して使わないと、逆に効率を落とす可能性も否定できない。

Ⅲ．デライト設計技術

従来の感性工学とは異なり、人がなぜ感動するのかを科学的に捉え、これを物理ドメインに写像する試みが本格化しており、今後に期待できる分野である。

図2-4に、製品を形態別に分類した例を示す。横軸は開発規模を、縦軸は大量生産（不特定顧客）か小量生産（特定顧客）かを示す。このように分類すると、右下の領域には原子力プラント、宇宙機器が来る。また、左上には家電機器等が来る。このように見ると、右下の領域がマスト設計、左上がデライト設計、この中間がベター設計に対応している。

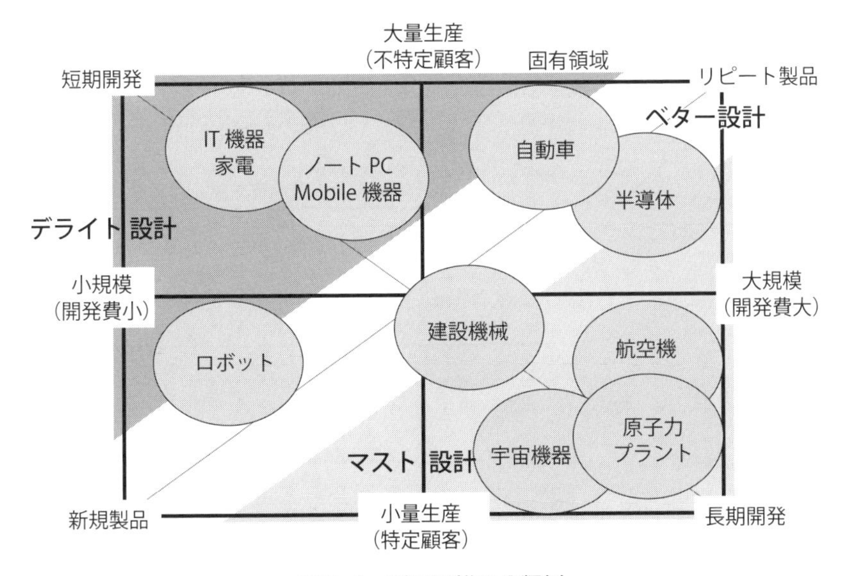

図2-4　製品形態の分類例

2.3　製品開発とデライト設計

次に、20年後、30年後の製品開発を予測（こうあって欲しいという要望をこめて）して見たい。製品には、ベター製品、マスト製品、デライト製品があると考える。これらの製品の現状と将来を**図2-5**に示す。大量生産大量消費を支えていたベター製品は取捨選択され、デザイン保障を実現するマスト製品が近い将来主流となり、さらに近未来的には、人を豊かにするデライト製品が必要となる。すなわち、これからの設計で重要な位置を占めるのがデライト設計である。そのため、今が、これを実現するための設計技術の研究開発のシナリオを創る時機なのだ。

製品開発の例として、家電製品を3つの設計に当てはめてみる。家電製品というと、炊飯器、掃除機、冷蔵庫、洗濯機などを思い浮かべる。これらはご飯を炊く、掃除をする、食物を保管する、衣類を綺麗にするというような、昔は手間と時間がかかった家庭の仕事を機械技術で自動化するといった点で、これらが世の中に出た時点ではデライト設計であったと考える。そのため、多少故障しようが、うるさかろうが気にしなかったのではないだろうか。

しかし、これらの家電製品が発展期を迎えると、故障しない製品が求められるようになり、マスト設計を必要とするようになった。その後、これらの家電製品は各

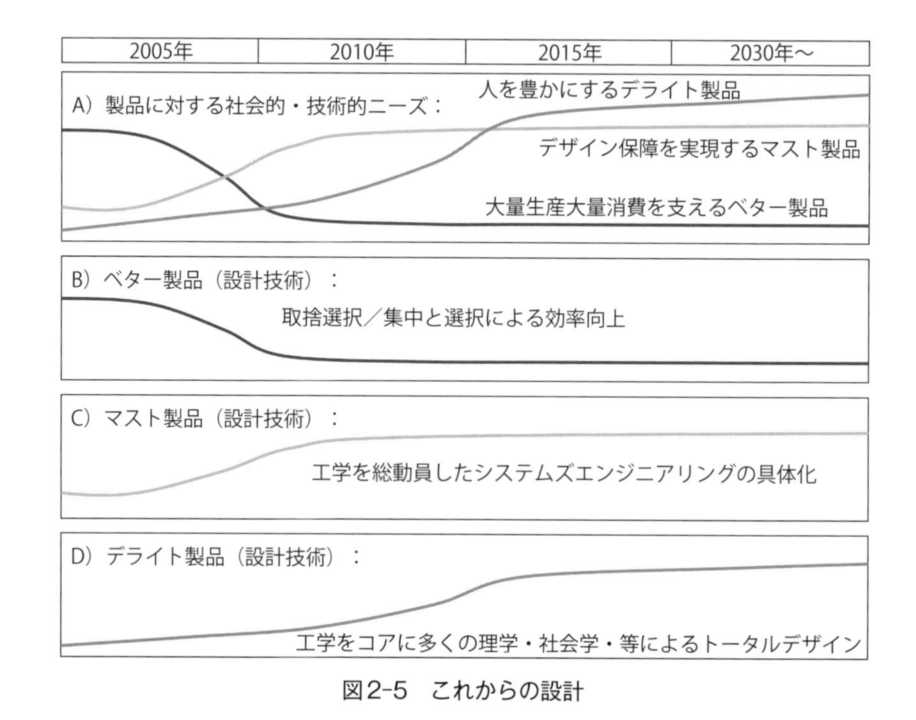

図2-5　これからの設計

家庭のほとんど設置されるようになり、普及期を迎える。こうなると、目指すところは各社同じとなり、いわゆるベター設計となる。これが現時点であると考えられる。

家電製品はデライト設計を出発点としており、その後、マスト設計→ベター設計と変遷している。今後の展開として、マスト設計→デライト設計と変遷することはある意味自然な方向である。しかし、当初のニーズ指向のデライト設計と今後目指すべきデライト設計は異なる。なぜならば、家電製品が生まれる前は家事を代行してくれる夢としての家電製品のイメージがあったが、それが実現された現在は状況がまったく異なるからだ。

顧客の要求は多様化しており、家電製品に関する顧客調査を実施しても、ニーズを見出すのは容易ではない。衣類を入れるだけで洗濯され、乾燥され、畳まれた衣類が出てくる洗濯機が出来ればまさにデライトかも知れないが、実現可能性は低い。ロボット掃除機の実現はデライトであるかもしれないが、狭い日本の住宅環境下ではこれも現実味がない（一部、現実的になってきている）。しかしこのような状況でも、いや、このような状況であるからこそ、日本のものづくりが国際競争力を維持するためにも、デライト設計を目指す必要があると考える。

図2-6に、ここまでで言及した家電製品の設計の変遷を示す。

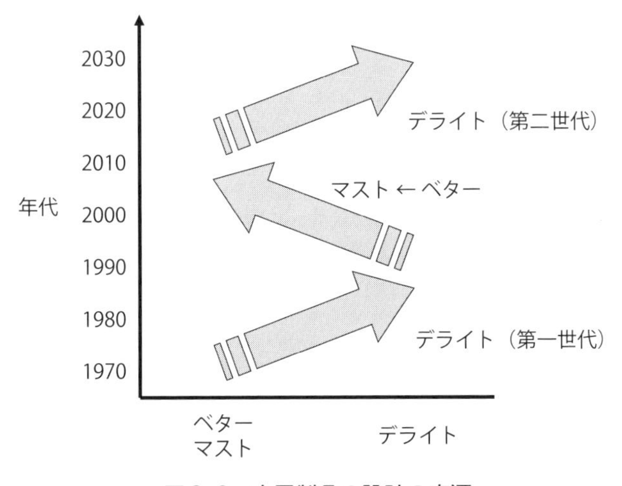

図2-6 家電製品の設計の変遷

デライト設計の一例としての“製品音のデザイン”

デライト設計を具体的にイメージしてもらうために“製品音のデザイン”について紹介する。この事例は著者が企業在職中に実施したもので、当時はデライト設計を意識していたわけでなく、従来のものづくりに疑問を持ち、自然な形で行ったものである。これからも、デライト設計はものづくりの自然な流れだと考える。

デライト設計の重要性については前章で述べた通りであるが、ここではデライト設計の一例として、“製品音のデザイン”を紹介する。製品音がなぜデライト設計の対象なのか？と思われる方も多いと思うが、すでに述べたように、家電機器においては初期の家事の代行を行うこと自体がデライトであった。その後、家電機器が家事の代替をすることは当たり前（マスト）となり、性能競争（ベター）へと推移していった。

その中で、従来にない考え方で人の琴線に触れるデライトな製品が出始めている。製品音のデザインはそのうちの一つで、音の視点からデライト設計を志向するものである。ここでは、最初に製品音のデザインの背景について述べ、続いて製品音のデザインの考え方、製品音のデザインのための基礎知識、方法を紹介する。そして、製品音のデザインの事例をいくつか紹介したのち、製品音のデザインが抱える課題、今後の展望に触れる。

3.1 製品音のデザインの背景

製品音は、製品を開発した結果として発生するものとして、従来は騒音という位置付けで製品試作後に対策をとっていた。これには、製品音が性能に直接結びつかないという背景がある。音に近いものとして振動があるが、振動は疲労強度に結びつくこともあり、製品開発の際の一つの設計パラメータと位置付けられている。

とはいうものの、製品音自体も時とともに改善され、最近では騒音が小さいことは当たり前で、騒音をある程度低減した上で音に味付けを行う試みが自動車を中心に行われている。このような背景のもと、広く製品音の背景と現状を振り返り、製品音を価値にするために必要なことについて考える。

3.1.1 製品音の遷移

製品には結果として音が発生する。その音のレベルが大きいと日常生活に支障をきたすために、いわゆる騒音レベルの低減が製品開発の際の仕様の一つとなっていった。騒音レベルの低減のために音の研究は深まり、能動消音技術を始め、多くの成果が得られた。

一方で、騒音レベルを下げるためには多くの手間を必要とし、結果として音が前面に出る製品開発は困難であった。すなわち、騒音レベル低減にはコストがかかり、一方で製品開発の視点からはコスト増は認められないというジレンマに陥った。ここでは、製品開発に携わってきた技術者として、製品と音との関係を考察し、結論として"製品音のデザイン"の必要性、重要性を説く。

製品の音に関しては、低騒音化技術と言う枠組みで取り組まれてきた。この結果、騒音レベル的には大幅な改善が実現された。一方で、新しい取り組みとして、音をデザインするという考えを製品音へ適用する試みが始まっている。しかしながら、音のデザインの対象の中で、製品音は特殊な位置を占めている。すなわち、製品音は製品を設計した結果として出てくるもので、決してよい意味で前面に出てくる種類のものではないと信じられてきた。これに対して、製品音のデザインは製品設計のプロセスに音のデザインを取り込み、音に価値を持たせようとする試みである。

製品音のデザインに関しては多くの研究がなされている。その結果、一般には音質指標のラウドネス、シャープネスが小さいことが、製品音として好ましいと結論付けられている場合が多いように感じる。しかしながら、製品音はその製品の価値を代表する要求仕様の一つであり、よりきめ細かい取り扱いが必要だ。

一方で、製品音の評価は製品固有のものであり、製品毎に評価すべきとの考え方がある。これはこれで正しいのであるが、製品設計を行う立場からは、製品毎に異なる評価を行っていたのでは効率的でなく、また、製品音の設計空間を狭めてしまい、革新的製品音創り（これが可能かどうかは別として）の機会を逸してしまうと考える。

そこでここからは、製品音のデザインをその原点から見つめ直し、なぜ製品音のデザインが必要なのかを、従来の低騒音化技術の経緯も参照しながら述べる。なお、ここでは家庭内、オフィス内、病院内のように屋内で使用される製品の音を対象とする。

製品は、本来その性能を最大化することを目的とする。例えば、パソコンでは性能の向上とともに発熱量が増え、自然対流からファンを用いた強制対流が必要となる。自然対流では音は微少であるが、強制対流ではファンの音が顕著となる。液体を用いた冷却はファンによる冷却より冷却能力は優れ、音も小さいがコストの点から採用されない。

図3-1に、クリーナにおけると性能向上と騒音レベルの変遷を示す。クリーナの性能は仕事率で表現される。仕事率は真空度と流量の積で、真空度が高いと吸い取り、流量が大きいと掃き取ることから両者の積で表す。

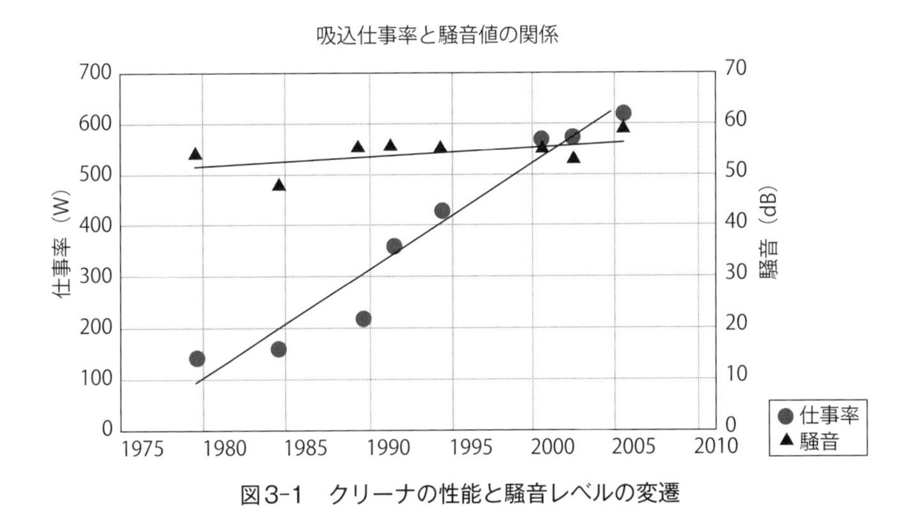

図3-1　クリーナの性能と騒音レベルの変遷

一般に真空度と流量は、トレードオフ関係にある。図3-1から、性能はこの30年弱の間に6倍程になっていることが分かる。性能向上に伴い、ファンの回転数、流量もアップしている。この結果、クリーナの心臓部であるファンモータ部の音響パワーは大きくなっている。にもかかわらず、結果として発生する騒音レベルはあまり変化していない。これはひとえに低騒音化技術の力である。

低騒音化技術は多くの製品に適用されているが、通常は音が全面に出ないため、技術そのものが脚光を浴びることは少ない。ここでは、その中でも比較的、低騒音化技術が製品の価値を向上した事例を紹介する。

3.1.2 低騒音化技術の適用例

(1) 抜本的な低騒音化

大型の医療機器であるMRI（磁気共鳴画像診断装置）は、抜本的な静音化機構を開発することで、従来品と比較して、騒音レベルを大幅に低減した。MRIは、磁場と電波を利用して体内の撮影を行う医療機器である。

MRIは、X線CTと違って、磁場変化を利用して画像を取得するが、磁場変化には傾斜磁場コイルの振動を利用するため、この振動がもとで、装置全体から非常に大きな音が発生する。しかし、家電製品の低騒音化技術と音質改善策として騒音源である傾斜磁場コイルの振動を抑えてしまうと、MRIに最も重要な磁場変化を得ることができないため、音源対策を施すことができない。

そこで、「独立支持構造」と「真空封入構造」からなる静音化機構が開発された。傾斜磁場コイルを筐体と独立に支持する「独立支持構造」の採用により、個体振動の伝播を遮断している。また、振動の伝播役を担っているのが空気であることに着目し、コイルの周囲を真空とする「真空封入構造」により圧力振動伝播を防止している。

この技術により、従来の静音化技術が騒音を聴感で約50％カット（dBではなく線形値で）するのが限界であったところを、画像診断能を犠牲にすることなく90％カットすることを実現した。

(2) 他の効果と併用した低騒音化

洗濯乾燥機に対するニーズとしては、洗濯・乾燥の基本性能は当然であるが、共働き家庭や単身赴任者の増加に伴い、夜間でも洗濯できるように、低騒音・低振動であることが求められている。さらに、乾燥時の仕上がり向上も求められるため、本体寸法を現状維持のままドラム容積を大きくする必要がある。そのためには、コンパクトな新型DD（Direct Drive）モータによる機構部の薄形化に加え、本体と外箱とのギャップをどのように少なくするかがポイントであり、洗濯物のアンバランス制御と振動系の最適化が重要となる。このケースでは、低騒音モータの採用、各部での低振動化と振動吸収によって、低騒音化を実現した。

新型DDモータは、高磁力を有する希土類マグネットと、この高磁力を効率よくモータ特性に活かす方式を採用している。高磁力マグネットには、従来のフェライトマグネットに対して3倍の高磁束を持つ希土類のネオジウムマグネットを採用しており、ハイパワー化とモータのコンパクト化を図っている。また、この高磁束をロスなく透過し、高効率特性とするIPM（Interior Permanent Magnet）構成を採用し、分離磁極方式のロータコア内部に永久磁石を埋め込み、磁力をモータのトルクに高効率で変換している。

新型DDモータの内周面形状についても、最適化された曲面で形成することによって磁束の集束，磁束密度の増大を図り、従来のDDモータに比べて出力密度を2倍に高めている。新型DDモータの利点を活かして、騒音低減、省エネを実現するためには、そのロータ位置を正確に検出して、モータに必要な制御電圧を印加する必要がある。従来、ロータ位置はホールセンサで検出していたが、センサ感度や取り付け位置によりロータ位置の誤差が発生する。そこで、新型DDモータ制御用として、モータ電流によって、ロータ位置を算出する制御技術を開発した。

ロータ位置は、100μ秒間隔で高速に算出しており、32bit高速演算処理機能付DSP（Digital Signal Processor）マイコンを用いている。これによって、新型DDモータの極数が、従来のDDモータに比べて2倍の48極である特長を活かせて、出力トルクをよりきめ細かく制御し、静かに回転させることが出来た。新型DDモータの採用は低騒音化に寄与するばかりでなく、制御性の向上による洗濯機本来の“綺麗に洗う”性能も向上している。

(3) 能動消音による低騒音化

騒音源の改良や、防振・振動絶縁などの対策の他、音の伝播空間において対策をする場合もある。冷蔵庫の場合、騒音源となるのは、機械室に設置されているコンプレッサであるが、これに能動消音を適用して低騒音化を行った事例がある。

一般的な能動消音の手法としては、騒音源を一次元ダクトの一端にくるように設計し、ダクトの途中に設置されたマイクで拾った信号に対して算出した逆位相の音を、ダクトの他端に設置されたスピーカから再生することで、ダクトの出口において騒音を低減するものである。製品に適用する際には、このように新たに一次元ダクトを設置する必要がある。冷蔵庫への適用例では、コンプレッサの設置されている機械室を一次元ダクトとして利用し、騒音源であるコンプレッサに振動センサを取り付けて低騒音化を行った。

以上に述べた製品、またこれ以外にも多くの低騒音化技術を適用した製品のいくつかは、その後、継続的に製品ラインアップの一つとなっている。その一方で多くの製品はその後、継続的には実施されていない。この原因について考えてみたい。

製品を購入する立場に立てば、同じ価格であれば音がいい方を購入する。しかしながら、いくら音がよくても、価格が少し高いだけでも顧客は購入をためらう。この背景を、**図3-2**を用いて説明する。

図3-2は、音によるコスト増（対製品コスト）を横軸に、音による価値向上を縦軸にとっている。縦軸は多分に主観的なものであるが、ここでも主観的に評価してみた。

上記で紹介した3つの製品を、番号で順番に示してある。①の製品は製品コストも高く、音対策も抜本的なものであり、音の価値も高く、製品として十分に成立領域に入っている。②の製品は効果が音以外の項目にも渡っており、その影響を考慮すると製品として成立する領域に入る。一方、③の製品は音による価値向上は認められるものの、相対的に音によるコスト増（結果的に価格に反映）が大きく、製品として成立するのを困難にしている。また、一般には低騒音化対策をとると性能が

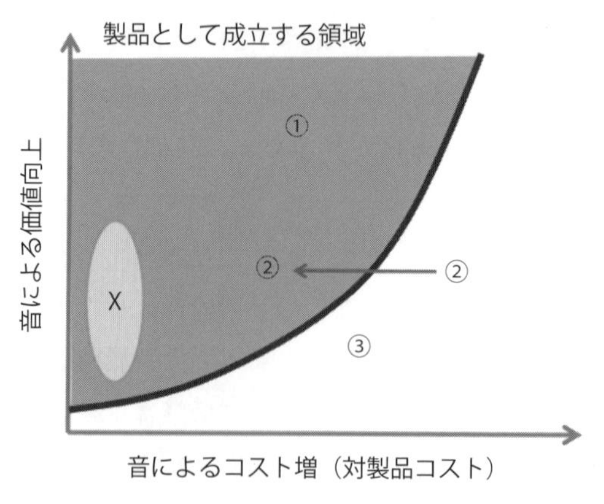

図3-2　音の価値とコストの関係

悪くなるので、これも考慮するとさらに厳しい状況となる。さらに、受動的対策の場合には、その経年変化はあまり気にしなくてよいが、能動的対策の場合には結果として電子機器を付加することになるので、これがうまく機能しなかった場合のことも含めて、総合的に評価する必要がある。

3.1.3　製品音を製品価値にするには

従来の低騒音化技術による音の視点での製品価値向上が、現実的には容易でないことは以上述べたとおりである。これに対する一つの解は、コスト増を最小限にして、音による製品価値を向上させる方法である。

図3-2のXの領域がこれに相当し、これを実現するのが製品音のデザインである。Lyonの著書に、従来の低騒音化技術（騒音制御）と音のデザインの対比がなされている（**表3-1**）。

これからも分かるように、音のデザインは製品開発そのものに音を取り込むため、音の価値を最大化できるとともに、コストとは無関係である。従来の低騒音化技術が、一般に製品ができてから対策をとるのと対照的である。ただ、表3-1に示すように、音のデザインを実践している例は少ない。これは、音のデザインを製品音に適用するには、多くの研究領域を統合的に扱う必要があるためである。

3.2　製品音のデザインの考え方

製品音のデザインとは、単に騒音レベルを下げるとか、音を良くするということではなく、製品の価値を音の視点から高める方法論である。また、この価値向上は

表3-1　製品音のデザインの考え方

従来の音設計（騒音制御）	音のデザイン
・既存技術（容易） ・参考書を読めばできる ・製品設計終了後に後付け ・独立設計 ・コストに直接影響（コスト増） ・安全性・保守性は悪くなるだろう	・理念は理解できる ・実践している人は稀（困難） ・製品設計サイクルと一体 ・高い相乗効果 ・コストには無関係 ・製品価値を高めるだろう

コストとは違う軸にある、すなわち、価値向上に伴ってコストが上がることは一般には想定しない。もし、価値向上に伴ってコストが上がる場合には、価値向上の度合いはコストのそれを上回っている必要がある。

一方、商品の視点に立つならば、製品音のデザインを盛り込んだ製品が同じコストで開発できたとしても、その商品価値に顧客が相応の対価を支払うのであれば、高く売れることを意味する。製品音のデザインの究極的目的はそこにある。

3.2.1 従来の音設計と音のデザイン

図3-3に、従来の音設計と音のデザインの比較を設計のプロセスに沿って示す。従来の音設計は、製品にもよるが、音が結果として発生する製品（多くの家電製品）においては、ものができてから音を確認、問題がある場合（異音が発生、騒音レベルが規定値以上）に対策を取るのが一般的であった。また、テレビ、ノートPCのように、音が重要と思われる製品においても音が他の性能（画質等）と同等に扱われているのは稀である。これは、音が商品価値として訴求しにくい（見た目で判断できない）ということに起因する。

これに対して、音のデザインでは音を製品価値の一つと位置づけ、他の設計パラメータと同時に設計の初期段階からデザインしていく。例えば、テレビ、ノートPCの場合に使用するスピーカは、それが同じものであっても、製品の細部に存在する空間を活用することによって音質は全く異なってくる。設計の初期段階から筐

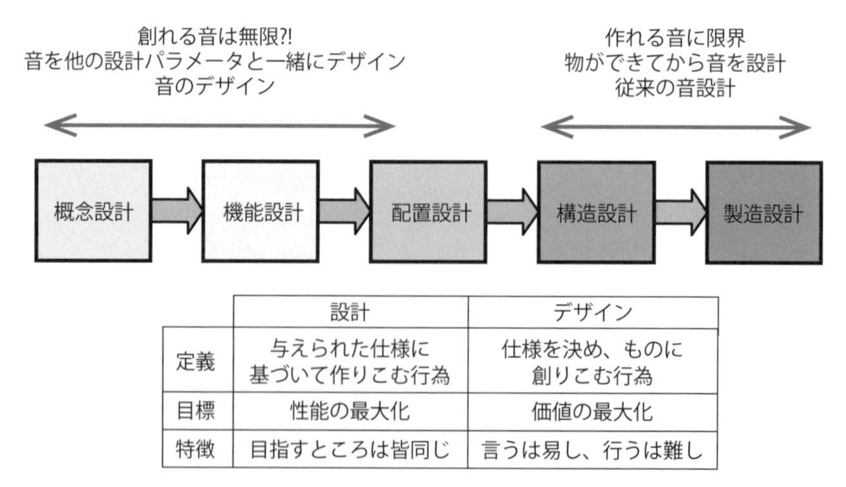

	設計	デザイン
定義	与えられた仕様に基づいて作りこむ行為	仕様を決め、ものに創りこむ行為
目標	性能の最大化	価値の最大化
特徴	目指すところは皆同じ	言うは易し、行うは難し

図3-3　従来の音設計と音のデザインの比較

体設計と音設計を同質に行えば、コストの増加なしにこれを実現することは可能である。ただ、単にスピーカユニットを外付けとして使用する場合には音のデザインは困難となる。この場合は、せいぜいスピーカユニットの位置が設計パラメータになるだけである。

従来の音設計と音のデザインの比較を、狩野モデルを用いて**図3-4**に示す。ここでは、横軸は仕様満足度、縦軸は顧客満足を示す。

“異音がしない”ことは顧客にとって当然であり、異音がするといくら性能に関係なくてもクレーム対象となる。一方、騒音レベルも異常に大きいと苦情となるが、ある一定値以下になると気に留めなくなる。現状の多くの家電製品は、騒音レベルが小さいことを訴求している場合が多いが、これも程度問題であり、必ずしもこれが顧客満足に繋がるわけではない。一方、音のデザインの場合は、必ずしもその要求が仕様として定義されているわけではないが、上手く製品に音がデザインされれば顧客は満足する（はずである）。

このように、音のデザインの効果は大きいが、問題はこれをどのように行い、この結果を顧客にどう訴求するかがポイントとなる。人は、どうしても視えるものを優先的に評価しがちであり、視えない音をどうデザインし、どう訴求するのかに関してはそれなりの戦略が必要なことは容易に理解できる。

3.2.2　音のデザインの全体像

(1) 音のデザインの流れ

図3-5に、音のデザインの流れを示す。発せられた音は耳によって知覚され、脳

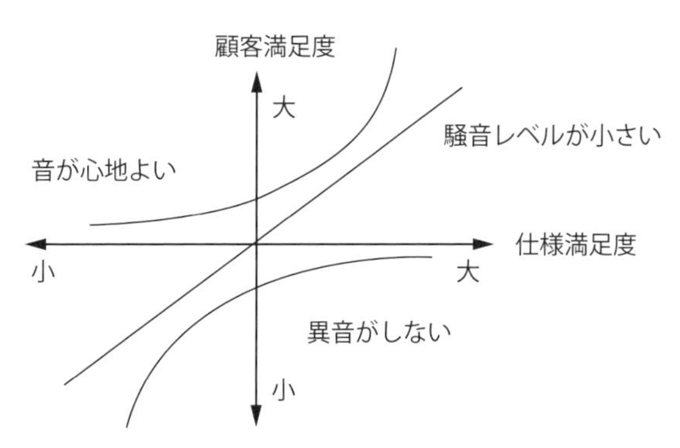

図3-4　狩野モデルによる従来の音設計と音のデザインの比較

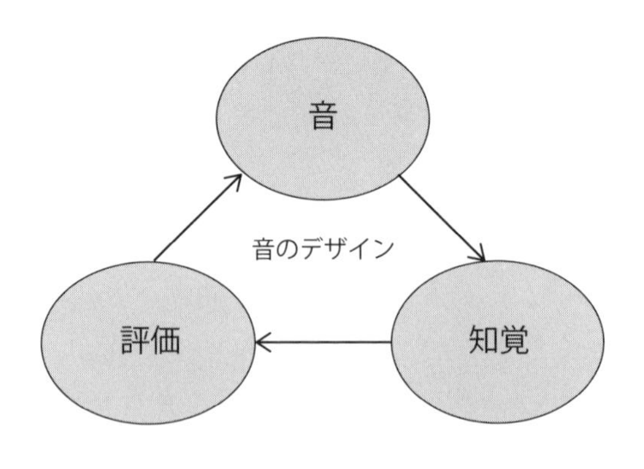

図3-5　音のデザインの流れ

で評価される。音のデザインとは、このプロセスを解明して設計可能な形で表現する行為である。

音は自動車や家電製品のように機械から出る場合もあれば、人、動物が発する声もある。また、川の流れ、木々の擦れる音などのように自然な音もある。これらの音は空間を通って人の耳に到達する。すなわち、同じ音であっても通ってくる空間の形状、性質によって、人が知覚する音は異なってくる。

耳の入り口に到達した音は耳の各器官によって電気信号に変換され、脳へと伝達される。この部分は音響心理学という学問分野で研究され、指標化が可能となっている。脳へ伝達された電気信号は、他の刺激（五感）と一体になって評価される。従って、音の評価を行う場合には、極力他の感性を排除して音に特化した評価を行うことになる。ただ、通常人は音と同時に形、匂い等も同時に感じているので、最終的には五感を対象とした評価が必要になってくる。

(2) 音のデザインの全体像

図3-6に、音のデザインの全体像を示す。音を発する対象としては、製品音、サイン音、環境音がある。音の知覚には前述の音響心理学に加えて、認知科学、暗黙知等の多くの評価のアプローチが存在する。また、一般に人は音とともに他の感性（視覚、触覚、嗅覚、味覚）も同時に感じている場合が多いので、それらとの相互作用も無視できない。

一方、他の感性がどちらかというと能動的（見ようとして視る、触ろうとして触る）に作用する場合が多いのに対し、音（聴覚）は受動的（聴きたい聞きたくない関係なく）に作用する場合が多い。従って、音は五感の中でも最も重要かつデライ

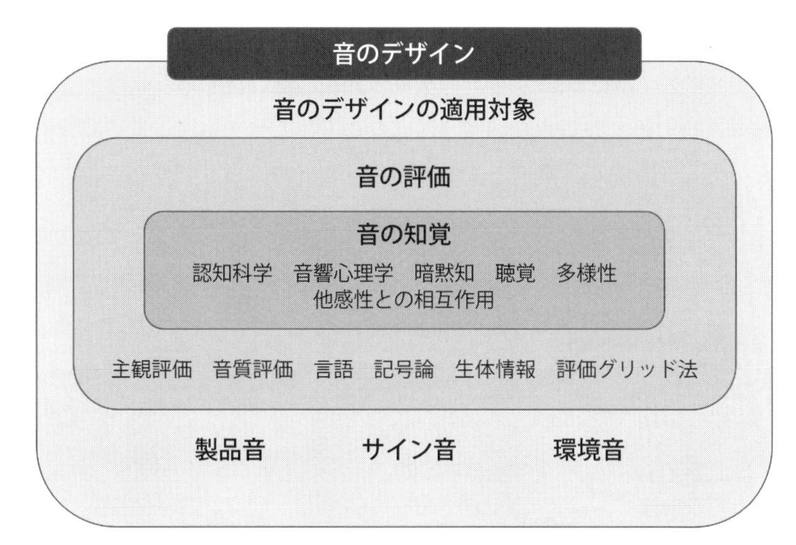

図3-6　音のデザインの全体像

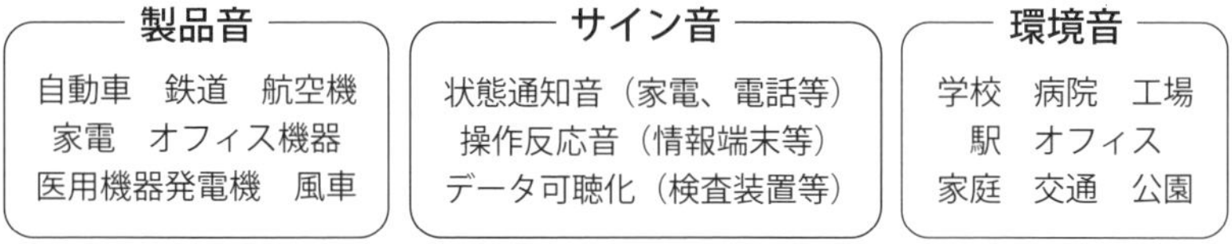

製品音	サイン音	環境音
自動車　鉄道　航空機	状態通知音（家電、電話等）	学校　病院　工場
家電　オフィス機器	操作反応音（情報端末等）	駅　オフィス
医用機器発電機　風車	データ可聴化（検査装置等）	家庭　交通　公園

図3-7　音のデザインの適用対象

ト可能性を含んだ感性と言える。音の知覚に関しては、最も研究が進んでいる音響心理学に関して後ほど紹介する。

(3) 音のデザインの適用対象

図3-7に、音のデザインの適用対象を示す。製品音は自動車、家電製品のように結果として音が発生するものである。サイン音は電話の音のように人に状態を伝達する目的で意図的に付加された音である。環境音は学校、病院のように製品音、人が発する音等が一体となって形成される音である。いわゆる交通騒音もここに入る。

一方、多くの家電製品は製品音を発するとともに、同時にサイン音も出す場合が多い。この場合のサイン音は、その製品の特徴を表現していることが望ましい。メーカーによってサイン音が異なるため、特に複数のメーカーの種々の家電製品が家庭内に存在する場合には、慣れるまではサイン音に混乱させられる経験をお持ちの方も多いと思う。

また、風車は自然の中に設置され、製品音が環境音に混じった状態となる。風車の音自体はよほど近くに行かない限り気になるものではないが、近隣に住んでいる住民にとっては、従来の環境音と異なるということで時として問題となっている。

このように、製品音が新たな環境音の問題を発生させる可能性があることも承知

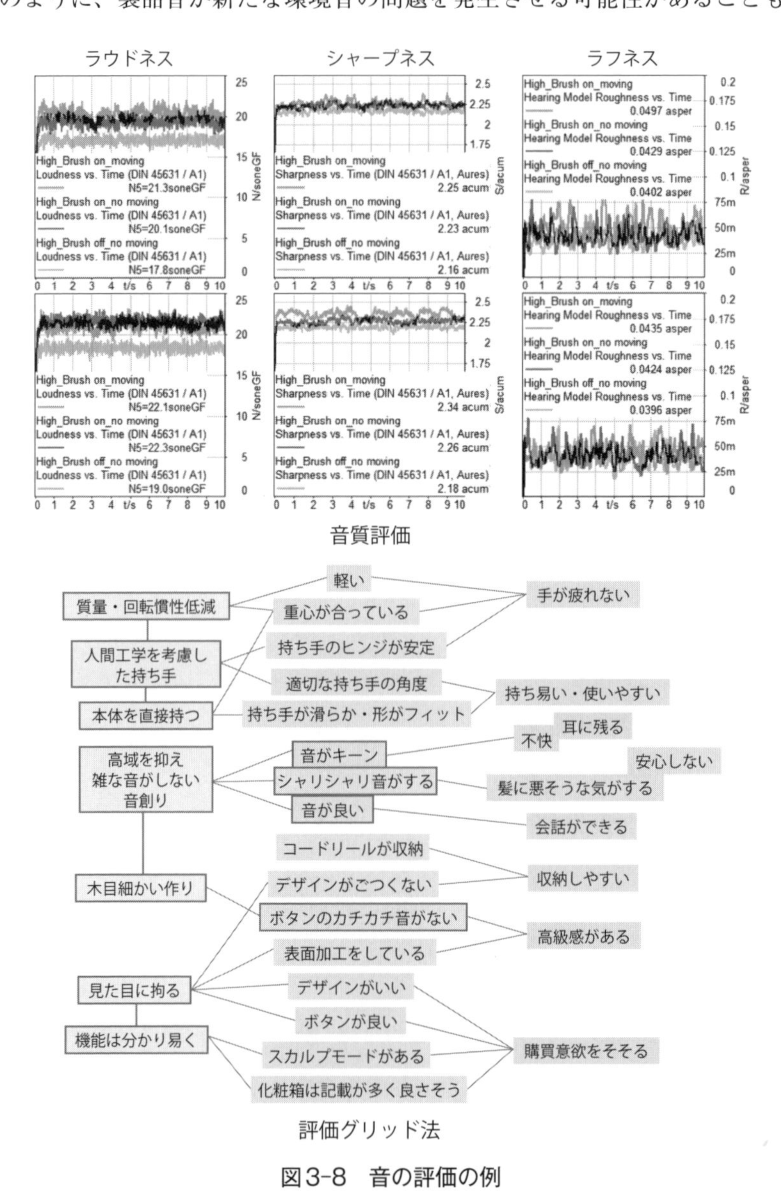

図3-8　音の評価の例

しておくことが必要である。本書では製品音を扱うが、このように音にもいくつか種類が存在することを理解しておくことは、音のデザインでは重要である。

(4) 音のデザインの評価

図3-8に、音の評価の例を示す。評価には、アンケートに代表される主観評価、音響心理学の成果である音質評価 図3-8の上図、言語表現、生体情報、人の潜在情報を抽出する評価グリッド法 図3-8の下図がある。

生体情報のうち、最近では脳波を用いた試みも行われている。音の場合には、比較的他の感性を遮断した実験が行いやすいので、純粋に音の影響を見る場合には脳波による方法が効果的であるとの報告もある。音の評価は一つの手法に頼るのではなく、種々の手法を試み、最も目的に即したものを選択するとともに、その手法の妥当性を他の手法で検証するなど多面的に行い、精度を高めることが重要である。

3.2.3　音のデザインの考え方

製品が発する音について考えると、いくつかのパターンに分類できる。テレビ、オーディオ機器のように音そのものが価値となる場合（**図3-9**）、サイン音のように音に意味がある場合（**図3-10**）、製品音のように結果として音が発生するが上手くデザインすることにより音に意味を持たせることが可能な場合（**図3-11**）、油が切れたドア、錆びた車のドアのように異常な状態を音で知らせる場合がある（**図3-12**）。

サイン音に関しては、カメラのように元々機械的シャッターで音が発生してものが電子的になった以降も、電子音として付している場合もある。また、異常音は人が風邪をひいたときに高熱を出すように、製品の異常を知らせているのであり、これを防音対策で聞こえなくするのは本末転倒である。

本書で対象とする製品音の多くは、**図3-13**に示すようにモータ、ファンといっ

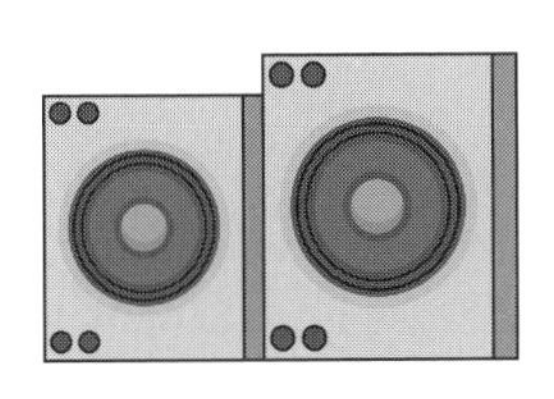

図3-9　音そのものが価値の場合

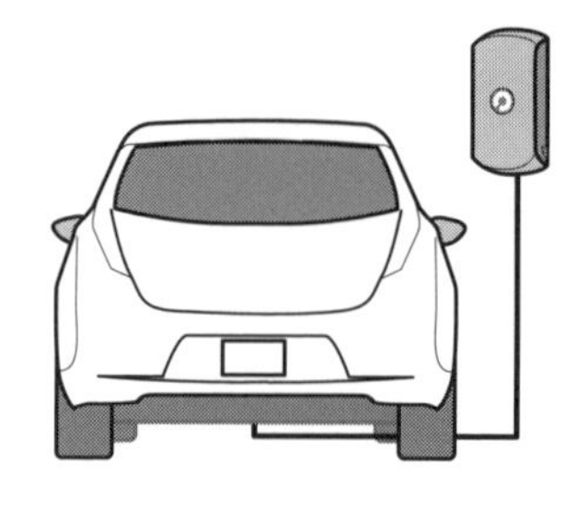

デジカメ　　　　電気自動車

元々音があったのがメカ→エレキになり、音がなくなった。でも音が欲しい（サイン音）

図3-10　音に意味がある（価値になりうる）場合：サイン音

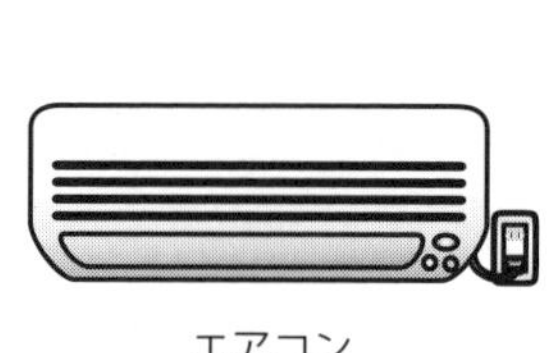

エアコン　　　　掃除機

家庭（社会）は音であふれている

図3-11　音に意味がある（価値になりうる）場合：製品音

ドア　　　　電車

異音：音で異常を知らせる。音がしなくなれば正常

図3-12　音に意味がある場合：異常音

た動くもの（回転するもの）から発生する。従来は騒音レベルが低い製品が良い製品と考え、騒音レベルのみを指標として、聴感は考慮していなかった。すなわち、使い勝手や機能などの機能を重視して設計、試作してから騒音評価を実施、騒音レベルのオーバーオール値で評価、寄与の大きい部位を対策していた。この結果、生

モータ

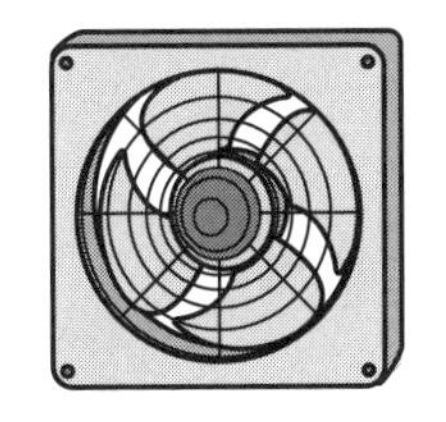
ファン

図3-13 動くものから出る音：製品音

まれる価値はネガティブな印象の低減、例えば、うるさくない、邪魔にならないといった範囲にとどまっていた。

これに対して、音のデザインでは"好ましい音"の実現を目指して、誰が、どこで、どんな状況でといったシーンに応じて、概念設計段階から音質設計を行い、同時に目標音質実現のための要素設計を行う。この結果、生まれる価値はポジティブな印象の付加、使って気持ちがいい、もっと使いたいといった本質的な良さを実現する。ここで重要なことは"製品音は騒音ではない"という考え方の浸透と、製品開発の初期段階で"音をデザインできる指標"の作成である。

3.3 製品音のデザインのための基礎知識

製品音のデザインを行うに際し、音に関する基礎知識を知っておくことは重要である。特に、音は見えないために他の多くの物理現象に比較して正しく理解されていないように思う。そこで、音を大所高所から理解してもらうことを目的に、音の発生メカニズム、音の性質、音の解析、音の評価について述べる。いずれの分野に関しても専門書が存在するので、詳細についてはそちらを参考にされたい。

3.3.1 音の発生メカニズム

図3-14に示すモータとファンから構成される機械を例に、音の発生メカニズムを説明する。音の発生源は、大きくモータとファンとなる。

モータは回転することにより、アンバランス力で振動を発生する。また、電磁音が直接発生するが、これに関してはここでは無視する。アンバランスによる振動は、回転数に同期した周波数を基本周波数とした成分を有し、モータの取付部を通して筐体に振動伝播する。筐体が振動することにより、圧力が空間に放射され、人

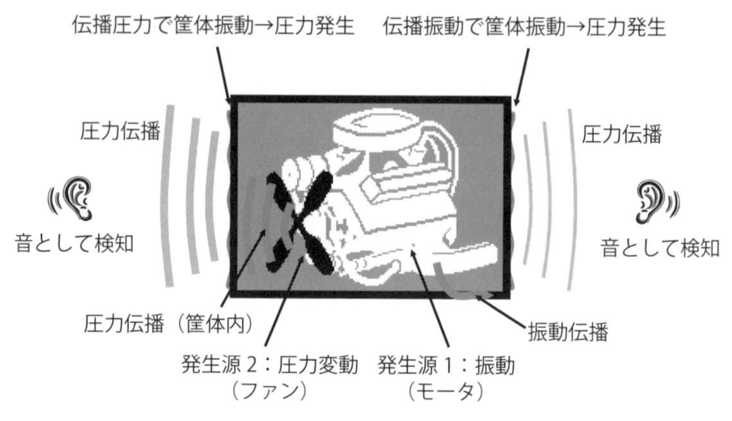

図3-14　音の発生メカニズム

はこれを音として検知する。

一方、ファンからもアンバランス力が発生し、モータ振動と同様に音を発生するが、これ以上に、ファンが空気を切ることにより発生する風切り音が主体となる。ファンの風切り音は一旦筐体内部に圧力伝播し、この伝播圧力により筐体が振動する。この筐体振動が圧力を空間に放射、これを音として検知する。

以上の音の発生メカニズムが理解できていれば、音の低減方法は自ずと導かれる。**図3-15**に、音の低減方法の例を示す。

最も効果的で最も困難なのが、“元を断つ”ことである。低振動モータ、低風切り音ファンがこれに相当する。一般に振動、音を低減すると、本来のモータ、ファンの性能が悪くなる。従って、本来の性能を維持したまま、振動を減らし、音を改善することが必要となる。電磁解析技術、流体解析技術、形状最適化技術とコンピュータの進化により、このようなことも今後は可能となることを期待している。

モータ、ファンが最適化されたとしても、これらから発生する振動、音はゼロにはならない。振動に関しては、防振支持（構造共振を抑える）することにより対策をとる。圧力伝播に関しては、（可能であるならば）真空構造にすることにより対策を取れる。また、真空構造が難しい場合は、ファンの周波数と空間の定在波との共振を抑えることが有効である。音は筐体を介して外部に伝搬されるので、筐体壁に遮音材を貼付すると効果が大きい。

以上の対策を取っても不十分の場合には、最後の手段として音を付加して、選択的に低減する能動消音（ANC：Active Noise Control）技術がある。能動消音が有

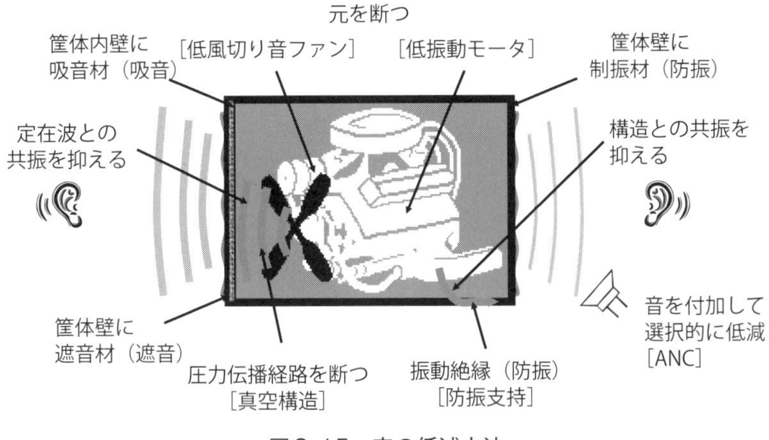

図3-15　音の低減方法

効な場合もあるが、一般的にはその効果は限定的であり、新たな部品を付加することによるコストの増加、故障リスクの増加を考えると成立する状況は現時点では少ない。

3.3.2　音の性質

音は空気中（場合によっては水中）を直進する。ただ、空気中に温度差があると**図3-16**に示すように、その境界において屈折、反射する。また、障害物があるとその端部で回折現象を起こし、そこが二次音源となる。このように、音は時として奇妙な挙動を我々に提示する。以下に音の代表的な性質、定義を紹介する。

(1) ウエーバー・フェヒナーの法則

人がある刺激を受けた時に反応する感覚の度合いと、その刺激の大きさの関係を示した心理学上の法則で、五感に関して当てはまる法則である。感覚は刺激の量に関係しており、刺激量が増すと感覚量も増すが、その関係は単なる比例関係ではなく、「刺激の増加量Δxに対する感覚の増加量Δyの比は刺激の絶対量xに反比例する」というのがウエーバー・フェヒナーの法則である。すなわち、**図3-17**に示すように、刺激が増せば増すほど感覚量は増すが、感覚の度合いは小さくなる。音の単位で用いられるデシベル[dB]は、ウエーバー・フェヒナーの法則に基づいて定められている。

(2) 音圧レベル

音が発生すると音圧が発生する。音圧の単位としては、Pa（パスカル）が使用

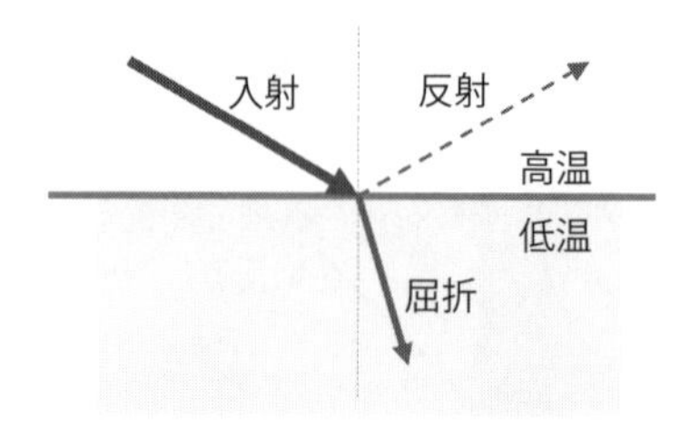

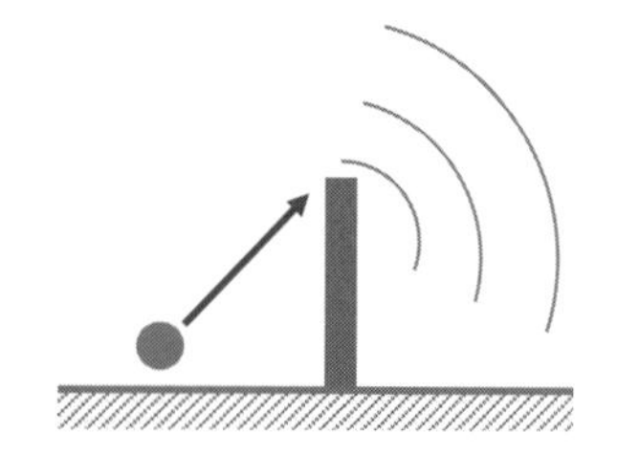

図3-16　音の性質の例

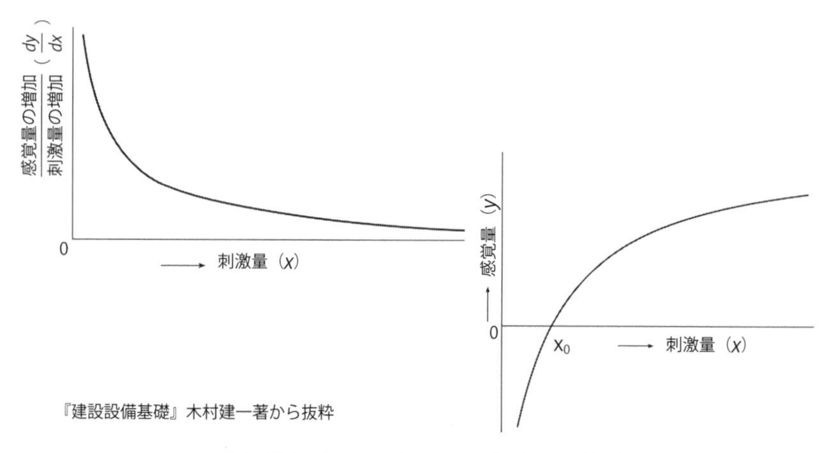

図3-17　ウエーバー・フェヒナーの法則

されており、他の単位系との関係は以下の通りである。

$$1[\mathrm{Pa}] = 1[\mathrm{N/m^2}] = 10[\mu\,\mathrm{bar}]$$

ただし、上述のウエーバー・フェヒナーの法則に基づき、音圧の表示にはdBを用いた音圧レベル*SPL*（sound pressure level）が広く採用されている。音圧レベルは、

$$SPL = 20\log_{10}(p/p_0)\,[\mathrm{dB}]$$

と定義される。ここで、p_0は基準音圧で、$p_0 = 2 \times 10 - 5[\mathrm{Pa}]$が採用されている。$p = p_0$であれば$SPL = 0[\mathrm{dB}]$となる。

(3) 音響パワーと音響パワーレベル

音源から1秒間に放出される音のエネルギを音響パワーといい、単位はWとなる。また、単位面積あたりに1秒間に伝わる音のエネルギを音の強さといい、単位

は[W/m^2]となる。十分にサイズが小さい音源（後述する点音源）が音響パワーP[W]を有して自由空間にある場合を考えると、音源からr[m]離れた場所での伝搬面積が$4\pi r^2$であることより、音の強さIは、

$$I = P/4\pi r^2 [\mathrm{W/m^2}]$$

となる。

音響パワーの大きさを表示する際は、音圧レベルと同様に基準値との比をとって[dB]表示する。これを音響パワーレベルPWL（acoustic power level）といい、次式で定義される。

$$\mathrm{PWL} = 10\log_{10}(P/P_0)$$

音響パワーの基準値は$P_0 = 10^{-12}$[W]である。

音響パワーレベルと音圧レベルの間には以下の関係がある。すなわち、自由空間に音源がある場合を考えると、

$$I/10^{-12} = (P/10^{-12})/4\pi r^2$$

となるから、両辺の対数をとって、

$$IL = PWL - 20\log_{10}(r) - 10\log_{10}(4\pi)$$

となる。ここに、ILは音の強さのレベルで、一般には音圧レベルと同じと見なしてよいため、最終的には、

$$SPL = PWL - 20\log_{10}(r) - 10\log_{10}(4\pi)$$

となる。

(4) 音の距離減衰

自由空間に置かれた音源による距離r_1における音圧レベルを$SPL1$、距離r_2における音圧レベルを$SPL2$とするとその減衰量は、

$$SPL1 - SPL2 = -20\log_{10}(r_1) + 20\log_{10}(r_2) = 20\log_{10}(r_2/r_1)$$

となり、音源からの距離に応じて音圧レベルは減少していく。

(5) 吸音と遮音

音が材料面に入射した場合の音のエネルギ的な収支を考えると、入射パワーPiは、反射パワーPr、透過パワーPtおよび材料中で熱に変換されるパワーPaに分配される。入射されるパワーのうち、材料に吸収される割合（最終的に透過するものも含めて）を吸音率と呼ぶ。吸音率αは次式で定義される。

$$\alpha = (Pi - Pr)/Pi = (Pt + Pa)/Pi$$

一方、材料が音を遮る程度すなわち遮音性能は、入射パワーPtと透過パワーPtの比で表され、これを音響透過率という。音響透過率tの逆数を[dB]表示した量が、透過損失である。透過損失TLは次式で表される。

$$TL = 10 \log_{10}(1/t) = 10 \log_{10}(Pi/Pt)$$

(6) 残響と拡散音場

限られた広さの室内に音源がある場合、音源からの音が床、天井、壁などで一部は吸収され、残りは何度も反射を繰り返しながら積み重なって室内の音圧が次第に高まっていき、ある程度の時間が経過した後、最終的に平衡状態に達する。一方、この平衡状態から音源を取り去っても、室内の音圧は急にゼロになることはなく、床、天井、壁などに吸収されるまで、ある時間は余韻として残る。

このように、平衡状態に達するまでに時間を要する現象を残響という。また、室内の音圧レベルが定常状態から、音源を取り去って音圧レベルが定常状態から60dB減少するまでの時間を秒で表したものを残響時間という。

室内の天井、床、壁などの材質や形状を考慮して音波の反射をよくすると、室内の1点に音源をおいても、定常状態では室内各点の音圧レベルがほぼ一定の状態になる。このような音場を拡散音場といい、拡散音場が得られるように設計された部屋を残響室という。残響時間Trは室の体積V、室の表面積S、吸音率αを用いて次のように表される。

$$Tr = 0.161V/[-S \log_e(1 - \alpha)]$$

この式をアイリング（Eyring）の残響式と呼ぶ。

(7) 非完全自由空間への音の伝搬

音響パワーP[W]の音源からr[m]離れた場所での完全自由空間の伝搬面積は

$4\pi r^2$、半自由空間の伝搬面積は$4\pi r^2/2$、1/4自由空間の伝搬面積は$4\pi r^2/4$、1/8自由空間の伝搬面積は$4\pi r^2/8$となるので各場合の音の強さIは、

$$I = P/4\pi r^2/Q[\mathrm{W/m^2}]$$

となる。これより、音圧レベルSPLは、

$$SPL = PWL - 20\log_{10}(r) - 10\log_{10}(4\pi/Q)$$

となる。Qは非完全空間の度合いによる値で、完全自由空間：1、半自由空間：2、1/4自由空間：4、1/8自由空間：8となる。

(8) 線音源

無限に長い線音源からr[m]離れた位置における音の強さ$I[\mathrm{W/m^2}]$は、線音源の単位長さあたりの音響パワーをP[W/m]とすると、

$$I = P/2\pi r/Q[\mathrm{W/m^2}]$$

となる。ここに、Qの定義は前述に同じで、完全自由空間：1、半自由空間：2、1/4自由空間：4、1/8自由空間：8となる。これから、音圧レベルSPLを求めると、

$$SPL = PWL - \log_{10}(r) - 10\log_{10}(2\pi/Q)$$

となる。

線音源による距離r_1における音圧レベルを$SPL1$、距離r_2における音圧レベルを$SPL2$とするとその減衰量は、

$$SPL1 - SPL2 = -10\log_{10}(r_1) + 10\log_{10}(r_2) = 10\log_{10}(r_2/r_1)$$

となり、音源からの距離に応じて音圧レベルは減少していくが、その減衰の度合いは、点音源の場合より小さい。

(9) 面音源

面積が無限に広い平面の音源が、ピストン運動をして平面波を出しているとする。この場合、音の伝搬方向に垂直な単位面積あたりの音響エネルギは、音源からの距離に関係なくつねに一定である。この面音源の単位面積あたりの音響パワーを$P[\mathrm{W/m^2}]$とすると、音の強さは面音源からの距離に関係なく$I = P[\mathrm{W/m^2}]$となる。従って、$SPL = PWL$となって、無限面音源の場合、距離減衰はない。平面ス

ピーカはこの原理を応用している。

3.3.3　音の解析

音そのものの発生メカニズムを解析的に求めることは、現状では困難である。一方、発生した音がどのように伝播していくかを知ることも製品音のデザインでは重要であり、前節の音の性質を利用して比較的簡便に予測することができる。

これらは主に建築音響の世界では当たり前のことだが、機械音響の世界ではものごとを難しく考える傾向があり、あまり馴染みがない。以下、いくつかのケースについて解析的に音を予測する方法を紹介する。

（1）室内での音の伝搬

室内のある点に音響パワーP[W]（音響パワーレベルPWL[dB]）の点音源がある場合、音源から距離r[m]だけ離れた点における音圧レベルSPL[dB]は以下で表される。

$$SPL = PWL + 10\log_{10}[(1/4\pi r^2) + (4/R)]$$

ここに、Rは室定数と呼ばれているもので、

$$R = S\alpha/(1-\alpha)$$

と表される。**図3-18**に示すようにS[m^2]は室の総表面積、αは室の吸音率である。上式でRが非常に大きい場合（室の吸音効果が高い場合）は、

$$SPL = PWL + 10\log_{10}(1/4\pi r^2) = PWL - 20\log_{10}(r) - 10\log_{10}(4\pi)$$

となり、自由空間における点音源からの音の伝搬式になる。一方、Rが非常に小さ

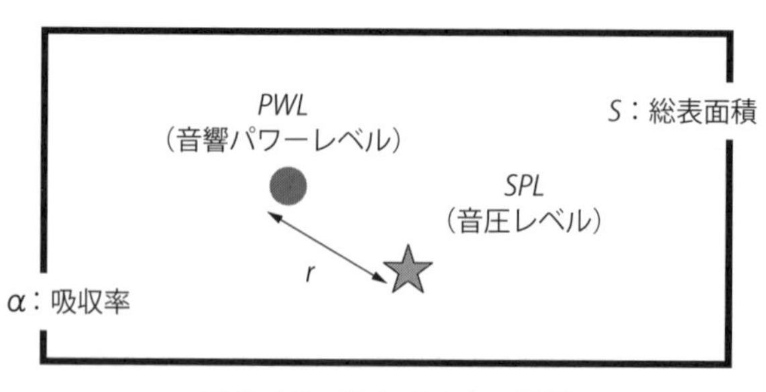

図3-18　室内での音の伝搬

い場合（室の吸音効果がなく内部で音が残響する場合）は、

$$SPL = PWL + 10\log_{10}(4/R) = PWL - 10\log_{10}(R) + 10\log_{10}(4)$$

となる。これは拡散音場が完全に満たされた状態である。

(2) 隣の室からの音の伝搬

図3-19に示すように、室1に音響パワーP[W]（音響パワーレベルPWL[dB]）の点音源があり、この音が仕切り壁を通して室2に伝搬する場合の室2の音圧レベルを求める。音源からの直接音を無視すると、室1での音圧レベル$SPL1$は以下で表される。

$$SPL1 = PWL + 10\log_{10}(4/R_1)$$

ここにR_1は室1の室定数で、

$R_1 = S_1\alpha_1/(1-\alpha_1)$、$S_1$：室1の総表面積、$\alpha_1$：室1の吸音率

と表される。室1で発生した音は仕切り壁を通して室2に伝搬される。室2での音圧レベル$SPL2$は仕切り壁の透過損失をTL、表面積をFとすると以下で表される。

$$SPL2 = (SPL1 - 10\log_{10}4) - TL + 10\log_{10}((1/4) + (F/R_2))$$

ここにR_2は室2の室定数で、

$R_2 = S_2\alpha_2/(1-\alpha_2)$、$S_2$：室2の総表面積、$\alpha_2$：室2の吸音率

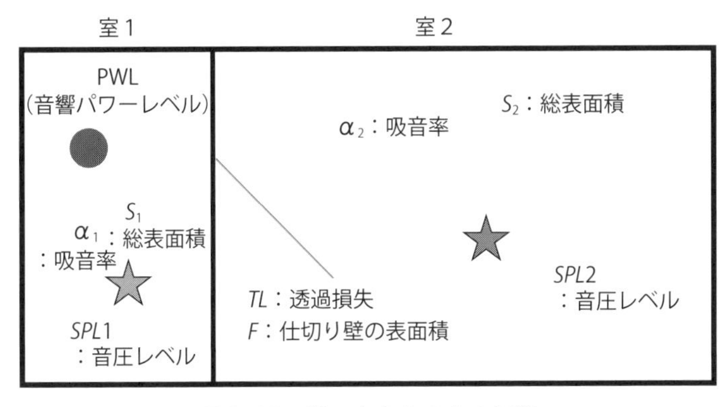

図3-19　隣の室からの音の伝搬

と表される。

(3) 壁に孔が空いている場合の等価透過損失

壁の透過損失は音響ハンドブックに載っている。しかし、実際の壁には孔が空いていたりしてそこから音が漏れる。このような場合には、以下の式で等価損失（TL）を求めることができる。

$$TL = 10\log_{10}[F/\Sigma_{\mathrm{j}}(F_{\mathrm{j}}{}^{*}10 - TL_{\mathrm{j}}/10)]$$
$$= 10\log_{10}[F/(\Sigma_{1}{}^{k-1} F_{\mathrm{j}}{}^{*}10^{-TL_0/10} + F_k + \Sigma_{k+1}{}^{n} F_j{}^{*}10^{-TL_0/10})],\ F = \Sigma_j Fj$$

ここに図3-20に示すように壁の透過損失をTL_0としている。

(4) 室の一部に孔が空いている場合の透過吸音率

室の透過損失は壁の材質で決まる。一方、実際の室では窓があったりして吸音率は一定ではない。ここでは、一例として室の一部に孔（開口部）が空いている場合（図3-21）を考えると、透過吸音率（α）は以下の式で求めることができる。

$$\alpha = \Sigma S_i \alpha_i / \Sigma S_i = (S_C{}^{*} \alpha_C + S_0{}^{*} \alpha_0)/S、\ \alpha_0 = 1(\text{開口部})$$

ここに、Sは総表面積、S_cは壁の表面積、S_0は開口部の表面積、α_cは壁の吸音率、α_0は開口部の吸音率である。

3.3.4 音の指標

音は、物理量としては音圧であり、単位としてはPaであることはすでに述べた

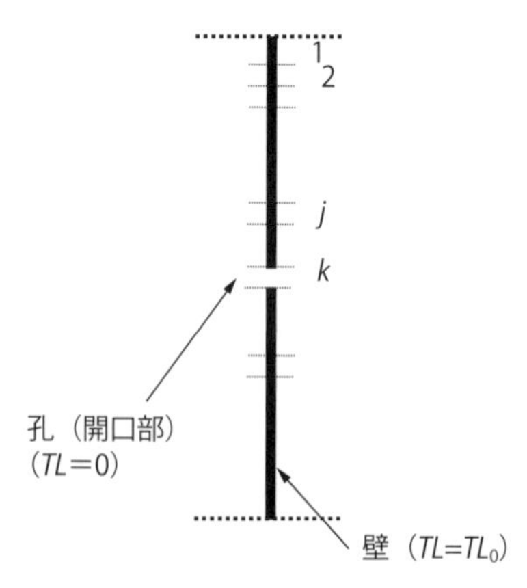

図3-20 壁に孔が空いている場合の等価透過損失

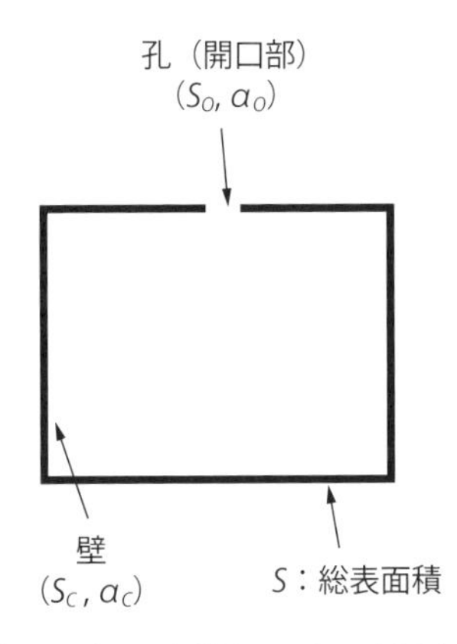

図3-21　室の一部に孔が空いている場合の透過吸音率

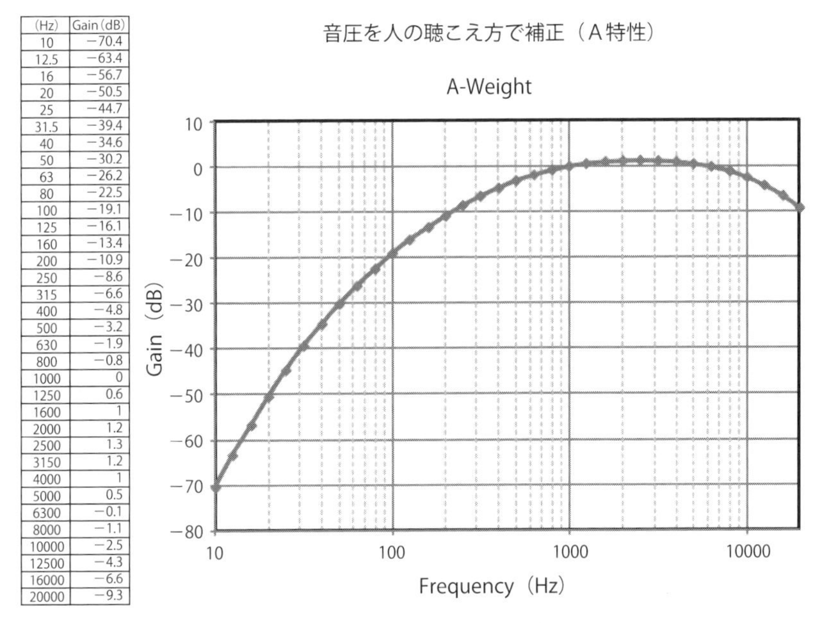

(Hz)	Gain (dB)
10	−70.4
12.5	−63.4
16	−56.7
20	−50.5
25	−44.7
31.5	−39.4
40	−34.6
50	−30.2
63	−26.2
80	−22.5
100	−19.1
125	−16.1
160	−13.4
200	−10.9
250	−8.6
315	−6.6
400	−4.8
500	−3.2
630	−1.9
800	−0.8
1000	0
1250	0.6
1600	1
2000	1.2
2500	1.3
3150	1.2
4000	1
5000	0.5
6300	−0.1
8000	−1.1
10000	−2.5
12500	−4.3
16000	−6.6
20000	−9.3

図3-22　A特性の補正値

通りである。また、ウエーバー・フェヒナーの法則に従って、dB表示することも示した。

一方、音は音圧の動的変化であり、その動的特性が聴覚に関係していることは想像がつく。非常に変動周波数の低い音は聞こえないし、逆に高い音も聞こえない。すなわち、人の耳はある周波数特性を有している。

このことより、音圧を人の聞こえ方で補正することは従来より行われていて、最も一般的なのがA特性である。**図3-22**にA特性の補正値を示す。音圧にこの値を加算すればA特性音圧レベル（通常、これを騒音レベルと呼んでいる）となる。これより、人の耳は2.5kHzが最も感度がいいことが分かる。人の外耳道の長さに起因する定在波の周波数がこれに相当する。

図3-23、**図3-24**に、音圧で表示した製品音の周波数特性とA特性で補正した製品音の周波数特性を示す。また、通常は周波数特性のオーバーオール値（周波数域で積分した値）を騒音レベルとして用いる。**図3-25**にその代表例を示す。最近のスマホアプリには騒音測定があるが、ここで表示される値がこの騒音レベルに相当する。

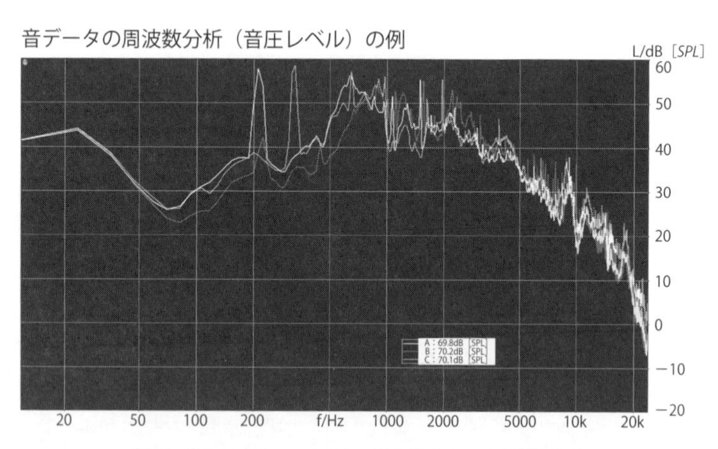

図3-23　音圧で表示した製品音の周波数特性

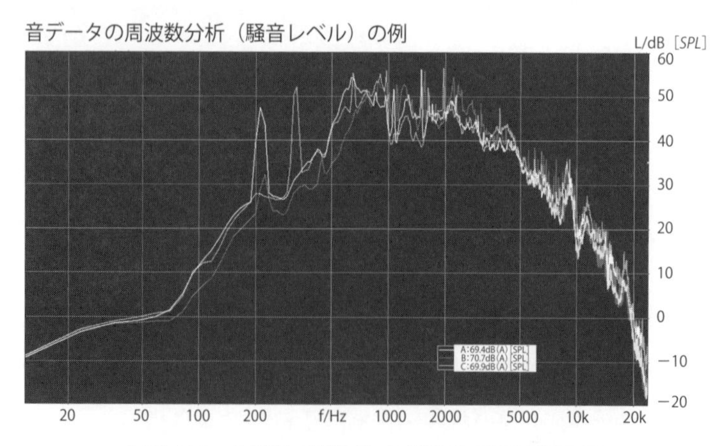

図3-24　A特性で補正した製品音の周波数特性

一方、音を単なる騒音としてではなく、より深く研究する音響心理学が進歩するにつれて、従来の騒音レベルをさらに高度化した音の指標が用いられるようになってきている。**図3-26**に人が音を知覚し、脳にその情報を伝達するイメージを示す。音響心理学はこの認知の部分の解明を目指している。

以下、音響心理学の成果として得られたいくつかの音質指標について紹介する。

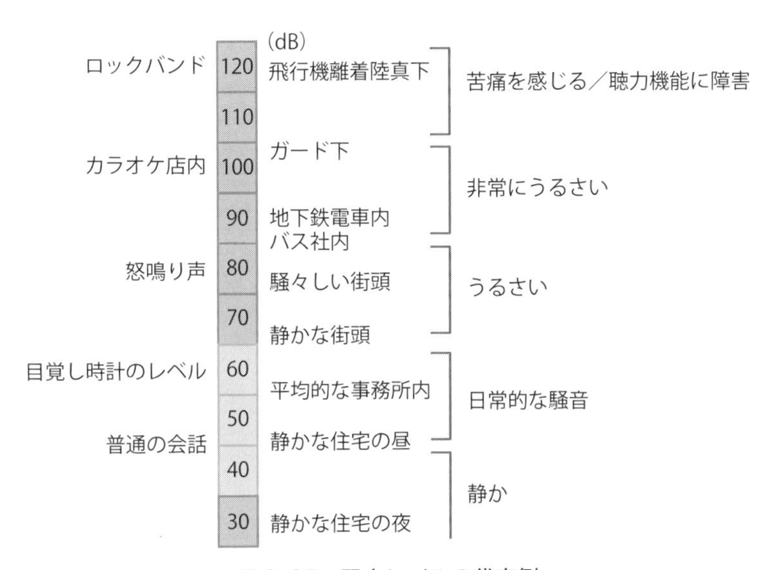

図3-25　騒音レベルの代表例

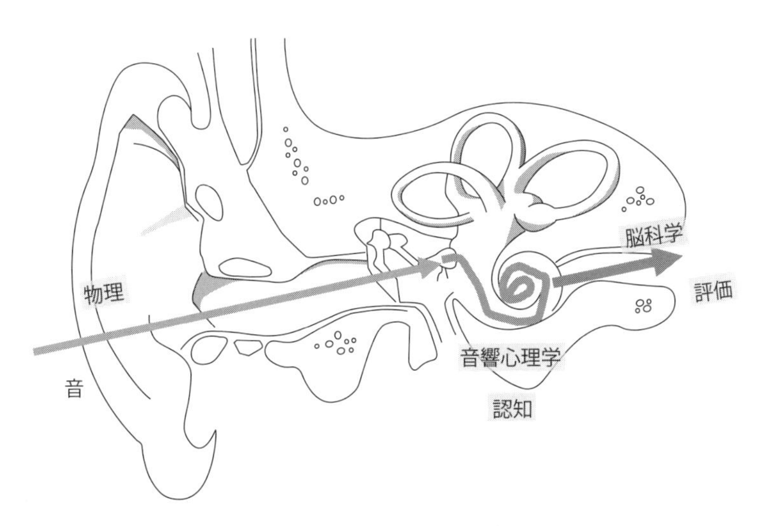

図3-26　音の知覚と評価

(1) ラウドネス

ラウドネス（Loudness）は人の耳の周波数特性を考慮に入れた音の大きさを表す指標で、音質評価や環境騒音の研究分野において広く用いられている。A特性で重み付けをした音圧レベルよりも、はるかに音の主観的な強さに対応した値を算出する。

そこで、「人間の聴覚の信号処理プロセスを可能な限り正確にモデル化する」という目標のために、複数のラウドネスの計算モデルや手法が提案されている。特に、定常音のラウドネスの計算手法は既に確立されており、学術分野だけでなく工業分野にも応用されている。

一方、製品が発する音はほぼ全て時間変動音である。近年のいくつかの計算モデル（例：DIN 45631/A1）は、定常音だけでなく非定常音のラウドネスも計算出来るよう進化している。

複数のラウドネスの標準規格が以下のように提案されている。

－定常音：

- ISO 532：1975 section 2（method B）
- ANSI S3.4：1980, ANSI S3.4：2007
- DIN 45631：1991
- ISO 532-1（method A）（DIN 45631：1991に基づく）
- ISO 532-2（method A）（ANSI S3.4：2007に基づく）

－定常音と非定常音：

- DIN 45631/A1：2010
- ISO 532-1（method B）（DIN 45631/A1に基づく）

(2) シャープネス

音の甲高さを表す指標で，シャープネス（Sharpness）の値は人が高く感じる音ほど大きくなる。そこで、音全体のラウドネスのうち、高周波数帯域の成分が占める割合をシャープネスとして定義する。すなわち、スペクトルの周波数スケール上の「重心」に相当し、重心が高いほど、音は鋭く感じられる。

具体的には、臨界周波数毎のラウドネスに重み付け関数をかけ、ラウドネスで割った値がシャープネスとなる。従って、シャープネスは音のレベルに依存しない。中心周波数1kHz、60dB、周波数幅160Hzの狭帯域雑音が基準音とされ、この音のシャープネスが1acumとされる。

(3) ラフネス

変調音は変調レベル、変調レート（変調周波数）によって発生し、その代表的な指標の一つがラフネス（Rouhness）で、音のざらざら感を表す。ある音におよそ20～200Hzの変調が含まれている時、その音は“ざらざらしている”と感じる。ラフネスは、実際に変調している音のみによって起こるものではなく、ノイズ（広帯域&狭帯域）もまた、振幅の変調エンベロープが原因で“ざらざらしている”と感じる。

ラフネスにとって重要なパラメータは振幅変調（AM)、周波数変調（FM）で、ラフネスの基準音は

①1kHz、60dBの純音

②100％の振幅変調、変調周波数70Hz

で、この音のラフネスを1asperとする。

(4) 変動強度

変動強度（FS：Fluctuation Strength）は音の変動感を表す指標で、“ゆっくりと”変調する音によって生じる感覚を表す。ある音が20Hz以下で変調しているとき、その音は時間とともに変動していると感じる。典型的な例に、周波数が近い2つの純音によって生じる“うなり”がある。

変動強度に影響する要因は音圧レベル、変調振幅、変調周波数で、変動強度の基準音は

①1kHz、60dB SPLの純音

②100％の振幅変調、変調周波数4Hz

で、この音の変動強度を1vacilとする。

3.3.5　音の評価

音を、人がどう感じているかを知るのが音の評価である。最近では直接脳波等の生体情報を用いて解析する方法も試みられているが、実用段階にはない。従って、現状ではインタビューの他に、人に種々の方法で音の印象を聞く方法が一般的である。以下、いくつかの方法を紹介する。

(1) ランキング法

被験者にn個の音を聴いてもらい、各自の評価尺度で1～n番目までのランク付けを行う方法である。**図3-27**に、7個の音を提示して回答してもらっている様子を

示す。右側が評価済みの音（音源A、E、C）、左側が未評価の音（音源B、D、F、G）である。

全てを回答した後に、再度聴き返して評価結果を修正することも可能である。これから分かるように、試験音の数は多くない方が望ましい（一桁が望ましい）。この方法の欠点としては、ランク間の差については相対比較のみが可能で、距離的、絶対的な情報が得られないことである。

(2) 一対比較法

被験者の任意の評価尺度で、2つの音を比較して優劣を回答する方法である。判断が容易で瞬時に回答することが可能で、人が日常的に行っている行為に近い。ただ、試験音の数がn個の場合、$N = n(n-1)/2$回の試験が必要となる。

図3-28は試験音の数が8個の場合で、この場合28回の試験が必要となる。このように、事前に音の取捨選択を行って、試験音の数を減らすことが必要である。音

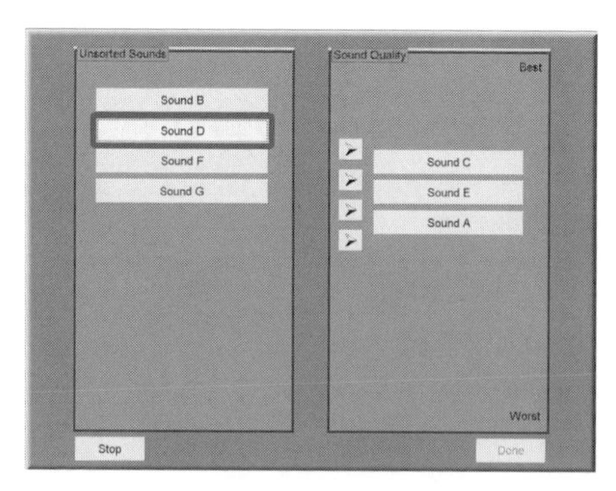

図3-27　ランキング法

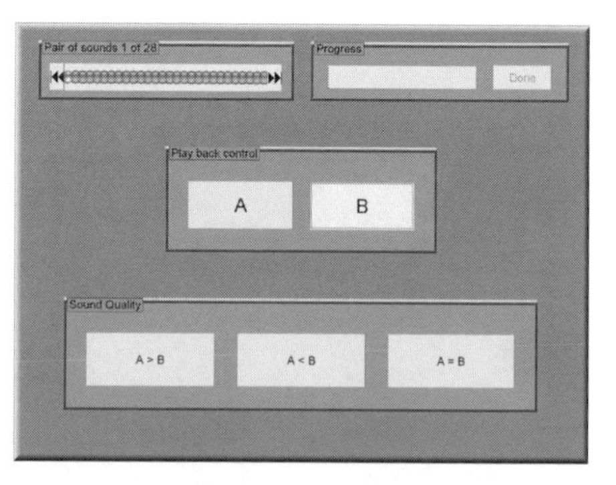

図3-28　一対比較法

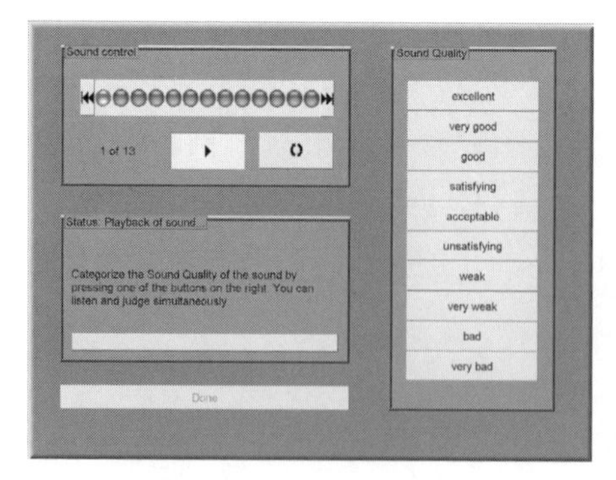

図3-29　カテゴリ尺度法

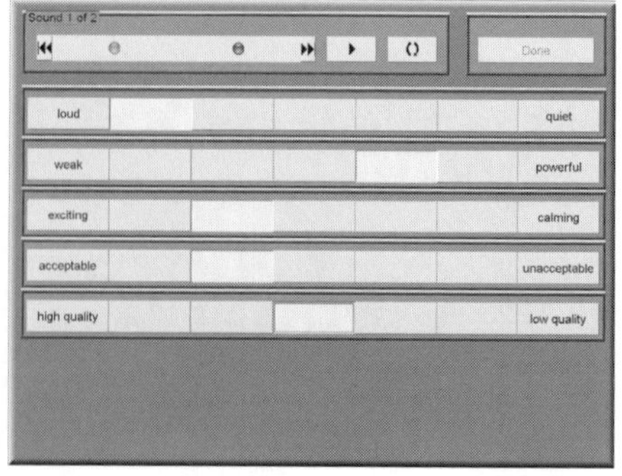

図3-30　SD法

の微妙な違いも評価可能で、各音間の距離的情報も得られる。この例では、単にAとBでどちらが音が良いと感じるかを質問しているが、良いと感じる度合いを数段階で質問する場合もある。

(3) カテゴリ尺度法

複数に区分けされたカテゴリを元に、音に対する印象を回答してもらう方法である。**図3-29**にその例を示す。ここでは音の印象は10個に区分けされており、試験前に音を刺激量の小さいものから大きいものまで提示することで、被験者にほぼ全てのカテゴリを使用して評価させることが必要である。

(4) SD法

SD法とはSemantic Differential法の略である。音の印象に関係する形容詞対を用いて回答してもらう方法で、製品音に関係する属性を特定するのに有効な方法である。**図3-30**にその例を示す。ここでは、煩い－静か、弱い－強い、興奮した－落着いた、許容できる－許容できない、高品質－低品質の5組の形容詞対に対して5段階で回答してもらっている。

図3-31に、SD法の結果の表示例を示す。ここでは複数の被験者に5種類の音を聴いてもらい、12組の形容詞対に7段階で回答してもらった結果を、複数の被験者の平均値によるレーダーチャートで表示している。この結果から、製品Bの音が最も好まれ、製品Dの音が最も好まれていないことが分かる。

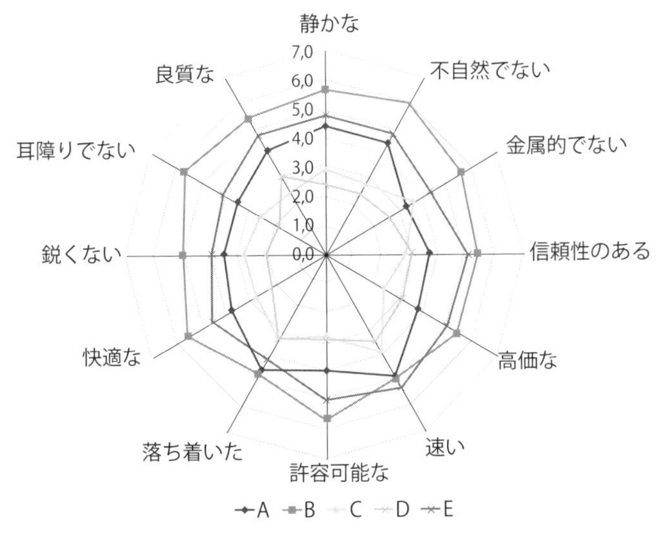

図3-31　SD法の結果の表示例

3.4 製品音のデザインの方法

製品音のデザインとは音の視点で製品に価値を取りこむ方法であり、製品開発の初期段階から音を設計パラメータの一つとして、他の設計パラメータ、すなわち、性能、開発期間、コストと一体になって行うものである。そこで、製品開発のプロセスに音をどのように取り込んでいくかについて紹介するとともに、音を仕様として、製品開発に携わっている関係者に共通言語として提示するための、音のものさしについて述べる。

一方、音は製品の各部品及びこれらの組合せの結果として発生するものである。実際に製品音のデザインを実施するには、製品設計に落とし込む必要がある。このためには音と製品を結びつける必要がある。

製品音のデザインプロセスを**図3-32**に示す。対象とする製品を音の視点から分

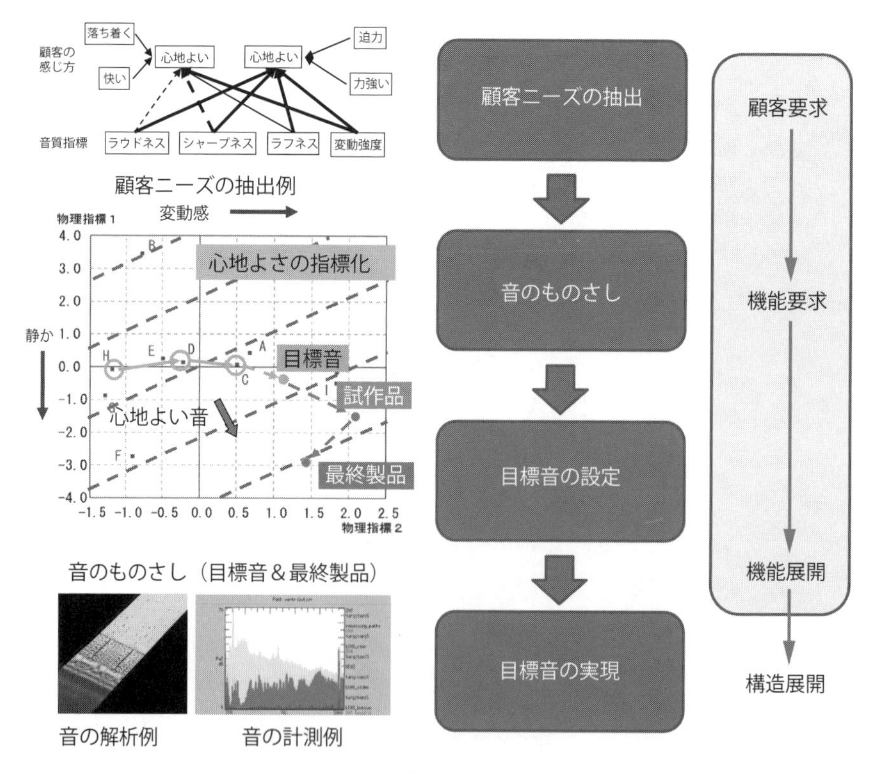

図3-32　製品音のデザインプロセス

析し、顧客ニーズを抽出する。目指すべき方向が決まったら、目指すべき音を皆が共通言語として理解できる“音のものさし”として表現する。次に、音のものさし上に目標音を設定（この段階で目標音は仮想音として実際に聴くことができる）、この目標音を実現すべく製品設計を行う。以下、各プロセスについて述べる。

3.4.1 顧客ニーズの抽出

顧客が製品及び製品が発する音に対してどのように感じているか、嗜好しているかを知ることが製品音のデザインの第一歩となる。このための評価方法は、音の評価のところで紹介した。さらにここでは、評価した音が具体的にどのような性質の音であるのかを音質指標によって表現する。

この際に重要なことは、音に対する嗜好は顧客によって異なることである。落ち着く音が心地よいと感じる人もいれば、力強い音が好きだという人もいる。これらすべての顧客を満足させることは不可能である。従って、顧客ニーズの抽出の段階で行うべきことは、顧客ターゲットを設定することである。落ち着く音が心地よいと感じる人が多いのであればこれらの顧客をターゲットにする場合が多いだろうし、逆に力強い音が好きだという特定の顧客向けに特化した製品を提供するのであればそのようにターゲットを決めればいい。

もっとも良くないのは、単に顧客ニーズの平均値をターゲットにする場合である。顧客ニーズが多様な場合には、時として平均値付近には顧客は存在しない。要は誰をターゲットに製品音をデザインするのかを、この段階で明確に決めることである。

3.4.2 音のものさし

ターゲットとした顧客ニーズにあった音を仕様として定量化するのが、音のものさしである。通常使用されている騒音レベルも人の特性を考慮した指標ではあるが、万人情報を平均化したものであり、製品音のデザインの趣旨にはそぐわない。**図3-33**に、音のものさしの一般的な設定手順を示す。

出発点は、製品音そのものである。製品音は、できれば製品の使用状態で使用者の耳位置で取得することが望ましいが、JIS等の規格で取得方法が定義されている場合はそれに則るのもデータの互換性から一つの手である。

製品音は、二つの方法で分析する。一つは、データ分析により客観的に評価する

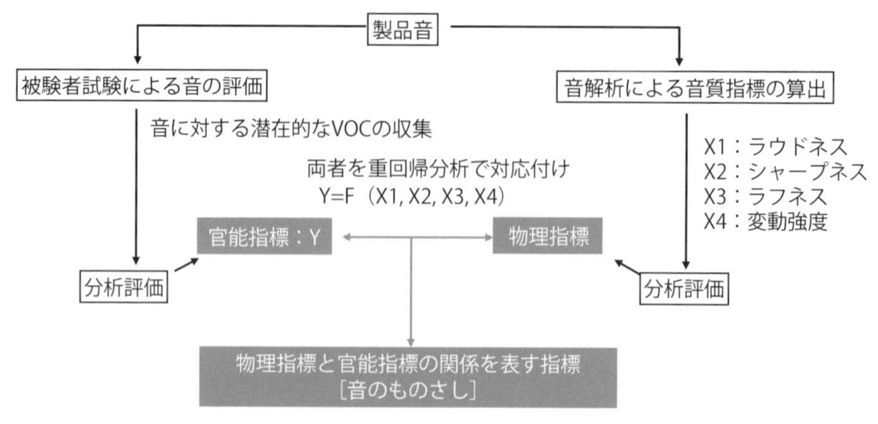

図3-33　音のものさしの設定手順

方法である。これには、すでに紹介した音の指標（音質指標）が適用できる。音質指標としてはラウドネス、シャープネス、ラフネス、変動強度を用いるのが一般的である。もう一つは被験者に実際に音を聴いてもらい、その印象を評価する方法で、すでに述べた音の評価の諸々の手法が適用できる。

このような手順で得られた前者の指標を物理指標、後者の指標を官能指標と呼び、両者を重回帰分析で結びつけることにより、物理指標と官能指標の関係を表す指標（官能指標を物理指標で説明する）が得られる。これが音のものさしである。

図3-34に音のものさしの作成例を示す。ここではある家電製品を対象に“心地よい音”を目標とし、10機種の製品音を取得、4つの音質指標を算出、これらに主成分分析を適用、主成分1及び主成分2をそれぞれ物理指標1及び物理指標2として二次元マップ上にプロットしている。一方で、複数の形容詞対によるSD法を複数の被験者に適用、この結果を主成分分析し、この主成分1を官能指標とした。

次に、この官能指標と上記の物理指標1及び物理指標2との関係を重回帰分析で求めた。この結果を二次元マップにしたのが**図3-35**である。縦軸に物理指標1、横軸に物理指標2、官能指標と物理指標1及び物理指標2との関係を斜めの点線で示している。この場合、官能指標の値が小さいほど心地よい音であることを意味するので、右下に行くほど心地よい音となる。

以上は音のものさしの作成例であり、この通りに行う必要はない。重要なことは、人の音への感じ方を客観的な指標（物理指標、音質指標）で表現し、明確な仕様として製品開発に関係している全員が共有することである。また、ここでは音の

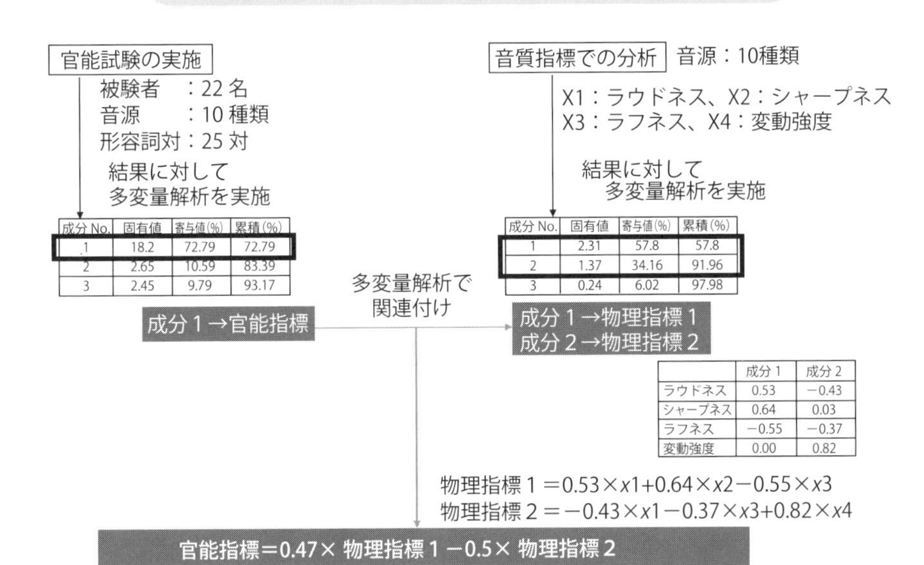

図3-34　音のものさしの作成例

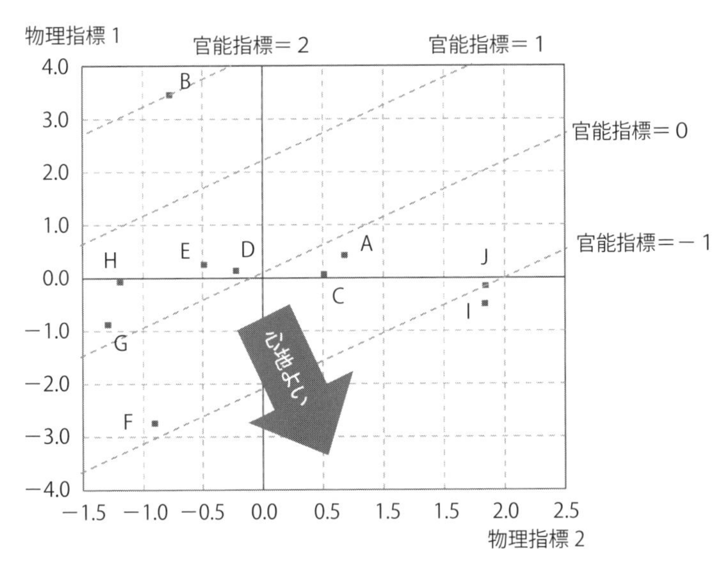

図3-35　音のものさしの例

ものさしを二次元マップ上に表現したが、単に関係式で表現してもいいし、また、別の新たな表現方法を用いても良い。

3.4.3 目標音の設定

音のものさしが定義できたら、次に目標音を設定する。従来手法で、現状製品の騒音レベルが65dBであれば次機種製品では62dBを目標にする、と言うのと同じである。ただ、製品音のデザインの場合は、より精緻な設定が必要となる。

具体的には、図3-35の音のものさし上に目標音を設定する。音のものさし上の現状音は全て音データとして聴くことができる。また、音データは種々のソフトで加工が容易である。そこで、現状音、一般には現時点で最も心地よい音をベースにこう言う音がいいのではと複数の音を加工して作成する。

次に、これらの加工音の音質指標を算出、物理指標に変換、音のものさし上にマッピングする。これら複数の加工音の内、音のものさし上で最も心地よく、また、聴感上（加工音なので実際に聴くことができる）納得の行く音を目標音とする。このように、製品音のデザインでは製品開発の初期段階で目標とする音を実際に音で確認する点、そして音のものさし上でその仕様を定義する点が従来の方法と全く異なる。

3.4.4 目標音の実現

次に、音のものさし上で定義した目標音を実現する。目標音はこの段階で時刻歴データ、音質指標データとして存在する。ただ、これだけでは実際の製品との対応付けは難しい。そこで、通常は音データを周波数域で表現し、各周波数がどの部品に対応しているかを分析、目標音を達成するにはどの部品をどのように改善したらいいかを検討する。単なる改善では対応できないと判断した場合には、性能等、他の設計パラメータとの関係も考慮して抜本的なアイデアを導入する。

このようなプロセスを経て、設計、試作へと進む。試作段階で音データを取得、実際に音を聴くとともに、音のものさし上に試作品の音をプロットして、音の達成度合いを確認、最終製品に向けて作り込む。最終製品に関して、人の耳による音の確認、音のものさし上での確認を経て市場に出る。

3.4.5 音の感性と製品との関係性

音を製品に創りこむためには、音に対する人の印象（音の感性）と製品との関係を知っておくことが必要である。音の感性と製品との関係性の一例を**図3-36**に示す。

音の感性は人によって異なる。ここでは、高くても売れる商品を音の視点から実

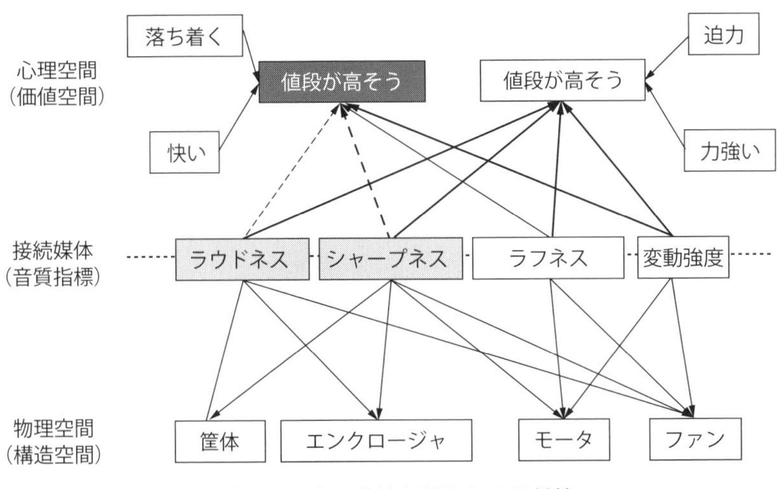

図3-36　音の感性と製品との関係性

現すべく、“値段が高そう”を最上位の概念に設定している。ただ、顧客分析を行うと同じ値段が高そうでも二種類あることがわかる。一つは落ち着いて、快い音を値段が高そうと感じる顧客、もう一つは迫力があり、力強い音を値段が高そうと感じる顧客である。この二種類の顧客によって製品音の味付けは全く異なってくる。

音の味付けは、人の感じ方を音質指標にマッピングすることによって表現できる。図中で価値空間（人の感性空間をこう呼ぶ）と音質指標間の関係のうち、実線は正の相関、破線は負の相関があることを示す。線の太さはその相関の強さを示す。落ち着いて、快い音を値段が高そうと感じる顧客にはシャープネスが小さく、変動強度が大きい音が好まれることを示す。一方、力強い音を値段が高そうと感じる顧客には、いずれの音質指標も大きい音が好まれることを示す。これらの音質指標は製品の各部門に対応づけられる。このように、音質指標という接続媒体を介して価値空間（心理空間）と構造空間（物理空間）が繋がる。

3.5 製品音のデザインの事例

製品音の分類を試みた後、以上で述べた製品音のデザイン手法が実際にどのように製品に適用されるのかを、二つの製品（クリーナ及びコピー機）への適用事例を通して紹介する。特に、クリーナに関してはその背景も含め、各プロセスの詳細について説明を行う。

3.5.1　製品音の分類

製品音といっても様々である。そこでここでは、二つの視点で製品音を分類する。各製品音の分類ごとに製品音のデザインの方法は異なってくるが、できればこの分類ごとにデザインの方法をルール化できると便利である。分類の方法はいくつかあると思うが、ここでは音の特性（時間的変化）と音の性質（印象）に着目する。

(1) 音の特性による分類

音の特性としては、定常音と非定常音に分類できる（**表3-1**）。音楽で言うと、楽器そのものの音色が定常音、楽器により構成される楽曲が非定常音とも言える。従って、両者は個別のものではなく、密接な関係にある。ただ、音質評価においては定常音を正しく評価しておくことが前提であり、その上で非定常音の問題をどう捉えていくかを考える必要がある。

定常音：レベルの変化が小さく、ほぼ時間的に一定な音である。ファン、モータの音が代表例である。単一定常音の場合もあるが、複数の音源源（定常音）が混在して、定常音を構成している場合もあり、各音源間の関係が全体音質を決める場合もある。製品としてはクリーナ、ドライヤが相当する。ラウドネス、シャープネスといった音質指標が適用可能であり、客観的評価が比較的容易である。

非定常音：時間的に大きく変動する音である。周期的に変動を繰り返す音（コピー機）もこれに相当する。非定常音とは言っても、実際には定常音と非定常音が混在している場合が多い。また、周期間欠音、不定期間欠音、変動音、突発音（衝撃音）などに分類できる。非定常音を扱える音質指標が存在せず、客観的評価が困難である。

表3-1　音の特性による製品音の分類

	音の種類	定義	例
定常音	連続音	ほぼ一定のレベルで継続する音	クリーナ、ドライヤ、ファン、モータ
非定常音	周期間欠音	衝撃音などの音が間欠的かつ周期的に発生	コピー機、輪転機、ミシン
	不定期間欠音	周期性のない間欠音	風鈴、水琴窟
	変動音	レベルが変化し、継続する音	テレビの音、走行中の自動車
	突発音	突発的に発生し、継続時間が数秒以上の音	警報

(2) 音の性質による分類

音の性質の観点から、音を**図3-37**に示すように以下の4つに分類する。

カテゴリ1：製品らしさを必要とするもの、すなわち音が製品価値になる可能性があるものが対象となる。全く音がしないと不自然な製品、音に意味を持たせることが可能な製品である。製品らしさをどう定義するか、ブランドイメージとの関連等の問題を明確にする必要がある。自動車、一部の家電機器（クリーナ）がこれに相当する。自動車もクリーナも人が操作する機器であり、製品の稼働状態を知らせる手段として音が重要である。ただ、目標とすべきことは分かっていても、これを具体的仕様に落とし込むのは容易ではない。この部分が製品音のデザインの真髄である。

カテゴリ2：製品らしさを必要としないもの（音に製品価値を見出しにくい）が対象となる。可能な限り音は小さい方がいいが、実際問題そうは行かないので、音質的に気にならない音を目指す。事務機器、一部の家電機器（ドライヤ）がこれに相当する。このカテゴリの製品が最も多い。目標が明確でないので、目標設定から始める必要がある。

カテゴリ3：メンタルな要素が大きく寄与するものが対象となる。対象とする人による依存度が大きい。病院内機器等がこれに相当する。医用機器では患者にとっての音、機器操作者にとっての音、医師にとっての音と、一言に音といっても多様な

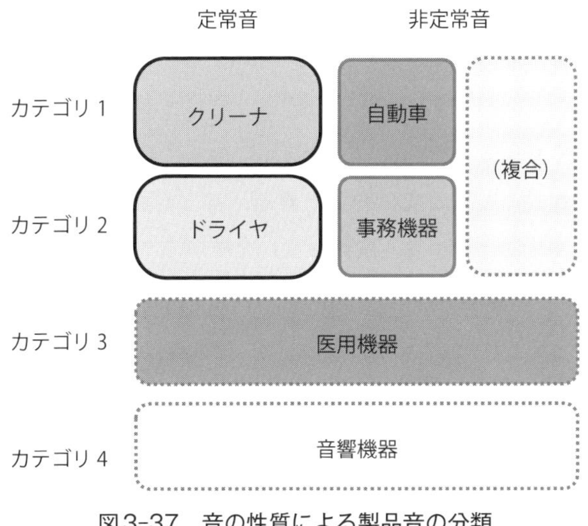

図3-37 音の性質による製品音の分類

対象者が存在する。そのため、カテゴリ1、2とは異なったアプローチが必要である。

カテゴリ4：音そのものが製品価値となるものが対象となる。音響機器等がこれに相当する。製品音のデザインの究極である。

3.5.2 クリーナ音の事例

製品音のデザインの事例として、クリーナへの適用例を紹介する。クリーナ音のデザイン開発の背景、その具体手順（顧客ニーズの抽出、音のものさし、目標音の設定、目標音の実現）、成果とポイントについて以下に述べる。

(1) 背景

クリーナに関しては、過去に低騒音化技術に取り組んできており、現在も低騒音化技術が音設計の基本であることに変わりはない。しかしながら、騒音レベルが下がったとしても、必ずしも音質の向上につながらない場合が多かった。また、試作品ができて実際に音を測定して、騒音レベルが目標値を上回っていると、多くの場合では、再度吸音材を入れたり等の低騒音化対策をとっていた。これにより、騒音レベルは目標を達成したとしても、熱性能等への影響が少なからず出ていた。このような背景のもと、製品音のデザインを事業部に提案し、賛同を得てからの実施であった。また、働く女性が夜に掃除をすることも多くなり、音に配慮したクリーナが求められているという社会的背景もあった。

(2) 顧客ニーズの抽出

顧客ニーズを抽出することは製品開発にとってのスタートであり、重要である。しかしながら、顧客のニーズは一様ではなく、多様性を有するのが常である。

顧客の多様性を評価するために、まず製品音の感性品質（音質）について計測可能な物理量を抽出する。ここでは音質指標として、実績のある4つの指標（ラウドネス、シャープネス、ラフネス、変動強度）を用いる。これらは，音の大きさなどの比較的単純な音の知覚を定量化した指標であるが、製品音の「高級感」などの複雑な感性品質を示す指標は含んでいない。

そこで、ある製品の複数機種の音を被験者に提示し、「高級感」や「心地よさ」などの感性品質について主観評価をしてもらう。主観評価にはSD法を用いる。SD法では、「高級感のある-安っぽい」などの意味の反する形容詞対を複数用意し、その間を7段階等で評価する。通常の方法では、SD法で得られた評点を被験者間で平均化するが、ここでは、形容詞対ごとに、評点のパターンが似ている被験者同士をグループ分けする。

評点のパターンの類似度には相関係数を用いる。そして、この類似度を用いてクラスタ分析を行い、感性の似たもの同士のグループを作る。**図3-38**に、クラスタ分析による顧客の多様性の分類の手順を示す。

図3-38の手順で得られた、形容詞対ごとの各グループの占める割合を**図3-39**に示す。グループの数が多い形容詞対は，被験者間で多様な「感じ方」の尺度を含んでいることを意味する。「高級感」などの主観的な感性品質は，多様な尺度を含んでいることが分かる。

このように多様な尺度からなる感性は、個人によって捉え方が異なるため、その意味合いを定量的に把握する必要がある。そこで、被験者グループごとの評価尺度を、4つの音質指標と一般性の高い形容詞対によって統計的に説明する。

図3-40に、「高級感」についての結果例を示す。この結果から、38%の被験者は落ち着いた心地よさの観点から音の高級感を捉えており、また、ラウドネスと

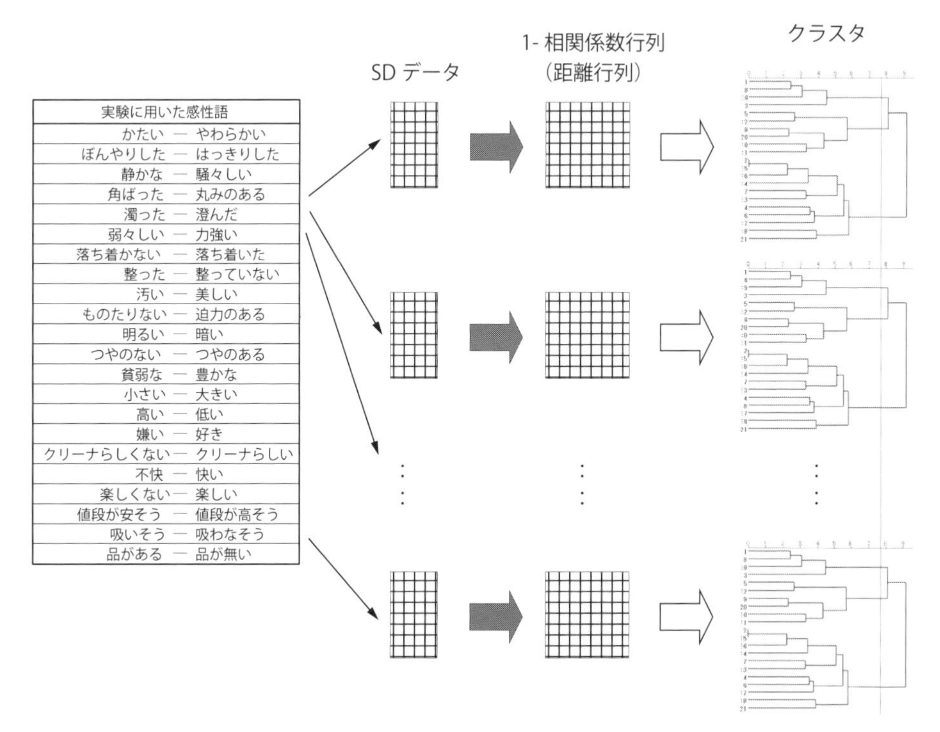

図3-38　クラスタ分析による顧客の多様性の分類手順

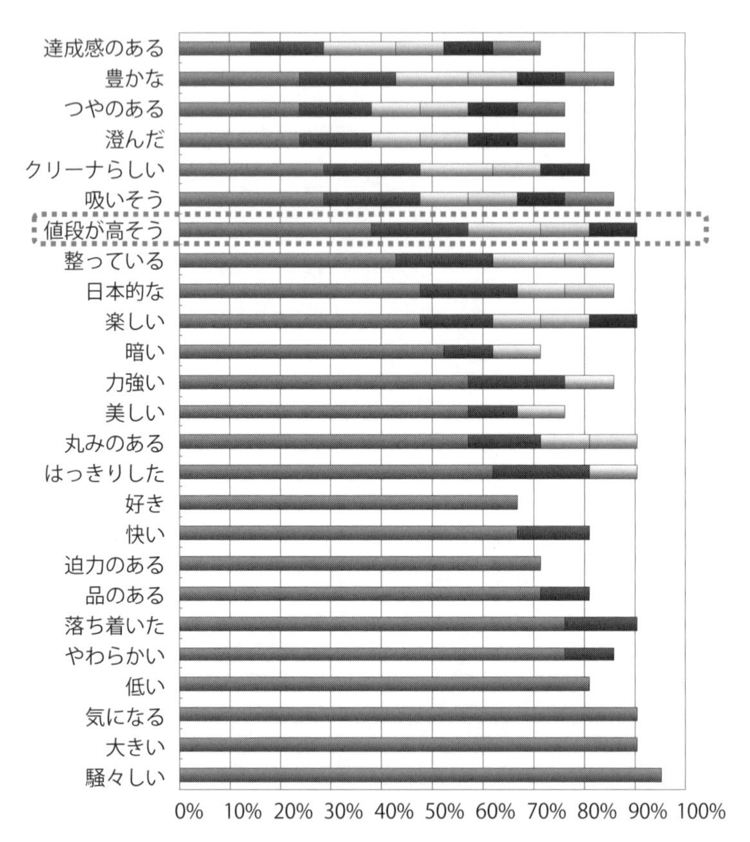

図3-39　顧客の感性の多様性

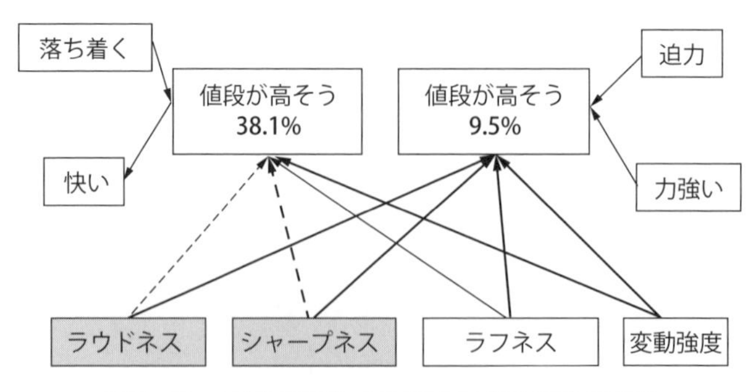

図3-40　顧客の感性の多様性と音質指標の関係

シャープネスとに負の相関があることから、静かな音に高級感を感じていることが分かる。一方、右側の9.5％の被験者は，高級感のある音をダイナミックさと力強さの観点から捉えていることが分かる。

このように、同じ「高級感」という感性においても個人によって意味が異なり、上記の手順を踏むことにより、この違いを定量的に明確化することを可能とする。その結果、それぞれ個別の尺度を、物理指標を説明変数として定式化することができる。

前述の手順により、顧客の多様性を考慮した心理空間属性を、接続媒体である音質指標にマッピングすることが出来た。ここで対象としている音質指標はさらに音圧の大きさ、周波数、振幅変調、周波数変調といった物理量に対応付けることが出来る。これらの物理指標は、図3-36に示した物理空間（構造空間）の各要素に対応付けられる。これらの特性は材料、制御方法、等を適切に選択することにより、目標とする音質指標に近づけることが可能である。

(3) 音のものさし

形に長さというものさしがあるように、音にもものさしが必要である。従来の低騒音設計では、騒音レベル（dBA）がこれに相当する。心地よい音をデザインする際にも、心地よさを示すものさしが必要となる。この音のものさしの構築手順について述べる。

まず、10機種の製品（クリーナ）音に関して、印象評価、客観評価を行うとともに、これらから得られた官能指標と物理指標の対応付けを行う。**図3-41**に、対

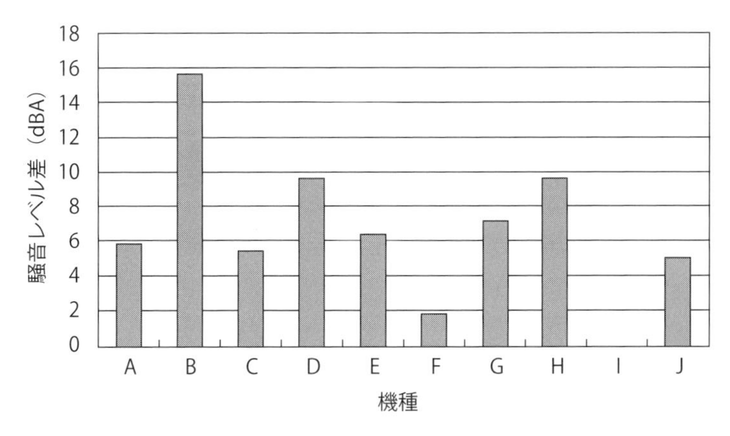

図3-41　対象としたクリーナの騒音レベル差

象とした10機種のクリーナ音の騒音レベル差を示す。騒音レベル差は最大16dBあり、クリーナの音の大きさに個体差があることが分かる。従来は、ここに示す騒音レベルの大小で音の良し悪しを判断していた。

印象評価は、10機種の音を被験者22名（老若男女）に聞いてもらい、25形容詞対（一般形容詞16対、製品固有形容詞9対）に7段階評価で答えてもらうSD法を適用した。SD法に関しては、形容詞対の選定方法が最も重要である。

何を最終的に知りたいのかを最初に設定し、これを抽出するための形容詞対を選定した。得られた結果は、被験者22名の各形容詞対の標準偏差等から異常なデータが含まれていないことを確認した上で、10機種の音に関しての平均値を算出した。10機種の音に対して、25形容詞対の値（22名の平均値）を用いて多変量解析を実施した。その結果、**図3-42**の左側に示す主成分が得られた。ここでは、主成分1の寄与率が他の2成分に比べて大きいため、主成分1をこの製品の官能指標と定義した。

客観評価として最初に、10機種の音を音質評価ソフトで信号処理して、音質の4大基本指標であるラウドネス、シャープネス、ラフネス、変動強度を算出した。これら自体も物理指標となりうるが、指標の数が多いこと、必ずしも製品固有の物理

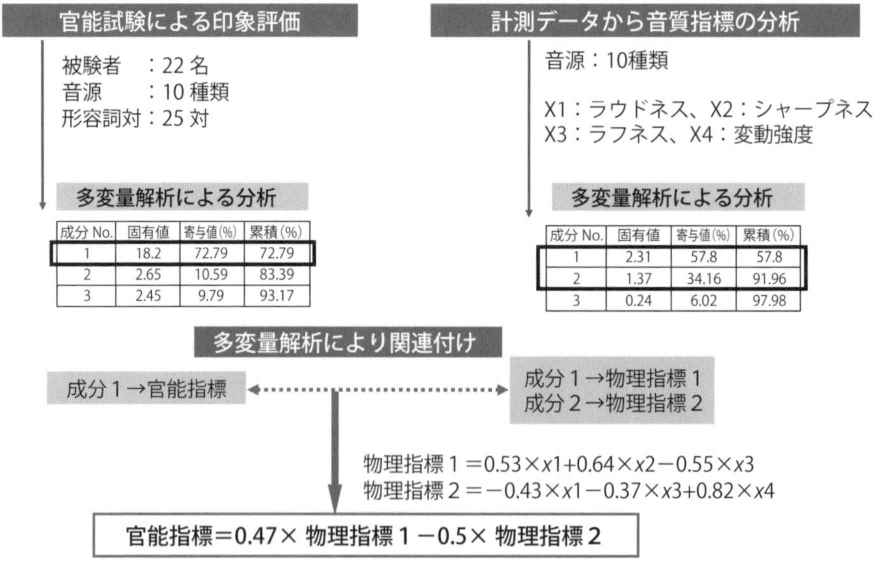

官能試験による印象評価

被験者　：22名
音源　　：10種類
形容詞対：25対

多変量解析による分析

成分No.	固有値	寄与値(%)	累積(%)
1	18.2	72.79	72.79
2	2.65	10.59	83.39
3	2.45	9.79	93.17

計測データから音質指標の分析

音源：10種類

X1：ラウドネス、X2：シャープネス
X3：ラフネス、X4：変動強度

多変量解析による分析

成分No.	固有値	寄与値(%)	累積(%)
1	2.31	57.8	57.8
2	1.37	34.16	91.96
3	0.24	6.02	97.98

多変量解析により関連付け

成分1→官能指標

成分1→物理指標1
成分2→物理指標2

物理指標1＝$0.53\times x1+0.64\times x2-0.55\times x3$
物理指標2＝$-0.43\times x1-0.37\times x3+0.82\times x4$

官能指標＝0.47× 物理指標1 −0.5× 物理指標2

図3-42　音のものさしの導出手順

指標となっていないことより、適切な物理指標とは言えない。そこで、10機種の音に対して、4つの基本音質指標を用いて多変量解析を実施した。

その結果、図3-42の右側の主成分が得られた。この結果から、主成分1と主成分2の寄与率が大きく、かつ、両者で累積寄与率が90%を越えていることより、主成分1を物理指標1、主成分2を物理指標2と定義した。物理指標1、物理指標2と4つの基本音質指標との関係を下式で定義できる。

物理指標1 = 0.53X1 + 0.64X2 − 0.55X3
物理指標2 = − 0.43X1 − 0.37X3 + 0.82X4

すなわち、物理指標1はラウドネス、シャープネス、ラフネスが同程度に関係し(変動強度は無関係)、ラウドネスとシャープネスは同じように作用し、ラフネスはその逆に作用していることが分る。従来は、騒音レベルのみで評価していた音が、このように種々の性質の音質（4大基本音質指標）で複合的に定義できたことの意義は大きい。

この物理指標1は、対象としている製品の総合音とも言うべきもので、この値が大きいということは、音が大きく、鋭く、しかしながら、粗さは小さいことを意味する。この結果は、今後、この製品音を評価する際に重要な結果である。

一方、物理指標2は変動強度の影響が大きく、ラウドネスとラフネスがこの半分程度の効果で、かつ逆に作用することが分る。シャープネスは物理指標2には寄与していない。物理指標2は対象としている製品の個性音とも言うべきもので、味付けに関する部分に相当する。

こうして、対象としている製品音10機種に関して、主観評価、客観評価を実施、官能指標、物理指標が定義できた。次に、官能指標と物理指標の対応付けが必要となる。官能指標と物理指標の関係を見るだけであれば、両者の相関を見ればよいが、これだけでは定式化が困難である。そこで、多変量分析により、官能指標と物理指標の関係を調べた。その結果、官能指標と物理指標の間に、下式の超有意な関係が存在することが明らかとなった。

官能指標 = 0.47 × 物理指標1 − 0.5 × 物理指標2

以上の結果を、10機種のクリーナ音に関して、物理指標と官能指標と関連付けて示したのがクリーナ音のものさし（**図3-43**）である。図3-43の結果から、10機

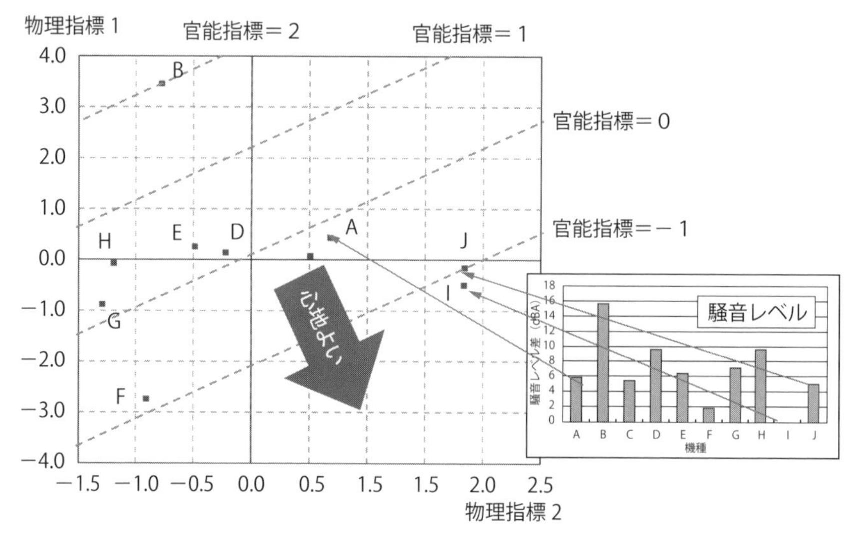

図3-43　クリーナ音のものさし

種音が物理指標領域に、かなり広範囲にばらついて分布していることが分る。当然のことながら、図3-43上で近辺にある機種音同士は聴感上も似ている。

物理指標は音質設計（製品設計）に直接結びつく要因であり、設計の可能性を多く秘めていることが分る。通常の騒音レベルで10機種音を評価した結果と比較すると、例えば、騒音レベルでは機種音A、E、J間に余り差が無いが、この3者には大きな開きがある。また、騒音レベルでは機種音I、J間には差があるが、音のものさし上はI、Jは比較的近接している。

このように、従来の騒音レベルによる評価は、ある程度人の聴感を考慮しているにも拘らず、ここで扱っているような製品音の音質評価を行うには不十分で、4大基本指標等を駆使した音質評価が必要であることを意味する。

（4）目標音の設定

次に、目標音を物理指標上に設定する。**図3-44**に、目標音設定の手順を示す。図中の機種H、D、Cは類似機種でこの順に改良設計がなされている。また、官能指標は被験者の意見を総合すると数値が小さいほど良いと判断された。このことから、従来の音質設計においても結果として、音質は改善されていることが分かる。

この結果を受けて、現状の機種Cをベースに目標音を図のように設定した。具体的には、類似機種の音を音編集ソフトで加工し、実際に聴いてみて、複数の目標音候補を選定した。選定した複数の目標音候補を分析し、音のものさし上にマッピン

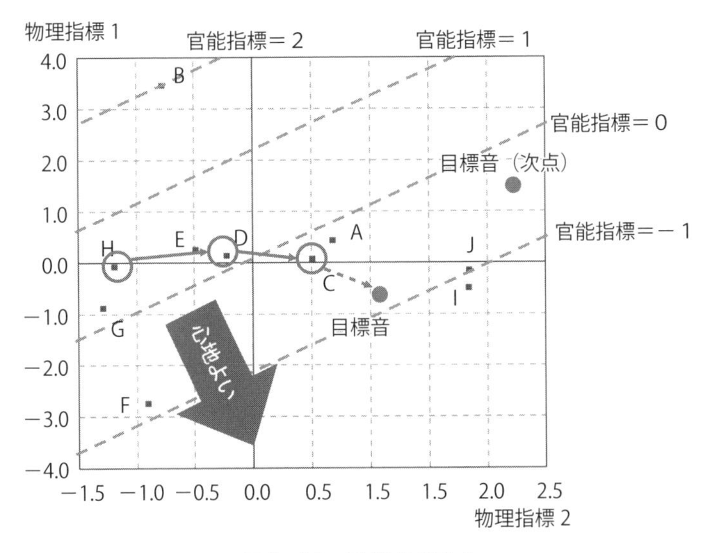

図3-44 目標音の設定

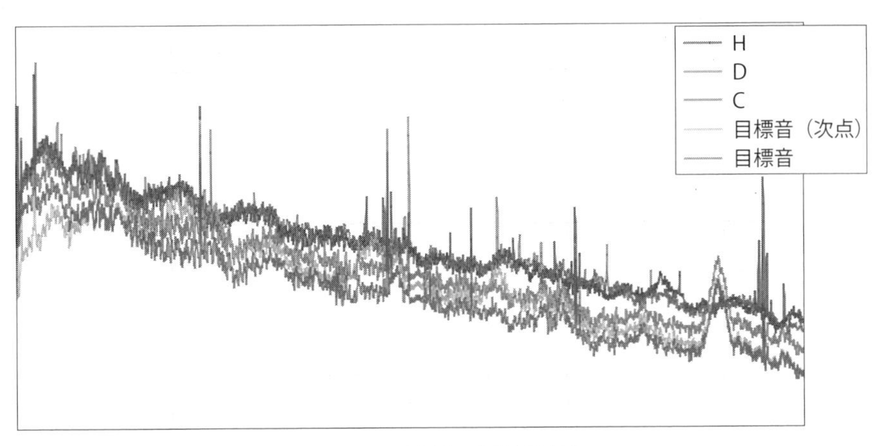

図3-45 目標音の周波数特性

グした。そして、過去の開発結果から見て達成可能で音質的に優れている目標音を決定した。目標音の周波数特性を**図3-45**に示す。

(5) 目標音の実現

目標音を達成するためには、まずは対象製品の構造を理解する必要がある。**図3-46**に、クリーナの構造を示す。従来からそうであるが、騒音レベルを下げることは一般には抵抗が増えることにつながり、クリーナの本来の性能である吸込み仕事率が低下する。このため、吸込み仕事率と音の低減の両立が不可欠である。

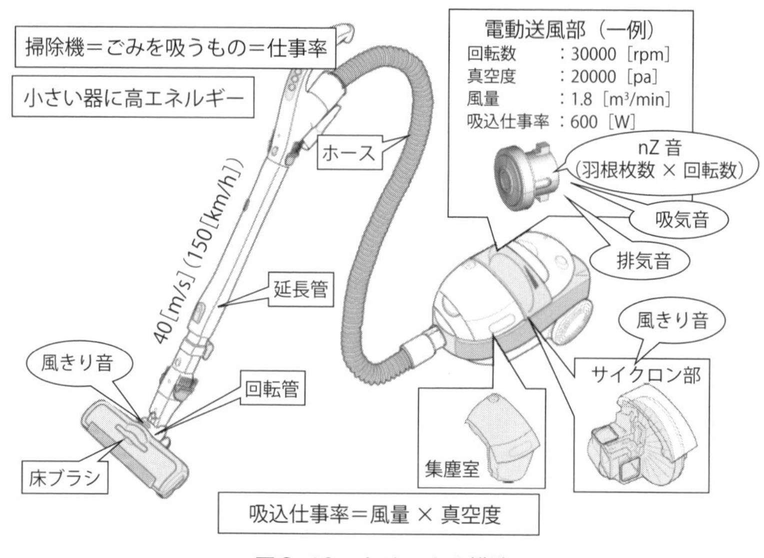

図3-46　クリーナの構造

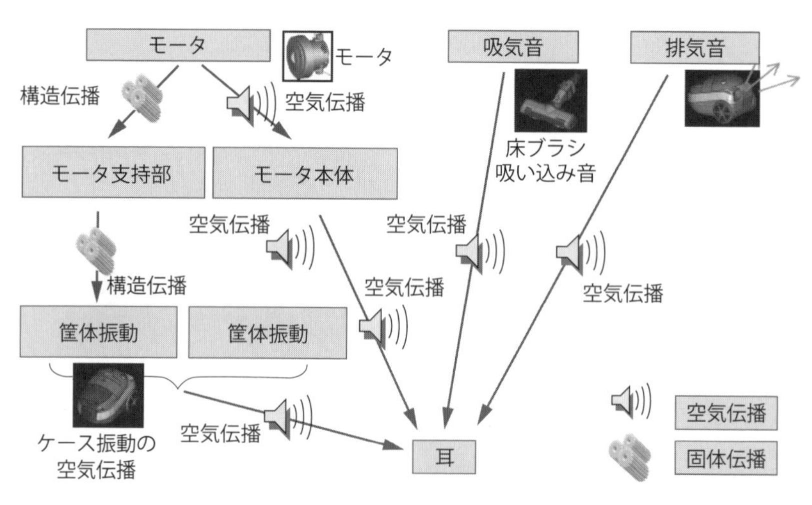

図3-47　クリーナの音の伝達経路

音の発生源はモータ／ファンであり、これに付随して吸込み音、排気音が発生する。この関係を音の伝達経路で可視化したのが**図3-47**である。このように、流力音、固体伝搬音、空気伝搬音が混在し、最終的に人の耳位置に音が到達する。音のものさし上に設定した目標音に向って、これらを設計することになる。

最初に、音の発生源特定のために現機種の音測定を実施した。**図3-48**に、実験

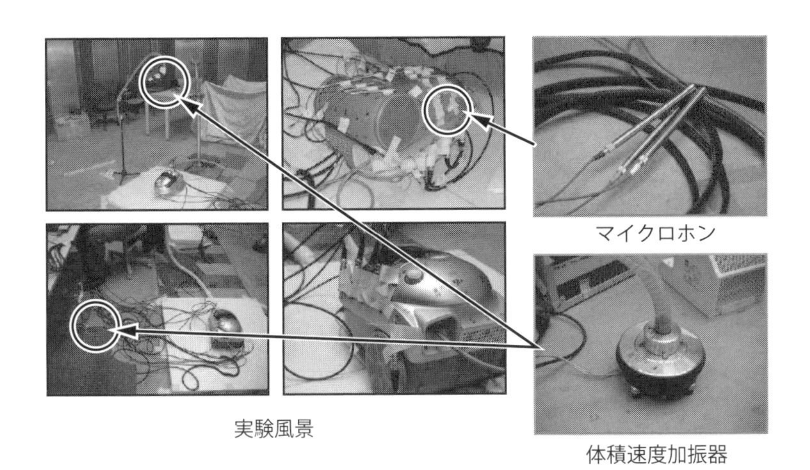

図3-48　音測定の実験風景

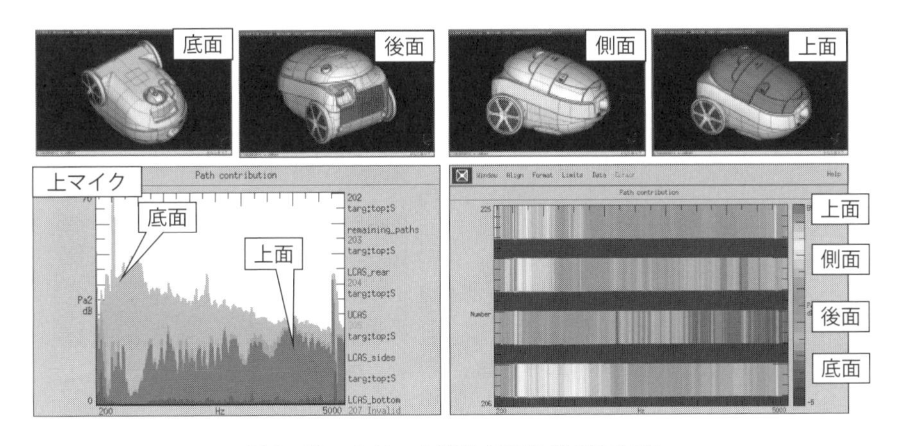

図3-49　クリーナ筐体各部の音の寄与率

風景を示す。また、**図3-49**に、実験的に求めた一例として、クリーナ筐体各部の音の寄与率を示す。この結果から、筐体底部からの音の発生が大きく、目標音を達成するためにはこの部分の音の低減が必須であると判断した。

筐体底部からの音の発生は、モータ／ファンからの音が筐体を通して伝達されていることが分析により判明したため、この伝達経路を振動的に絶縁するばね支持構造を考え、机上の計算によりばね定数を算出、実際の構造に落とし込んだ。**図3-50**に示すように、従来構造はゴム支持であったものを、ばね支持に変更した。これは事業部には大きな変更点であったが、その効果は実験でも検証、採用され

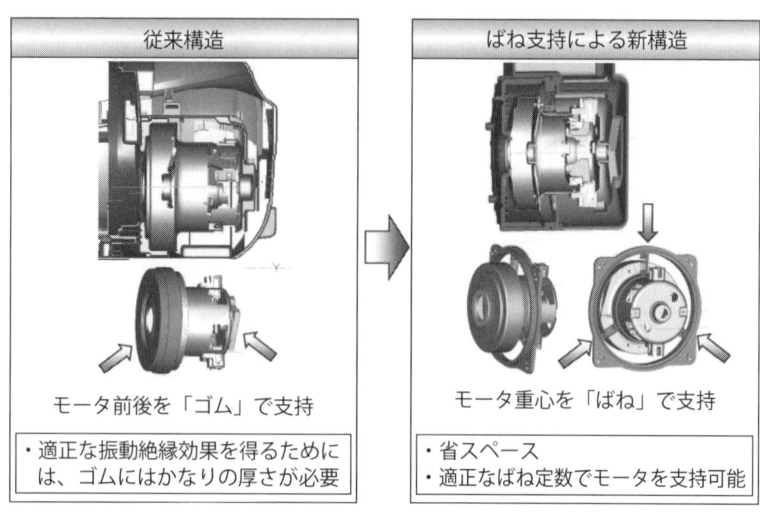

図3-50　モータ支持の新構造

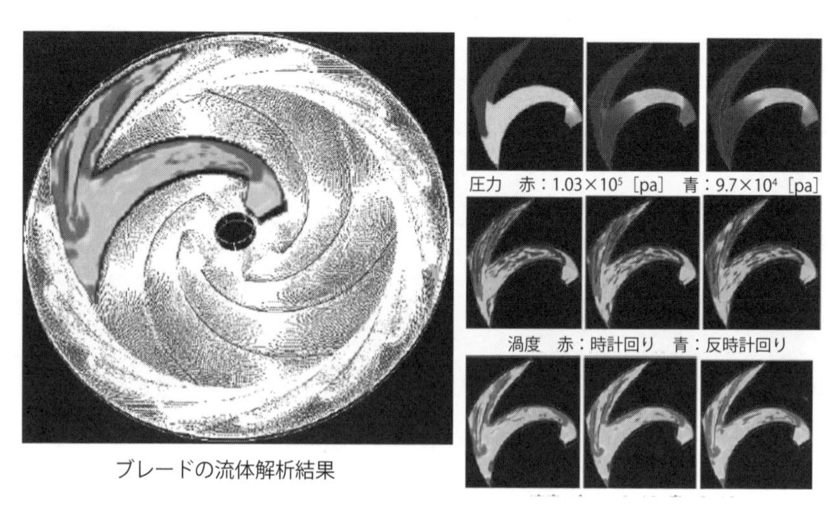

図3-51　ファン形状の最適設計

た。

また、**図3-51**に示すように、クリーナの心臓部であるファンに関しても、流体解析によるファン形状の検討（性能と音の両立）を実施した。

以上のような目標音達成のための検討を経て、試作品を製作、音の心地よさを評価した結果を、音のものさし上にマッピングしたものを**図3-52**に示す。最初の試作品にもかかわらず、目標音を大きく達成していることが分かる。試作品でも十分

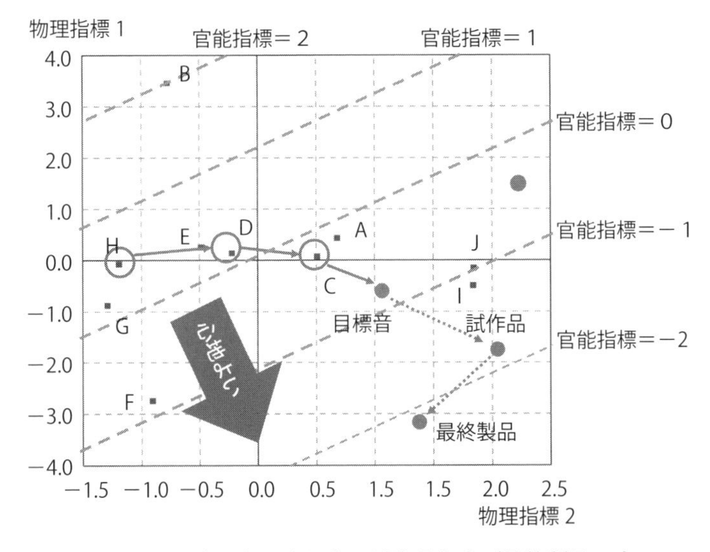

図3-52　音のものさし上の試作品および最終製品の音

に心地よい音を達成していたが、さらに心地よい音を目指したいということになり、床ブラシの改良を行った。この結果、図3-52に示すように最終製品ではさらに心地よい音を実現できた。

(6) 成果とポイント

以上に述べた手順で開発された製品音のデザインを適用したクリーナ「Quie™」は、2008年3月1日に発売することができた。製品音のデザインの考え方は必ずしも筆者がゼロから考えたものではない。音響工学の分野では以前からこのような議論はされていたし、Lyon氏の著書“Designing for Product Sound Quality”にも製品音のデザインの概念は述べられている。

しかしながら、“Designing for Product Sound Quality”に記載されているように、製品音のデザインは製品設計に大きなメリットはあるものの実践例はほとんどないとある。ここから推測できるように、製品音のデザインを社内で提唱した際に、その考え方はすぐには受け入れられなかった。従来の、騒音レベルという明確な数値目標に向って粛々と進めることのできる低騒音化技術に対して、製品音のデザインは、概念としては分かるが定量的には理解が困難であったのだ。

そこで、製品音のデザインの概念を継続的に言い続けるとともに、設計工学手法、人的ネットワークを駆使して、音のデザイン手法の“見える化”に挑戦した。

こうして生まれたのが、製品音のデザインを行う際の出発点となる“音のものさし”である。音のものさしで音の心地よさを表現できるようになり、製品音のデザイン手法は一気に製品音のデザインに適用が始まった。その後、家電製品だけでなく、オフィス機器、医用機器へも適用されている。

3.5.3 コピー機の事例

前節で、クリーナを例に音のデザインの具体例を紹介した。クリーナはいわゆる定常音であり、物理指標として音質指標が直接適用できるだけでなく、人の感じ方である官能指標も比較的容易である。一方で、多くの製品は非定常音を構成している。ここでは非定常音を有する製品の代表としてコピー機を例に話を進める。

図3-53にコピー機の構造を示す。コピーされる紙がトレイから搬出され、印字部まで搬送される。この際、搬送部の各部分で音が発生する。コピー機の特徴は、ある周期で音を繰り返す点である。これは一般に周期間欠音と言われる。図3-53の例ではほぼ1秒周期で紙が搬送され、印字される。この間に、3箇所で間欠音が発生する。従って、音自体は基本的に1秒周期で繰り返す。この1秒の間に、3種類の音が間欠的に配置される。これらの音以外にも、ファン、モータ等の音が暗騒音的に発生している。

図3-54にコピー機の音の分析例を示す。上左図に騒音レベルの時間変化、上右図に騒音レベル（音圧をA特性に変換したもの）の周波数特性を示す。また、中左図がラウドネス、中右図がシャープネス、下左図がラフネス、下右図が変動強度の時間変化である。さらに、図中の数値は時間変化の平均値を示している。

クリーナの場合には、この平均値を音質指標として評価に用いた。また、グラフ、数値はL（左）、R（右）の結果を示す。ここでの測定では、ダミーヘッドを用

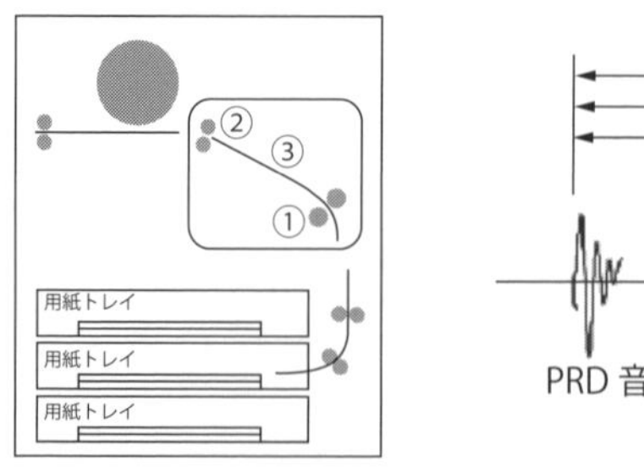

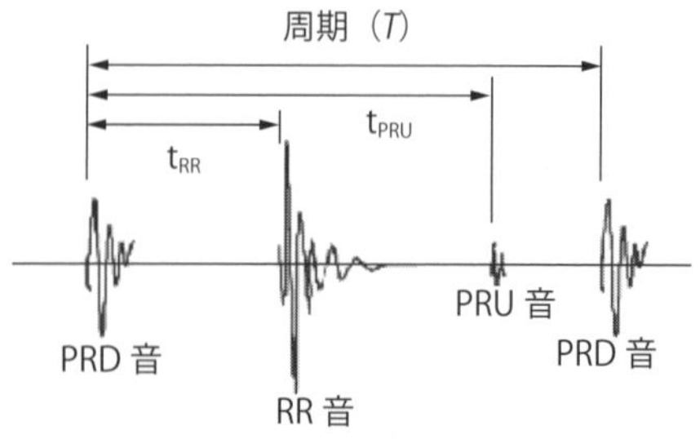

図3-53　コピー機の構造と音の構造

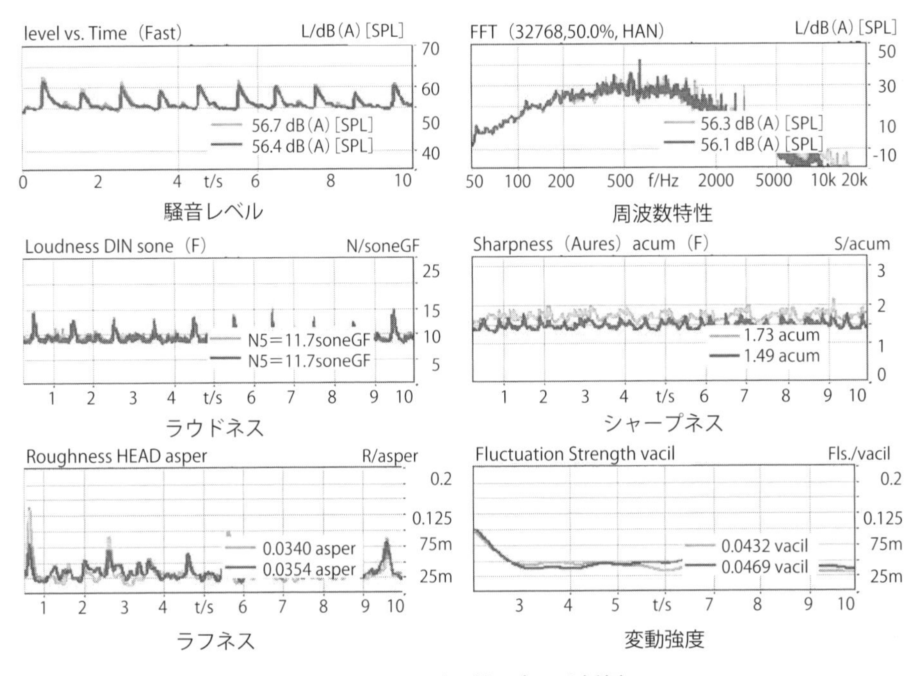

図3-54　コピー機の音の分析例

いたバイノーラル録音を実施している。図3-54の結果から分かるように、騒音レベル、音質指標の時間変化が無視できないことが予想される。

さて、図3-54の結果を用いてどのように音を評価するかを考える。クリーナ（定常音）と同様に時間平均値を用いて評価すると、騒音レベルの場合、**図3-55**のようになる。横軸に騒音レベルの平均値、縦軸にカテゴリ尺度法で人の感じ方を10点法で評価した結果を示す。このように、傾向的には騒音レベルが小さい方が評価は高いが、その相関は高いとは言えない。4つの音質指標に関しても同様の傾向にある。このような場合、クリーナで示したような手順で音のものさしを作成しても、必ずしも精度が保証されない。

そこで、コピー機のような非定常音の評価には一工夫が必要である。一般に非定常音の場合、音の時間変動が小さい方が良いと言われている。すなわち、騒音レベル、ラウドネスの時間平均値に加えて、例えば、ラウドネスの時間変動の最大値と最小値の比を指標にする場合がある。

この場合、最大値に時間変動の95%包含値、最小値に時間変動の5%包含値を用いることが多い。図3-54のラウドネスのN5は、時間変動の5%包含値のラウドネ

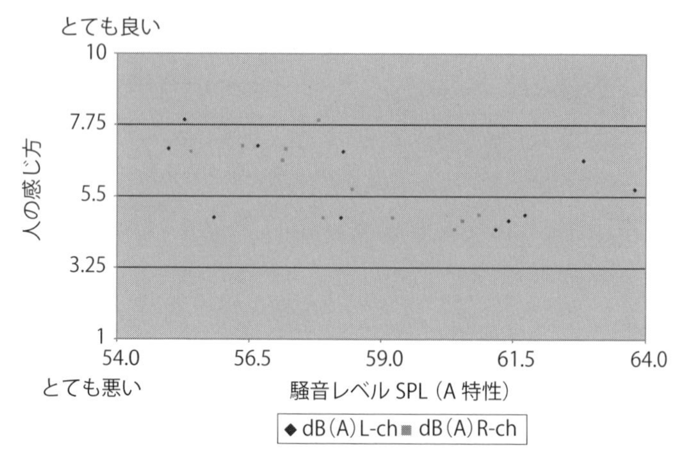

図3-55　騒音レベル（時間平均値）と人の感じ方の関係

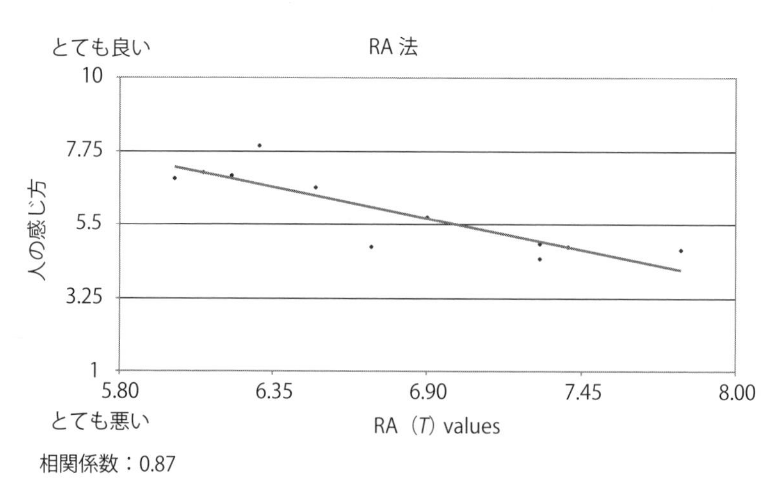

図3-56　回帰手法とAI手法の融合による音の評価例

スであることを示す。さらに高度な手法としては、人の聴覚認知モデルを用いるいわゆる回帰手法とAI手法の融合による音の評価法がある。

図3-56にその一種であるRA（Relative Approach）法による評価例を示す。RA法による結果は、人の感じ方をよく表現していることが分かる。一方で、この種の方法の弱点は、この結果を設計に活かすことが容易でないことである。製品音が既にあって、これが良いか悪いかの判断はできるが、この結果を受けてどのように設

計すれば良い製品音が実現できるかに関しては、直接的な知見は提示してくれない場合が多い。すなわち、例えば図3-56の結果を分析して、RA値が小さいということの物理的解釈を行う必要がある。これができれば、非常に強力な音のデザインツールとなる。

図3-53のコピー機の音波形に話を戻そう。この右図を見ると音の1周期の内、RR音なるものが大きいことが分かる。人の感じ方は、ある一部の印象が全体の印象に影響を受ける場合がある。この場合も、このRR音が全体の音印象に影響を与えている可能性がある。

RR音の波形自体を変えることは容易ではないので、RR音の発生位置（ファームウェア設計によって可能）をパラメータにした評価を行ってみた。**図3-57**にその結果を示す。ここで、周期は1秒とした。横軸にRR音の発生位置（時刻）、縦軸にその時の人の印象を±1で示している。これより、RR音発生位置が0.333秒の時に印象が最も良いことが分かる。これはRRが3拍子を刻んでいることを意味し、音楽の印象に通じるところがある。一方で、製品音の場合は変に拍子を刻むと気になるという実験結果もあり、悩ましいところである。

コピー機音を別に視点から捉えて見る。既に述べたように、コピー機音は様々な

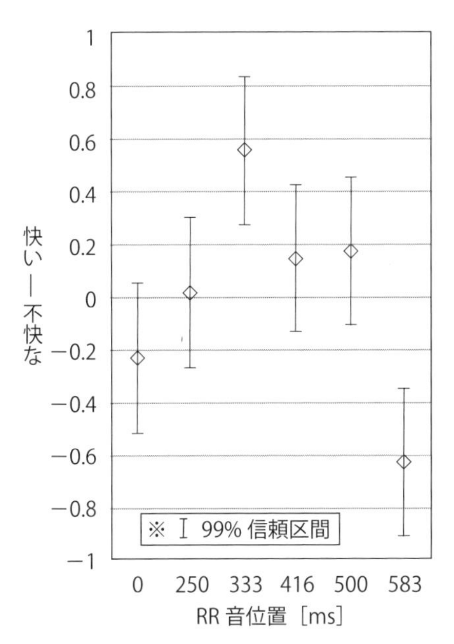

図3-57　要素音発生タイミングの全体印象への影響（周期1秒の場合）

要素音の集合体となっている。そこで、印象が好ましいコピー機音と好ましくないコピー機音を横軸周波数、縦軸音圧レベルの二次元マップ上に表現して見る。**図3-58**に印象が好ましいコピー機音の二次元マップ、**図3-59**に印象が好ましくないコピー機音の二次元マップを示す。図中の点線は最小可聴値で、これ以下の音圧を人は聴き取ることができない。

この結果より、印象が好ましいコピー機音は、コピー機音として残したいスポン音（紙を周期的に送る音）は大きく、その他の要素音は小さく設計されている。また、アラーム音（コピーの終了を告げる）を付加することにより、全体音の印象にメリハリをつけている。一方、印象が好ましくないコピー機は種々の要素音の音圧レベルが同程度で玉石混合状態にある。こう見てくると、複数の要素音からなる製品音の場合には、その製品の特徴として残すべき音とそうでない音を製品開発の最初段階で分別し、設計することが重要であることが分かる。

3.6 製品音のデザインの課題

ここまで、デライト設計の一例として製品音のデザインを紹介した。設計をやっている方から見ると何とも定性的なアプローチに見えるであろうし、デザインをやっている方から見ると定量的なアプローチに見えるであろう。これはデライト設計自体が設計の視点から見ると、従来のベター設計、マスト設計に加えて、人の感性を対象とするデライト設計にその範囲を広げていることによる。

一方、デザインの視点から見ると、本来は人の行為として捉えているデザインを可能な限り定式化して解析可能とするアプローチは、ある意味新鮮に映るはずである。このような背景を考慮した上での、製品音のデザインの課題についていくつか紹介する。

3.6.1 音の感性の多様性

音に関する感性は時、場所、男女によって異なる。同じ人であっても若い時と老いた時では音に関する印象は異なってくる。この背景には、聴覚器官自体が年とともに変化することもあるし、その人自体の経験等の内的変化も関係する。また、朝と晩でも音の印象は異なる。当然、男女、民族によって異なるのは当然である。従って、現状の手法では、条件の近い人をある程度の母集団として評価するのが常

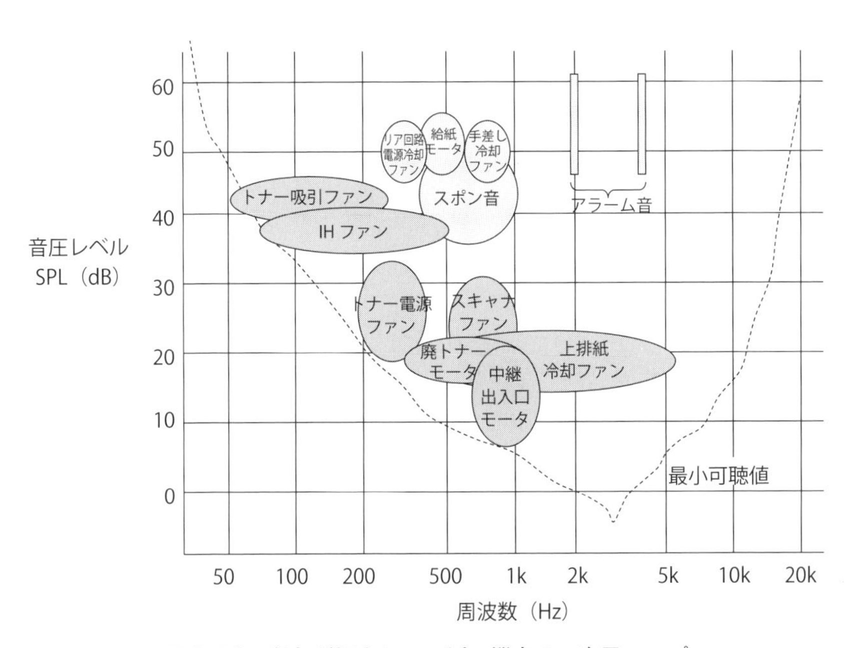

図3-58　印象が好ましいコピー機音の二次元マップ

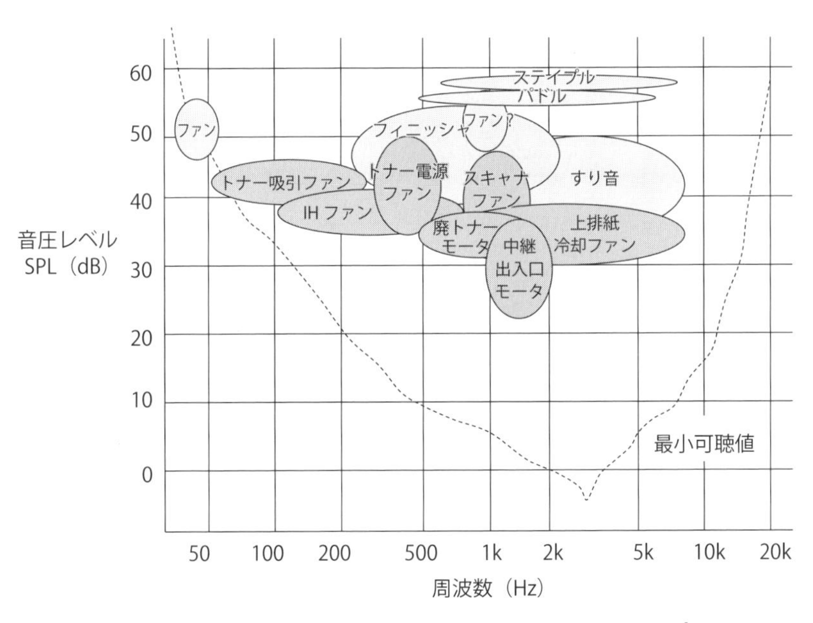

図3-59　印象が好ましくないコピー機音の二次元マップ

套手段となっている。今後、よりきめ細かい評価が可能になることを期待している。

ここで、音の感性の多様性の例として、国の違いによる影響について紹介する。すでに紹介したクリーナ音に関して、インドとドイツで評価した例を**図3-60**に示す。これ以前の分析では、日本とドイツではほぼ同じ傾向が得られていたので、インドにおける音の感性を評価するのが目的であった。

横軸は11種類の形容詞で、英語（図中その日本語訳も併記）で提示した。11の形容詞対で7点法のSD法を実施、その点数（複数の被験者の平均値）を縦軸に示している。対象としたクリーナ4機種（A、B、C、D）の日本における評価はA>B>C>Dであった。

インド、ドイツ両国の結果を比較すると、全体的な傾向は似ていることが分かる。一方、機種ごとの評価は、インドはB>A>C>D、ドイツはA>B>C>Dと嗜好

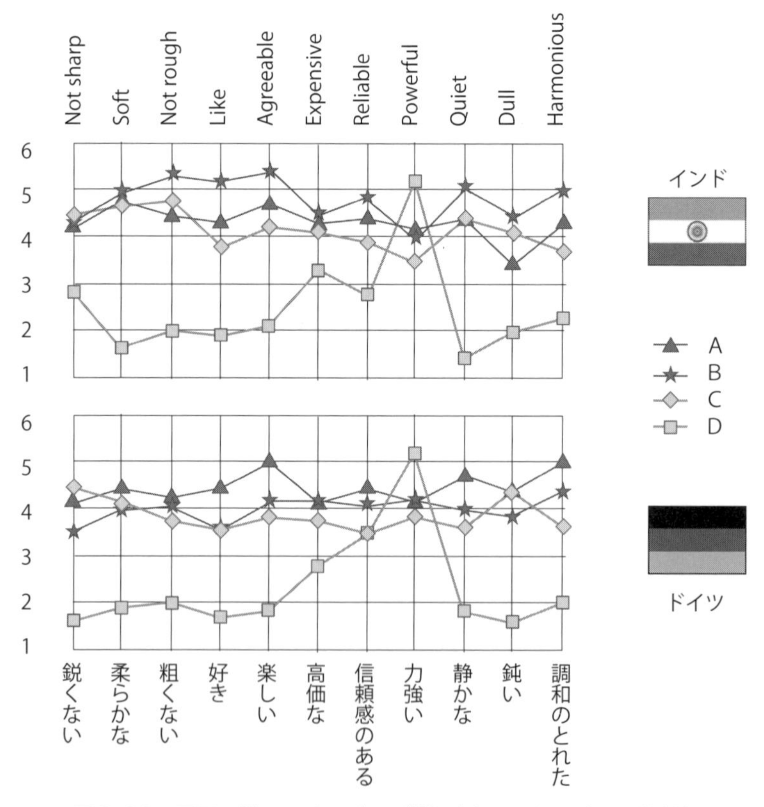

図3-60　国民の違いによる音の感性（インドとドイツの比較）

性に若干の違いがある。機種Ａと機種Ｂは同じメーカの製品で、背景やコンセプトは同じであるが、機種Ａは若干大人し目、機種Ｂは若干元気のある仕上がりになっている。インドでは、家電製品音全体に関しても調査を行ったが、インドの家庭では香辛料を砕くためのミルの音がかなり大きいようで、このことから音の元気さに対する嗜好性がドイツよりも高かったものと思われる。

調査を行う以前は、インドとドイツではもっと大きさ違いが見られると予想したが、結果は細かい嗜好性の違いはあるものの、大勢においては同等と考えることができる。ちょっと乱暴な言い方かもしれないが、まずは基本的な音のデザインを行った上で、嗜好性の違いによる影響を考慮した設計を行うのがいいのではと考える。

3.6.2　音の評価指標の限界

音のデザインプロセスの全体像を**図3-61**に示す。まずは、対象となる製品の音を収録する。この際、実際の使用条件で収録するのが現実的なのだが、こうすると無限にある使用条件から選択することになり、これも困難となる。そこで、一般的には図3-61に示すように無響室（製品からの直接音のみ）で収録する。次に、この音を用いて官能試験を行い、人の音への印象を種々の方法で評価する。一方で、音を音質分析して種々の音質指標を算出する。その後、官能試験と音質分析の結果を用いて、統計的に音のものさしを作成する。

さて、この図を見て何かおかしいところはないだろうか。無響室で収録した音を

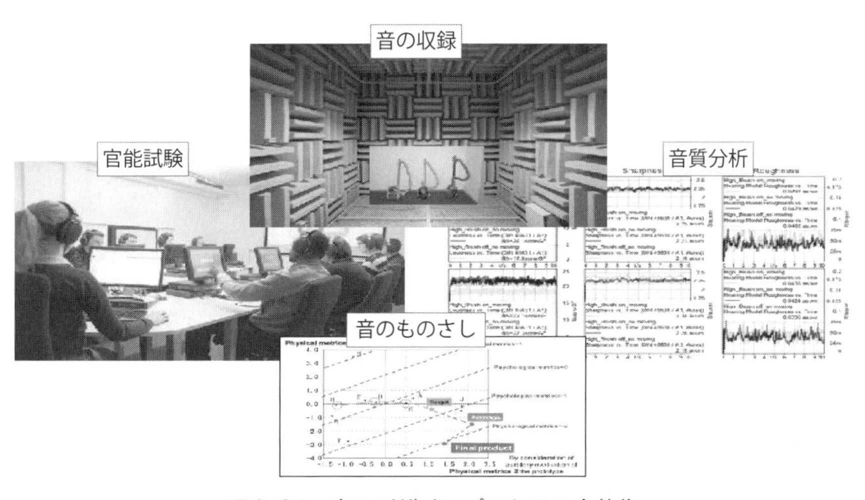

図3-61　音のデザインプロセスの全体像

ヘッドフォンで聴いて印象評価を行っているのである。無響室の音というのは、誰もいない体育館で聴く音に近い。これは現実の音ではなく、この現実的な音で評価している（評価せざるを得ない）のである。

このような問題提起を学会で行っているが、何故かまともに取り合ってもらえない。低騒音化という問題を扱っているのであれば、無響室で収録した音で評価するのはそれなりに妥当だと考えるが、音のデザインの場合は人の印象が最優先するわけだから、この辺りはもう少し慎重に考える必要がある。

そこで、クリーナを用いて種々の環境で音を収録、音質評価を行った。**図3-62**にその結果の概念図を示す。ここでは無響室、洋室、和室で計測した。図3-62に示すように、3条件で音質指標は大きく異なる。ただ、各条件での製品毎の相対位置は基本的に変わらない。基本的にと書いたのは、そうでないこともあるということである。実使用条件では床、壁、天井からの反射音も含めて人の耳には音として伝わる。従って、音のデザインの視点に立つならば、製品からの直接音だけでなく、床、壁、天井の音響特性も考慮して考えるべきである。これは、機械音響だけでなく建築音響も含めて音のデザインを考えることを意味する。つまり、いわゆるサウンドスケープ（音の風景）デザインに通じるのだ。図3-61の条件でまずは評価を行い、次に製品が置かれた環境を考慮した評価を行い、両者を何らかの形で結びつけることが方策として考えられる。

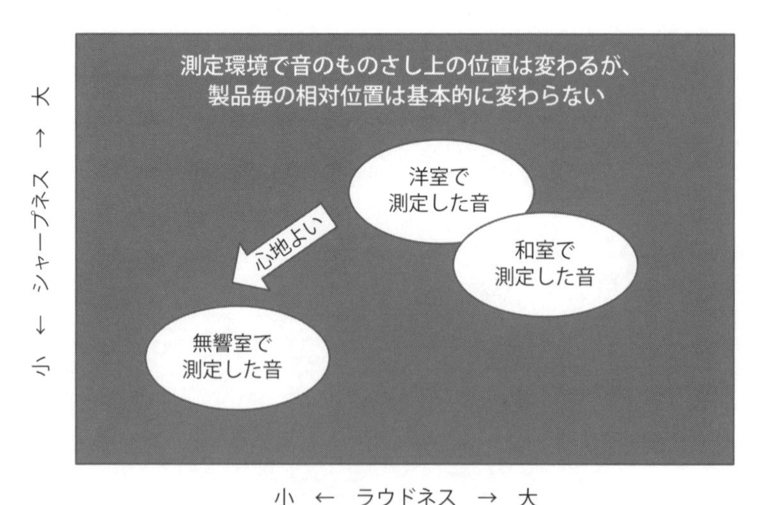

図3-62　収録条件による音質指標の違い

3.6.3　音と他の感性の相互作用

音のデザインを考える際の問題に、音と他の感性の相互作用がある。例えば、赤い電車はそうでない電車より、うるさく感じると言われている。真偽のほどは定かではないが、ありそうな話ではある。そうでなくとも、隣人のピアノの音に代表されるように音の感じ方は複雑である。

そこで、音と他の感性の相互作用の例として、音のみを提示した場合と、音と該当製品の画像を同時に提示した実験を行った。具体的には、21機種のクリーナ（日本最古のクリーナを含む、国内外の製品）の音を聴いて、13形容詞対の7点法によるSD法で評価した。

表3-2に、実験に用いた13形容室対からなる回答用紙を示す。**図3-63**に、SD法の被験者平均値を各機種毎に13形容詞について示す。左が音のみを提示した場

表3-2　実験に用いた形容詞対

	とても感じる	そう感じる	ややそう感じる	どちらでもない	ややそう感じる	そう感じる	とても感じる	
鋭い	○	○	○	○	○	○	○	鈍い
こもった	○	○	○	○	○	○	○	抜けのいい
ざらざらした	○	○	○	○	○	○	○	滑らかな
大きい	○	○	○	○	○	○	○	小さい
澄んだ	○	○	○	○	○	○	○	濁った
重厚な	○	○	○	○	○	○	○	軽快な
暖かみのある	○	○	○	○	○	○	○	涼しい
落ち着いた	○	○	○	○	○	○	○	賑やかな
パワーのある	○	○	○	○	○	○	○	パワーのない
信頼感のない	○	○	○	○	○	○	○	信頼感のある
高級感のある	○	○	○	○	○	○	○	安っぽい
快い	○	○	○	○	○	○	○	不快な
好き	○	○	○	○	○	○	○	嫌い
	とても感じる	そう感じる	ややそう感じる	どちらでもない	ややそう感じる	そう感じる	とても感じる	

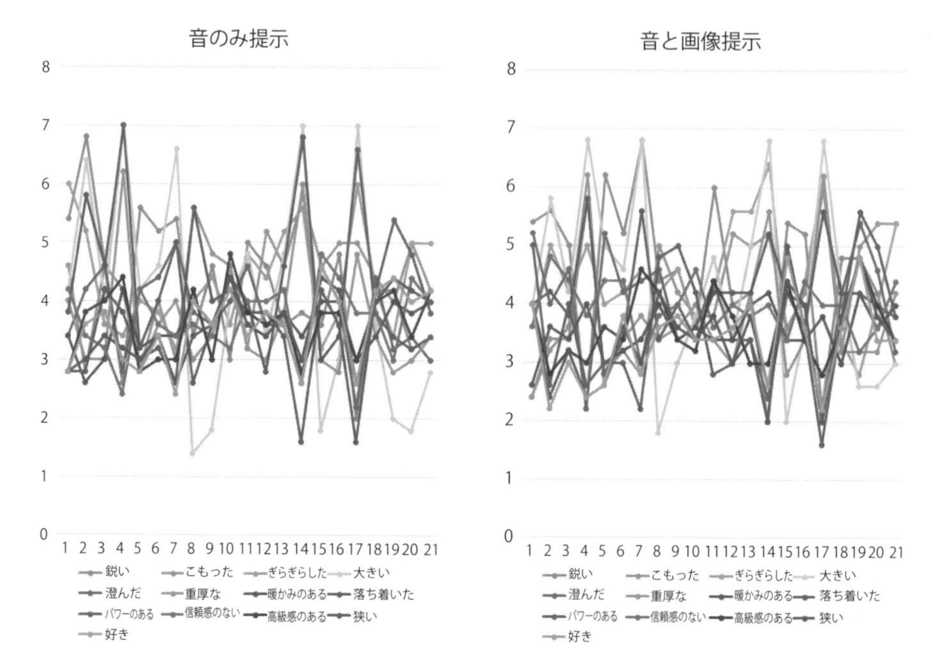

図3-63　SD法による生データ

合、右が音と画像を同時に提示した場合である。両者に差があることは分かるがこれだと分かりにくいので、この結果をもとに因子分析（第5章で紹介）を行った。因子分析とはこの場合、クリーナの音を代表する因子を見つける分析法である。

図3-64に音のみを提示した場合の因子分析結果を、**図3-65**に音と画像を同時に提示した場合の因子分析結果を示す。この結果から、第1因子はいずれも“落ち着いた”、“好き”、“快い”から構成されているが、第2因子は音のみ提示の場合は“こもった”、音と画像を提示した場合は“こもった”と“暖かみのある”になっている。“暖かみのある”は音のみ提示の場合には第1因子に属している。この理由として、古い製品は回転数が低く、作りも完璧ではないので“こもった”音がするのだが、画像を見せるといわゆるアンティーク調のため“暖かみのある”印象を受けるものと考える。

このように、音のデザインにおいても他の感性を何らかの形で評価する必要がありそうである。この点に関しては、第4章以降のデライト設計で触れることにする。

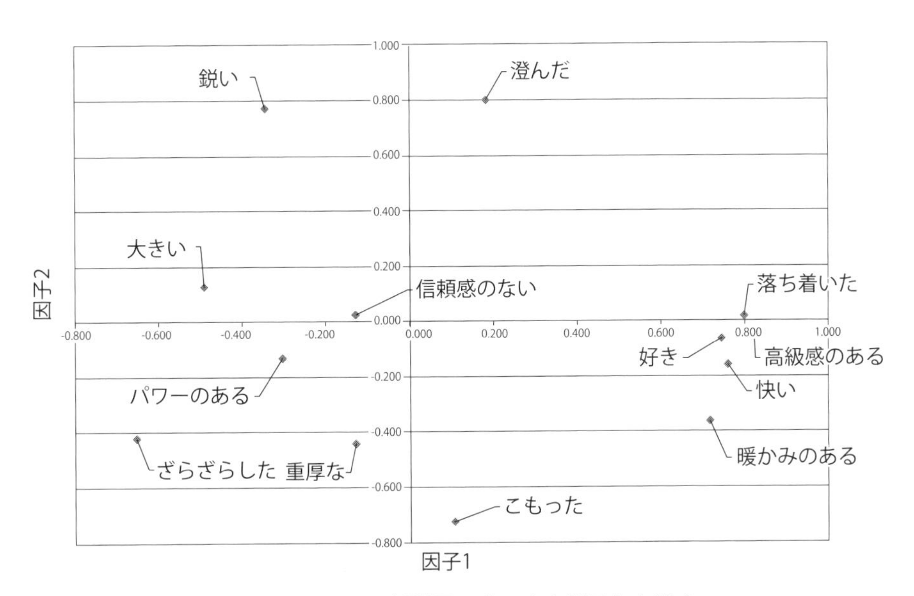

図3-64　因子分析結果：音のみを提示した場合

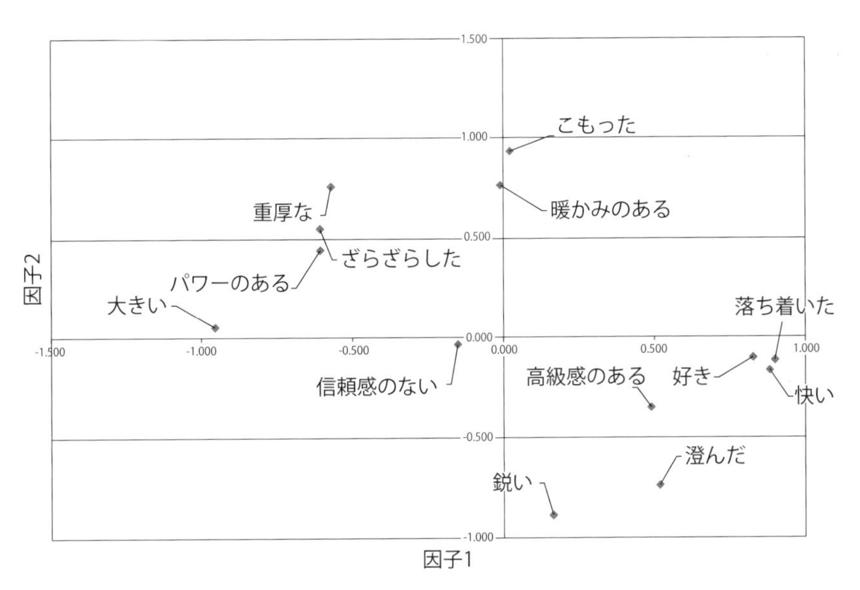

図3-65　因子分析結果：音と画像を同時に提示した場合

デライト設計の方法とプロセス

それでは、実際にデライト設計はどうやって行うのか、その方法とプロセスについて述べる。デライト設計はマスト設計、ベター設計が担保された上で成り立っているので、このことについても触れる。デライト設計はデライト価値を定義するプロセスとデライト価値を実現するプロセスの大きく二つから構成される。その具体的手順について紹介する。

第3章で、デライト設計の一例として、製品音のデザインを紹介した。本章では製品音のデザインの考え方を基本として、これをより一般的なデライト設計に展開する。

製品音のデザインでは、最初から音が設計の対象であったが、デライト設計では製品の何をデライトの対象とするのかという検討から入る。場合によっては、製品自体がデライトの対象となる場合もある。また、デライト設計では設計段階で製品の性能確認ばかりでなく、デライト性の検証を行うことを目指す。

4.1 デライト設計の方法

図4-1に、従来の設計のうち、性能設計の例を示す。製品単体で計測可能な数値で製品の仕様（価値）を決定し、この実現を目指す。例えば、製品音の場合は、XXdB以下と仕様で規定した場合は、これを満足していれば製品として成立する。

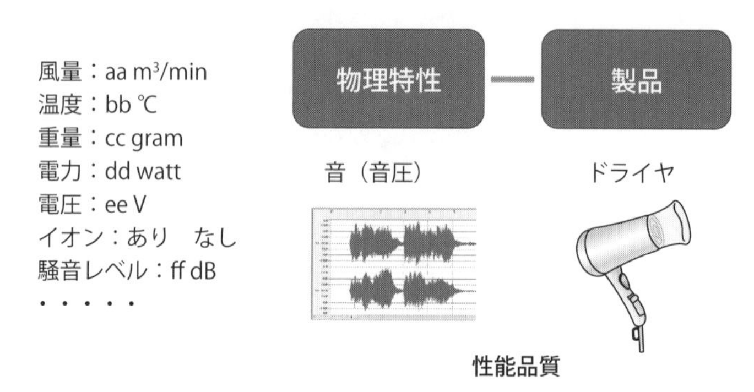

図4-1　従来の設計（性能設計）

この時、この仕様が顧客の要望と合致していれば問題ないが、そうでない場合には独りよがりの仕様となってしまう。また、顧客の要望が単なる要望で、表現できない場合には対応できない。例えば、ドライヤの場合には、騒音レベル以外に風量：aa m3/min、温度：bb ℃、重量：cc gram、電力：dd watt、電圧：ee V、イオン：あり／なし等が性能品質の仕様となる。

図4-2に、従来の設計のうち、感性工学の例を示す。感性工学は製品に対する人の感じ方（感性、五感）を直接評価するもので、感性を定量化するための手法そのものがその中心となる。一方で、感性工学で得られた知見を元に、人の行為としてデザイン（設計）する。すなわち、人の嗜好は分析表現することは可能であるが、これを製品に対応づけるところは設計者（デザイナ）の能力に依存する。

デライト設計では、通常の製品仕様（性能品質）に加えて、人にとっての魅力度（感性品質）を考慮する。デライト価値を定義してこれを製品に落とし込む設計プロセスで、「人-知覚-物理特性-製品」の関係を可能な限り理解、定式化、モデル化して解析可能とし、最終的に数値化することにより、人の嗜好と製品の関係を数値として表現可能とすることを目指す。

図4-3に示すように、心地よい音のするドライヤを開発する場合、どのような音が人にとって心地よいのかを、ドライヤの音を単なる音圧としてだけでなく、人がドライヤの音をどのように知覚して、どのように感じているかを解析分析する。これにより、人の嗜好と製品の関係を数値することが可能となる。

図4-4を用いて、デライト設計の手順をもう少し詳しく説明する。デライト設計をデライトの創成、デライトの定義、デライトの実現、デライトの生産の4つに分ける。

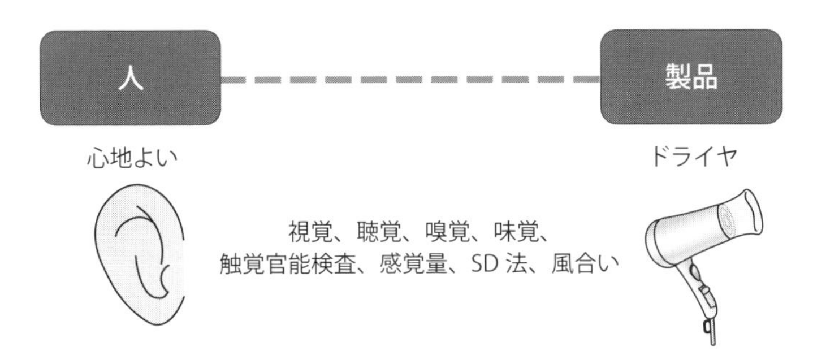

図4-2　従来の設計（感性工学）

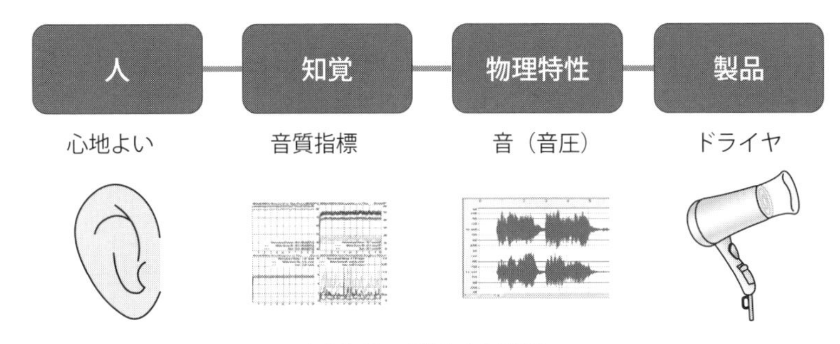

図4-3　デライト設計

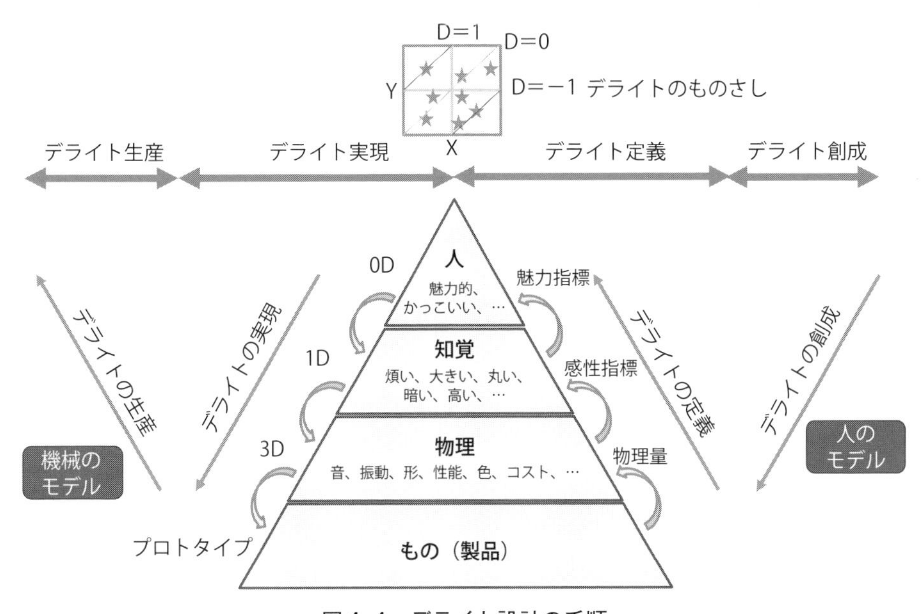

図4-4　デライト設計の手順

(1) デライトの創成

デライトの創成では、デライトそのものを考える。後述するように、デライトの創成を支援する手法は存在するが、デライトそのものを創出するのは設計者その人である。従って、出てくるデライトの質は、設計者の質によって大きく関係する。ただ、設計者の質とは言っても先天的なものもあれば、努力によって醸成される部分も多い。

世の中が大きく変動する現代においては、単なるネット情報ではない正しい情報をいち早く入手し、種々の状況を勘案してデライトを創出することが重要である。そして、何より大切なことは、デライトなものを創出したいという想いである。いくら優秀な設計者であっても、デライトなものを創出したいという想いがなければ、デライトなものは生まれない。デライト設計は、デライトなものを創出したいという想いのある設計者を広く支援する手法である。

(2) デライトの定義

デライトの定義では、創出されたデライトを設計可能な形式で定義する。すなわち、「人-知覚-物理特性-製品」の関係を表現する。一般には、ものが発する物理量（音、振動、形、性能、色、コスト、等）を人の知覚量（煩い、大きい、丸い、暗い、高い、等）である感性指標に変換、さらに人の感じ方（魅力的、かっこいい、等）である魅力指標に対応づける。

これらにより、魅力指標、感性指標、物理量の関係が明らかになる。この関係を“デライトのものさし”として指標化する。以上述べたように「製品→物理特性→知覚→人」の手順で評価することが多いが、逆に「人→知覚→物理特性→製品」の手順で行うことも可能である。この手順で行った方が、より革新的な製品が生まれる可能性がある。ただ、この場合、一種の逆問題を解くことになり、困難が生じる。これは1DCAEにおいて、3D→1Dは比較的容易であるが、1D→3Dが困難であるのと同じである。

(3) デライトの実現

デライトの実現では、デライトのものさしにより定義されたデライトを1DCAEの考え方に基づいて設計する（デライトを具現化する）。デライトのものさし上に設定した目標とするデライトを、人レベル（心地よい）、知覚レベル（ラウドネスとシャープネスが小さい）、物理レベル（音を周波数特性で見た場合、積分値が小さく、音の重心が程周波数域にある）と具体化し、最終的に物理レベルの要求を製品レベルの各部品に対応付け、デライト目標を製品として具現化する。

この際、従来の製品の延長上に目標とすべきデライトが存在する場合もあれば、そうでない場合もある。後者の場合には、デライト目標を具現化するために新たな部品の開発、また場合によっては、製品の構成そのものを根本から変える必要がある。

前述の音のデザインのクリーナの例でいうと、クリーナ自体の構成まで変えるほどの変更は必要なかったが、モータの支持方法を根本から見直し、全く新たな支持方法を採用した。最近身近になっているロボットクリーナは、クリーナのデライトを根底から見直し、結果としてクリーナの構成をゼロから見直したものである。

多くの製品は、長い開発期間の中で取捨選択を繰り返し残ったものである。ということは、多くのアイデアがこの間に生まれては消えて行っている。しかしながら、消えて行ったアイデアのいくつかは、その当時の技術では実現できなかっただけで、現在の技術であれば安価で容易に実現できる可能性がある。

こう言ったことからも、デライトの実現にあたっては現状の製品構成に捉われることなく、デライト目標を実現するための方策を多面的に検討することが重要である。

(4) デライトの生産

デライトの生産では、設計されたデライトを実体として具体化する。通常はプロトタイプを製作し、デライト目標の達成度合いの初期確認を行う。ここでは、最近、急速に発展している3Dプリンタが威力を発揮する。また、生産方法においては過去の種々の機種が参考となる。この際にはCT装置等を用いたリバース技術が効果的である。

クリーナのデライト設計を例に、デライトの創成、デライトの定義、デライトの実現、デライトの生産のイメージを**図4-5**に示す。デライトの創成では世の中のニーズも参考に、夜家事対応の“心地よい音のクリーナ”を設定、デライトの定義では心地よい音をデライトのものさし（音のものさし）によりデライト目標を設定、音計測技術、音解析技術等を用いてデライト目標をするための新しい構造を提案、これによりデライトの実現、そしてデライトの生産と繋げている。

デライトの創成

顧客は誰？（B and/or C）
顧客の声（潜在的）
→XX対応家電

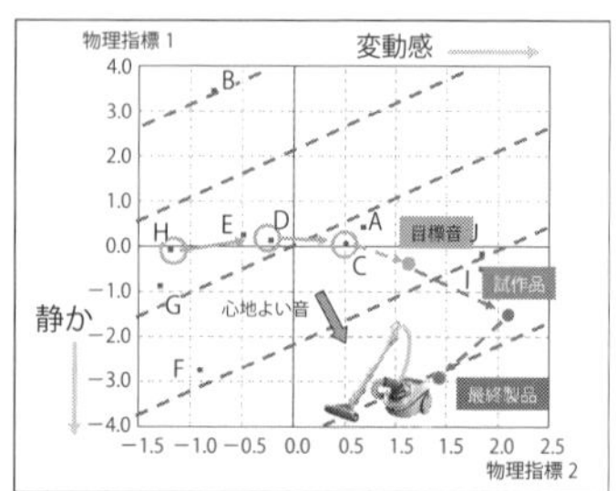

デライトの定義

製品マップ
（現状、目標、結果）

デライトの実現

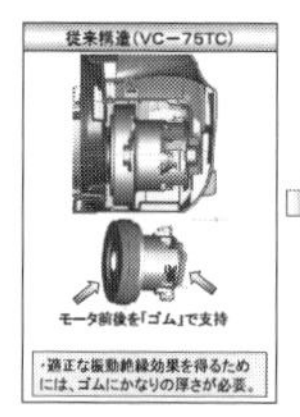

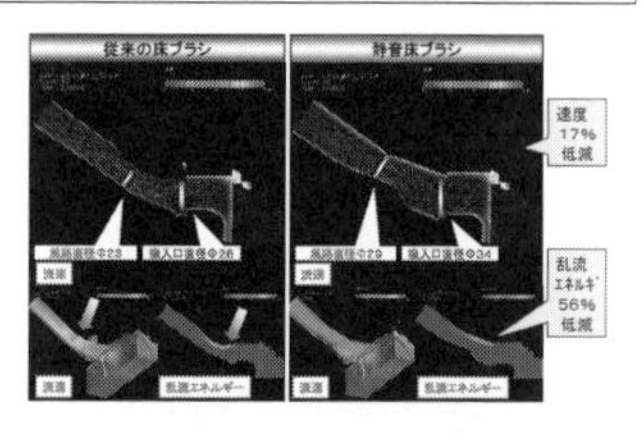

デライトの生産

図4-5　クリーナのデライト設計

4.2 デライト設計のプロセス

デライト設計はすでに述べたように、デライトの創成、デライトの定義、デライトの実現、デライトの生産からなる。ここでは、この4つを10のプロセスに分解して説明する。この10項目は、この順番に素直に適用してもよいし、必要な項目だけ実行してもよいし、さらには順番を入れ替えてもよい。

表4-1に10項目の概要を示す。表を見て、どの段階でデザインをするのか（アイデアを思いつくのか）と思われるかも知れない。実はこの10の項目はいずれもデザインのプロセスであり、アイデアを思いつくきっかけを与えてくれるのである。

この10の項目は、何を目的に（誰を対象に）、どのようにデライト設計を行うのかを明確にし、要求、機能、構造に展開し、実際に設計を行い、結果を検証する一連のプロセスである。後述するように、マスト設計、ベター設計では要求が明確で

表4-1　デライト設計のプロセス

NO.	項目	内容	手法・ツール
1	デライトとは？	・デライトとは？ ・なぜ今デライトなのか？ ・その背景は？	
2	3つの設計と デライト設計	・デライト設計はマスト設計、ベター設計と一体なって成立 ・デライト設計固有の問題は	
3	要求分析 （デライト分析）	・そもそも何をどうしたいのか？ ・ユースケース→要求定義	・SysML、QFD、DSM
4	機能定義① （デライト抽出）	・具体的にどのようなデライトを目指すのか？	・評価グリッド法 ・本質1D
5	機能定義② （デライト定義）	・デライトをどのように定義するのか？ ・心理量と物理量の関係	・相関関係、SD法、一対比較法、生理情報（潜在化情報）
6	機能定義③ （デライトのものさし）	・官能指標と物理指標の定義と両者の関連付け	・SD法、統計解析 （感性データベース技術）
7	構造展開① （デライト1D）	・デライトを定量的に評価可能とするための1Dツールへのデライト指標の導入	・1Dツール（感性モデリング技術） ・詳細1D
8	構造展開② （デライト3D）	・1D情報を実体設計（3D）に展開する	・1D→3D技術（感性統合化技術）
9	構造展開③ （デライト検証）	・デライト設計結果の妥当性検証	・RP（3Dプリンタ） ・VR
10	現物分析 （デライトリバース）	・現物、3D情報を起点としたデライト分析	・CTによるリバース ・3D→1D縮退技術

あるため、日本型擦り合わせが有効であるが、デライト設計では要求が不明確、もしくは個々人の解釈が様々なため、面倒でも下記のプロセスを経ることが重要である。マスト設計、ベター設計でも同様のプロセスを経た方が、よりマストでベターな製品を提供してくれることは言うまでもない。

ここでは、上記10項目に関して、デライトの例として“音”を、モチーフとしては家電（ドライヤを中心に一部クリーナ等）を取り上げる。テーマ、モチーフをこのように限定しているが、各自自分の問題へ置き換えて理解していただければ幸である。

4.2.1　デライトを創成する

(1) デライトとは？

デライト設計というからには、最初に“デライト”の定義が必要である。個人的には[デライト＝琴線に触れる]と定義しているが、これでは（年齢的に）ピンとこない人もいるようである。辞書によると、デライトとは“楽しむ”、“喜ぶ”とあるので、買ってそのように感じる製品がデライトと定義してよさそうである。とはいうもののデライトの定義は各人各様であるので、デライト設計を実施するにあたっては、それぞれの目的にあったデライトを選択することが肝要である。要は“デライト”を曖昧にしないことである。

デライト設計は機械設計分野では緒に就いたばかりであるが、建築設計分野では昔から設計基準の重要な項目になっている。これは、建築物が人の住むところ、働くところであり、最初から人のデライト性（建築の世界では快適性）が設計の目的関数になっているからである。具体的には、Thermal Comfort, Acoustic Comfort, Visual Comfortが挙げられる。

機械設計分野でも同様の項目はあるが、いずれも温度、騒音レベル、色・形で済まされている。一方、建築設計分野ではこれに加えて、明るさ、眩しさ、湿度、有効温度、空気清浄度、残響時間、反射率、吸収率、透過率、等多岐にわたる設計指標が使われている。これらはデライト設計に大いに参考となる。

ただ、上記の建築設計分野のデライトは、快適性（Comfort）という若干弱めのデライトで、機械設計分野ではエアコン空調の快適性、クリーナの快音性がこれに相当する。デライトには、これに対して強めのデライトが存在するのも確かであり、それは“凄い”“何これ？”“かっこいい”といった驚きを伴うデライトである。多くのヒット商品はこのカテゴリに分類される。

本書では、主に前者の弱めのデライトを対象としているが、この方法論が後者の強めのデライトに適用できるか否かは現時点では何とも言えない。ただ、その確率を上げてくれる可能性があることは確かである。

デライト性を決めている要因について考える。**図4-6**に示すように、デライト性はいわゆる五感（視る、聴く、触る、匂う、味わう）で決定されると一般には考えられる。けれども、触るといっても、指で物体に触る場合と肌が風を感じる場合ではイメージが異なるし、触った際の触感だけでなく、体温と相手物体との温度差が感触に大きく影響することをわれわれは経験的に知っている。

図4-6　デライト性を決めている要因

このように、五感に関する学問は感性工学と言われているが、ここでは感性を可能な限り科学的根拠に基づいて解釈し、製品設計に適用可能とする（これを感性設計と呼ぶ）ところが今までにない取組みである。科学的根拠とはいっても、従来の設計変数のように定量的である必要はなく、定性的に対象とする感性の感度が分かることが重要と考えている。また、各感性は独立ではなく、マルチモーダル的に人に作用し、また、種々の製品も独立で存在するのではなく、複合して一つのデライト空間を構成している。この辺りをどう解釈して、デライト設計に取り込むのかも興味深いところである。

一方、デライトは相対的なものであり、顧客が期待するデライト度（このような表現があるか分からないが）よりも実際の製品のデライト度が大きければデライトに感じるし、そうでなければデライトと感じない。従って、デライト設計においては、デライトを定量化することが重要である。これが、定量化が比較的容易なマスト設計、ベター設計との大きな違いである。すなわち、

顧客が感じるデライト度＝製品のデライト度－顧客の期待値

となる（**図4-7**）。

そこで、期待値を操作することによって顧客が感じるデライトを操作できる。例えば、いわゆる100円ショップは一般には期待値が低いので、顧客にとってのデラ

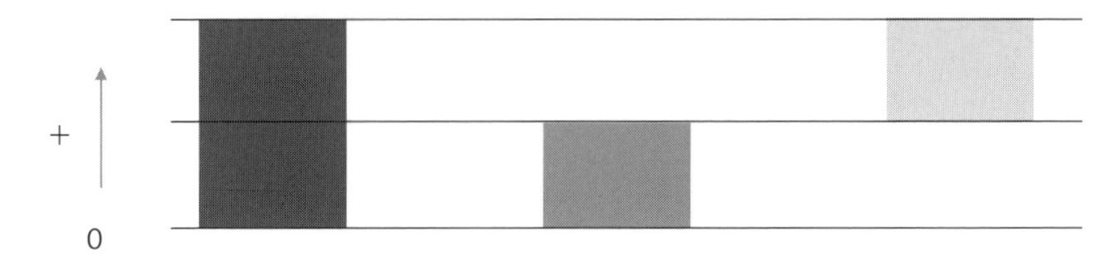

図4-7　顧客が感じるデライト

イトは相対的に高くなる。“意外といいものがある”と言った評価につながるのである。従って、デライト設計では製品のデライト度と期待値の両方を考える必要がある。

例えば、自動車、家電製品はその初期においてはとても音が大きく（煩く）、いわゆる騒音レベルを下げることがデライトであった。けれども、多くの製品の騒音レベルがある値以下になると、必ずしも騒音レベルを下げるとことがデライトにつながらなくなった。顧客の感性が研ぎ澄まされた（期待値が時代とともに増えて行った）結果である。

このため、騒音レベルから音質という流れが、音のデライトに関しては出来ている。これも将来は、音質がいいのは当たり前で、さらに違うデライトを顧客は音に求めることであろう。

ここではまず、製品のデライトをどう定義するのかを中心に話を進める。期待値は、いわゆるトレンドという社会的な事柄を含むので、人が感じるデライトは上記の関係で定義できるということを念頭に置いていただきたい。以降、上記の製品のデライトを、単にデライトと呼ぶことにする。

実は、このデライトは個人（老若男女）、状況（国、環境）等によって異なってくる（これを専門用語ではコンテクストと呼んでいる）。これがデライト設計の面白いところでもあり、“人によって感じ方が異なるのだから評価は無理”といった短絡的な判断が下されたりする理由でもある。

デライトでは、**図4-8**に示す5つの感性を主に対象とするが、感性の感覚に関しては、前述の“ウェーバー・フェヒナーの法則”がある。ウェーバー・フェヒナーの法則は、人がある刺激を受けたときに反応する感覚の度合いと刺激の大きさの関係を、量的に示した心理学上の法則である。図4-8に示す感性の感覚量は、それぞ

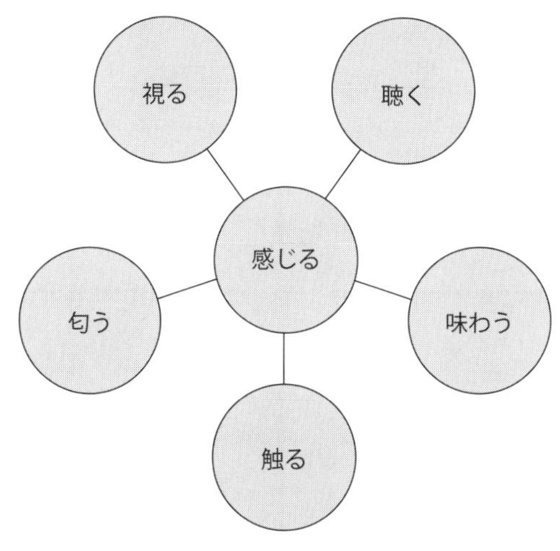

図4-8　5つの感性

れの原因となる刺激の量に関係している。刺激量が増すと感覚量も増すが、その関係は単なる比例関係にはない。「刺激の増加量に対する感覚の増加量の比は刺激の絶対量に反比例する」、すなわち、“刺激が増せば増すほど感覚の量は増すが、感覚の増加の度合いは弱まっていく”というのがウェーバー・フェヒナーの法則である。多くの感性量（騒音レベル）が対数表示になっているのはこのためである。この感性の特殊な性質を理解しておくことが、デライト設計では重要である。

(2) 3つの設計とデライト設計

デライト設計の具体的な手順に入る前に、マスト設計、ベター設計を含めた3つの設計とデライト設計の関係について説明する。狩野モデルをベースとした3つのデザインの定義を**図4-9**に示す。ここでは、横軸は要求の充足度合、縦軸は顧客の満足度合を示す。各設計の定義は下記のようになる。

Ⅰ．マスト設計（“あたりまえ品質”に相当）：設計保証が必須な領域。多くのトラブルはこれをないがしろにすることによって発生する。評価されにくいために取組みにくい領域ではあるが、デザインの基本であり、リスクの最小化が目的。

Ⅱ．ベター設計（“性能品質”に相当）：評価が明白なために取り組みやすい領域だが、最終的にはコスト競争になる。コスト最小化、開発期間最短化、性能最大化が目的。

Ⅲ．デライト設計（“魅力品質”に相当）：デザインコンセプトが最重要となる領域。多くのヒット商品はこの領域から誕生している。創発的な設計と思われがちだ

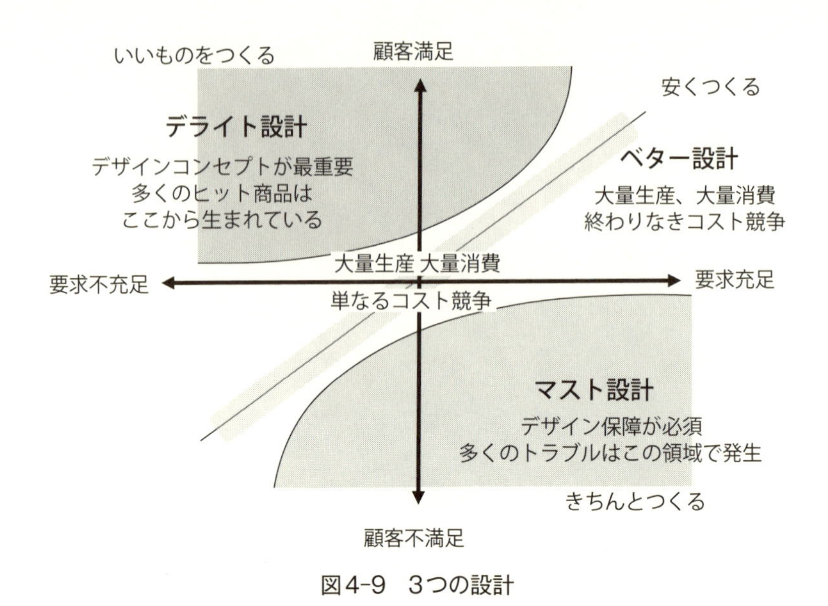

図4-9　3つの設計

が、技術、顧客要求の先取りがポイントである。例えば、心地よさ最大化が目的。

マスト設計は要求の充足度合が高くても顧客は満足しない、いわゆる当たり前品質に相当する設計である。要求の充足度合が低いと顧客の不満度合がさらに増加するので、要求を100%満足することが一般には求められる。ベター設計は要求の充足度合と顧客の満足度合が比例する、いわゆる性能品質に相当する設計である。この場合も、要求の充足度合が高い方が顧客の満足度が高いので、要求の満足する方向に向かうのが一般である。

一方で、デライト設計はマスト設計と対極にあり、要求の充足度合が低くても高い顧客満足度を得ることができる、いわゆる魅力品質に相当する設計である。要求の充足度合を高めるだけでなく、定量化は困難であるが顧客の琴線に訴える設計を目指す。

具体的に“音”を例にとって説明すると、異音を発生させないのがマスト設計、騒音レベルを小さくするのがベター設計、心地よい音を提供するのがデライト設計と言える。騒音レベルが小さい方がいいとはいっても、あるレベル以下になると顧客は気にしなくなるのでベター設計には限界がある。騒音レベルを一定レベル以下にした上で、音の質を高めるのが心地よい音を実現するデライト設計である。

上述の音の例でもわかるように、デライト設計は単独で存在するのではなく、マスト設計、ベター設計を満足した上で実施する性格の設計である。すなわち、異音

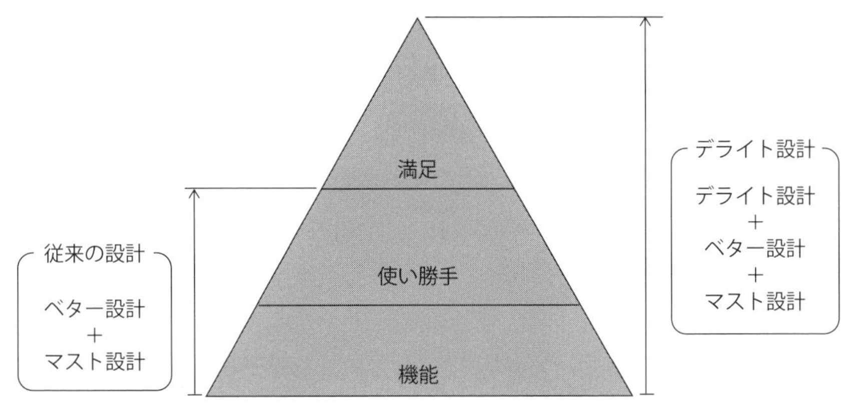

図4-10　Ashbyによる設計の定義と3つの設計の関係

が発生せず、騒音レベルがある程度以下になった上で初めて“心地よい音”は実現する。

この状況を図示すると、**図4-10**（Ashbyによる設計定義を引用）になる。機能（Functionality）と使い勝手（Usability）がマスト設計、ベター設計に対応する。満足（Satisfaction）がデライト設計に相当するが、この図から分かるように満足は機能と使い勝手の上に位置するので、満足する製品を実現するデライト設計にはこの3つの要素がすべて必要となる。

3つの設計は、時代背景とも関係している。車を例にとると、1980年代は静かで豪華な内装の車がラグジュアリー車としてデライトの象徴であった。その後、静かな車がトレンドになり、これがベターとなった。現在では、音質がいい車は当たり前でマストとなっている。従って、これからの車にはブランドとも連携した高位の音がデライトとして求められる。

(3) 要求分析（デライト分析）

次に、そもそも何をしたいのかを考えるフェーズに入る。ツールとしてはSysMLが適用可能であるが、必ずしもこれに拘る必要はない。対象とする顧客は誰なのか、どのような機能があったら嬉しいかを顧客の立場になって考えればよい。要は、自分が顧客であったら何が欲しいかを、具体的な機能だけでなく曖昧でもいいので言葉で記述するとよい。“持っていてワクワクする”“かっこいい”“ストレスを感じない”等々何でもいいのである。ただ、それだけで終わってしまっては仕方がないので、言葉にした価値を起点に、機能、構造に展開する作業を行う

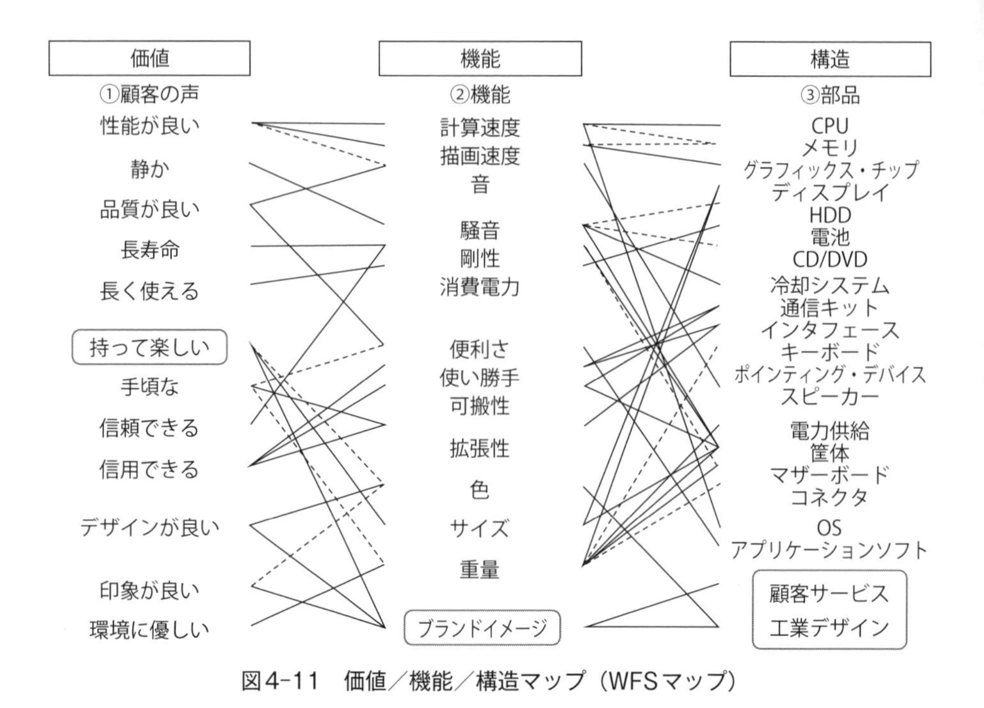

図4-11　価値／機能／構造マップ（WFSマップ）

（これを価値／機能／構造マップ、WFS Mapという）。

図4-11に、ノートPCを例としたWFSマップを示す。例えば、“持っていてワクワクする”と言った価値は、“ブランド”という機能を経て、“サービス”、“意匠設計”と言った構図に対応付けられる。価値と機能の切り分けは、この図からも分かるように明確ではないが、この段階では頭に浮かんだ項目をもれなく抽出、記述していくことが重要である。

価値と機能、機能と構造の各項目の関係は、強い関係にあるものを実線で、弱い関係にあるものを破線で結んでいる。これも多分に主観的なものであるが、あとで修正は可能なのでまずは書いてみることが重要である。また、見える構造（ハード）だけではなく、ソフト等も含める。

WFSマップの結果は、品質機能展開（QFD）により可視化すると価値が機能、構造にどのように関係しているのかを直感的に把握することができる。**図4-12**に、ノートPCを例としたQFDを示す。ここでは、携帯性を重視したノートPCを想定しているので、顧客の声（価値）に相当するところの“運びやすい”、“電池が持つ”の重要度が“9”と最高値になっている。顧客の声（価値）を機能にマトリ

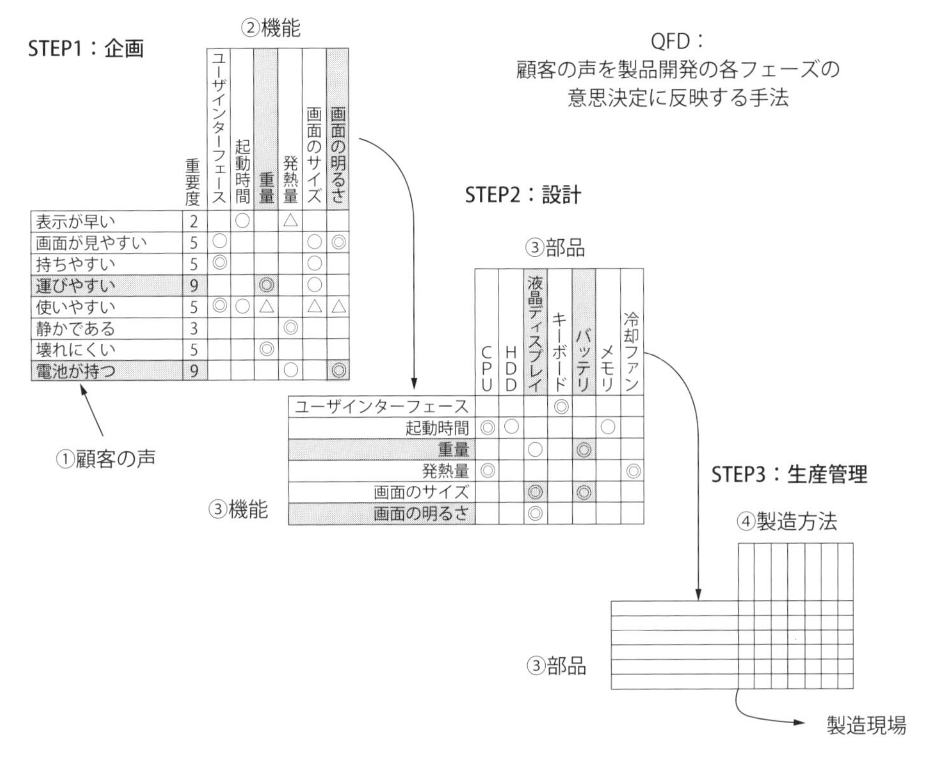

図4-12　品質機能展開（QFD）

クスを介してマッピングする。

マトリクスの中の◎、○、△で、顧客の声（価値）の各項目と機能の各項目の関係の強さを表す。◎、○、△が実際には数値で9,3,1とする場合が多い。このように数値にメリハリをつけることによって注目すべき項目を際立たせる効果がある。

図では、“運びやすい”には“重量”が、“電池が持つ”には“画面の明るさ”が強く関係していることが分かる。次に、同様の手順で機能を部品（構造）にマッピングする。“重量”には“バッテリ”が、“画面の明るさ”には“液晶ディスプレイ”と“バッテリ”が強く関係していることが分かる。

この一連の流れから、携帯性を重視したノートPCでは“液晶ディスプレイ”と“バッテリ”が重要であることが読み取れる。図の例は簡単な例なのでその結論も容易に推測できるが、実際の製品開発では価値、機能、構造の項目はより多くなるので、全体像をQFDで可視化することは対象製品を俯瞰、理解する上で非常に有益なものとなる。

4.2.2 デライトを定義する

(1) 機能定義①：デライト抽出

ここでは、具体的にどのようなデライトを目指すのかを考える。この段階では、対象とする製品、顧客層は決まっている（はずである）。ここで重要なことは、デライト抽出とはいってもデライトだけを考えるのではなく、製品仕様の視点でマスト、ベターも含めて検討していくことである。抽出された仕様がマストなのか、ベターなのか、デライトなのかは後で決めればいいのである。

デライト抽出には、"評価グリッド法"が有効である。評価グリッド法は、顧客の潜在的な要求をインタビューにより顕在化していく方法で、建築音響等の分野では多くの実績がある。

評価グリッド法について、ドライヤを対象として説明する。

ここに3種類にドライヤがある。対象とする顧客層に、下記の手順でインタビューを行う。

①何を対象とするのか、何に対する認知構造を知りたいのかを決める（ドライヤに対する顧客の潜在的ニーズを知りたい）

②具体的な対象を複数決める（3機種のドライヤを実際に使用してもらう）

③対象を好ましさの視点からランキングしてもらう（3機種に関して好きな順位をつけてもらう）

④ランキングの低い対象と一つ上のランキングの対象を比較させ、なぜより好ましく感じたのかをたずねる。これをすべての組合せで実施する[これをオリジナル評価と言う]

⑤オリジナル評価に関して、○○であるとどうしていいのですか（ラダーアップ）とたずねるとともに、○○であるためにはどのようにしたらいいですか（ラダーダウン）とたずねる

⑥上記をネットワーク図として可視化する

図4-13に、上記の手順で行った例を示す。評価グリッド法はインタビューを行う人に依存するが、自分の想いはできるだけ排除して、被験者の回答に素直に対応して次の質問を的確に行う。評価グリッド法の結果は最終的にネットワーク図にするが、その際には実施側（インタビュアー）の想いを付け加えてもいい。

評価グリッド法の結果を**図4-14**のように3つの設計に対応付け、機能／構造マップで表現すると、目指すべきデライトが見えてくる。

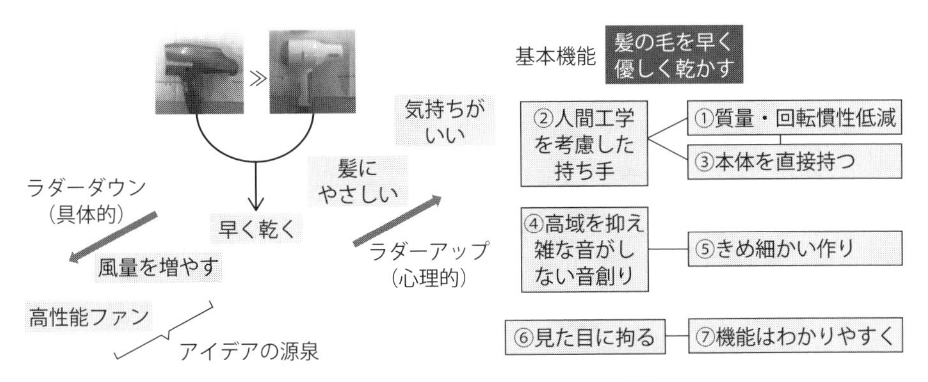

図4-13　評価グリッド法と結果の例

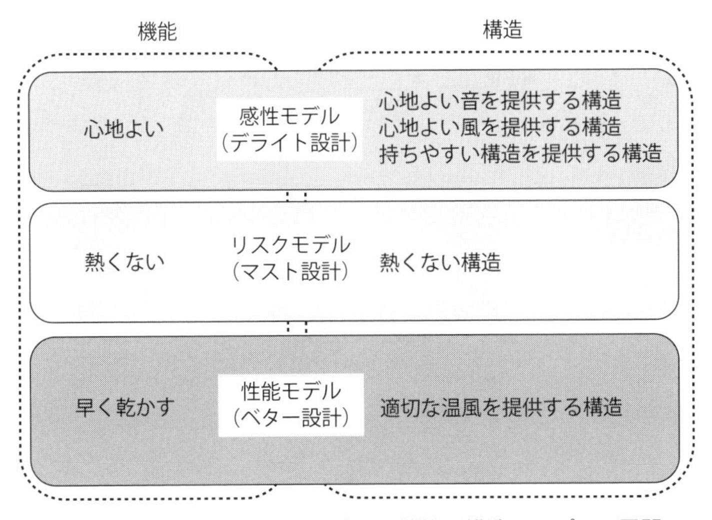

図4-14　評価グリッド法の結果の機能／構造マップへの展開

次に、デライト抽出の手順を別の視点で説明する。ここでは、デライト設計を本格的に始めるにあたり、ドライヤに対する顧客の印象の全体像を把握することを目的とする。

最初に、評価対象となるドライヤ23機種を選定する。国内外を問わず種々のタイプのドライヤを選ぶようにした。ドライヤを全体として評価するために、インタビューによるデライト抽出を評価グリッド法により行う。ここでは6名の被験者に対して、それぞれベスト3とワースト3を選んでもらい、これに関して評価グリッド法で感性語（被験者が潜在的に感じていることを言葉で表現）を抽出した。

インタビュー（ラダーアップ&ラダーダウン）の結果、インタビューの生のデータを整理したものから14のキーワードが抽出できた。なお、評価グリッドの段階でいずれの被験者も関心を示さなかった（好きでも嫌いでもない）5機種に関しては、以降の評価からは除外して、18機種に関して評価することにした。

次に、14種類のキーワードを用いてSD法による官能評価実験を行う。SD法では、複数の形容詞対を用いて被験者に5点法または7点法で回答してもらう。ここでは、14のキーワードから**図4-15**の14の形容詞対を作成した。ここでは5点法を採用している。ドライヤを順番に扱ってもらい、図4-15の回答用紙で答えてもらった。タブレット上で回答、ネット集計した。

表4-2に各形容詞対、各ドライヤの被験者回答の平均値を示す。これから特定の機種毎の被験者の嗜好性の違いが読み取れる。SD法では個人毎の回答のばらつきは当然あるが、被験者の母集団を多くとる（一般には10数名以上）ことにより、平均値がある値に落ち着くという事実を元にしているので、多くの場合、平均値のみを評価に用いることになる。

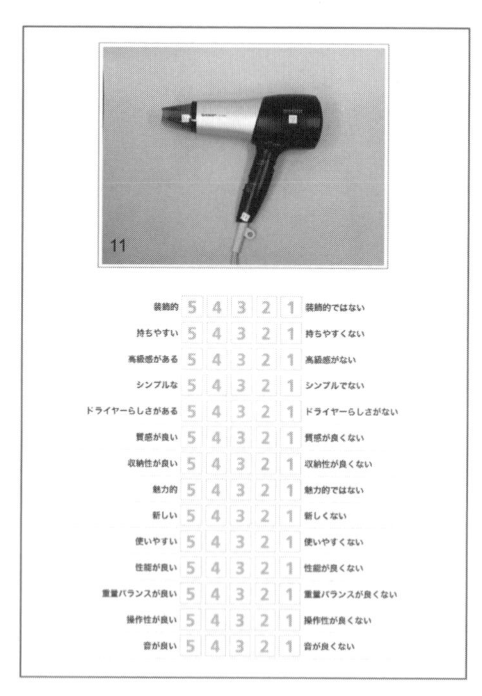

図4-15　SD法に使用した評価シート

表4-2　被験者回答結果の平均値

No.	装飾的な	持ちやすい	高級感がある	シンプルな	ドライヤらしさがある	質感が良い	収納性が良い	魅力的	新しい	使いやすい	性能が良い	重量バランスが良い	操作性が良い	音が良い
1	41	3.7	3.6	3.1	3.6	3.5	3.4	3.2	2.9	3.5	3.1	3.8	3.7	3.3
2	2.6	3.8	1.9	3.3	2.4	3.0	2.1	1.9	2.8	1.6	2.1	3.6	1.7	2.9
3	3.2	3.9	4.1	4.2	3.8	4.1	3.7	3.7	3.5	3.5	3.4	3.9	3.2	3.8
4	2.9	3.8	2.5	3.4	3.9	3.0	4.0	2.9	2.3	3.7	2.8	3.7	3.9	3.4
5	2.9	3.8	2.9	3.9	3.7	3.6	3.9	2.9	2.5	3.7	3.1	3.6	3.7	3.1
6	3.4	3.2	3.3	3.1	3.6	3.2	1.7	2.8	3.0	2.6	3.2	2.9	2.4	2.6
7	3.8	3.3	3.8	3.0	3.7	3.5	1.9	2.9	3.3	2.4	3.4	2.6	2.7	3.4
8	3.9	3.5	4.3	3.5	3.7	3.9	3.4	3.8	3.5	3.7	3.8	3.2	3.6	3.4
9	3.4	2.8	3.4	3.2	3.4	3.2	3.0	2.6	3.5	2.9	3.4	2.8	2.8	2.8
10	2.4	2.1	2.4	3.5	3.8	2.7	1.4	2.2	1.9	2.7	3.1	2.0	3.0	3.4
11	3.3	3.7	3.6	3.9	3.4	3.6	3.3	3.5	3.4	3.6	3.4	3.6	3.5	3.2
12	2.6	3.9	2.6	4.2	3.8	3.5	3.6	2.9	2.5	4.0	3.1	3.8	4.0	3.2
13	3.5	3.2	3.4	3.4	3.2	3.6	3.3	3.4	3.8	3.4	4.1	3.4	3.6	4.0
14	3.2	4.0	2.9	4.1	3.9	3.3	4.2	3.1	2.8	4.0	3.1	3.9	3.9	3.8
15	4.4	3.8	4.5	2.7	3.3	4.0	1.6	3.7	4.4	3.4	4.0	3.5	3.3	3.4
16	2.6	4.1	2.4	4.6	2.9	2.7	4.5	3.0	2.8	3.9	2.5	4.1	3.6	3.2
17	3.1	3.5	3.3	3.2	3.8	3.5	2.9	3.2	3.1	2.9	3.8	3.2	3.2	3.6
18	2.4	2.6	1.9	3.1	2.7	2.8	1.4	2.0	2.3	2.2	2.7	2.7	2.4	3.2

表4-2の結果を元に主成分分析した結果を**図4-16**に示す。これから、18機種のドライヤがいくつかの纏りに分類できることがわかる。さらに、因子分析を適用して、ドライヤにとってのデライトを抽出する。具体的には心地よい音、心地よい風、持ち易い構造がデライト候補として抽出された。

(2) 機能定義②：デライト定義

前のプロセスで、目指すべきデライトが抽出できた。例えば、ドライヤの場合には、心地よい音、心地よい風、持ち易い構造である。ただ、このままでは抽象的で、設計のプロセスには移行できない。そこでこれらのデライトを設計可能な量（一般には物理量）で定義（表現）する必要がある。

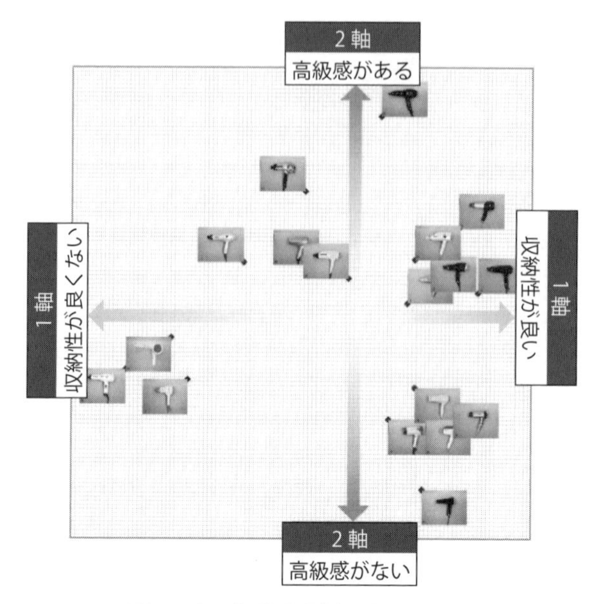

図4-16　主成分分析による評価例

音、風、持ち易さに関しては、**図4-17**のような量（実際には何十という候補が存在する）が関係すると考えられる。何十とある候補から関係の強い（感度の高い）量を探すには、品質工学手法が有効である。

このデライト定義のプロセスは、デライト設計の中でも重要なプロセスの一つである。なぜなら、この段階で対象とする量（物理量）を決めてしまうからである。にもかかわらず、このプロセスの実施内容は非常に場当たり的である。

図4-18に示すように、実際に知りたいのは製品と人との関係である。ただ、現状ではこの関係を直接的に定義することは困難なので、製品に関しては、重量、温度、騒音レベルといった概念に落とし込んでいる。また、人に関してもアンケートといった表層的な手法に頼っている。

以降のデライト定義で示す方法もこれに準じている。将来的には製品の原情報（音そのもの、流れそのもの、形状データ）と人の原情報（生理データ等の潜在情報）の関係が分かるといいと考えている。デライトを科学的根拠に基づいて分析することには一種の違和感を持っており、このように製品の原情報と人の原情報を計算機の力を借りて、科学的根拠という呪縛を解いて分析評価することがデライト設計の次の一歩になるのではと、漠然とではあるが感じている。このようなアプロー

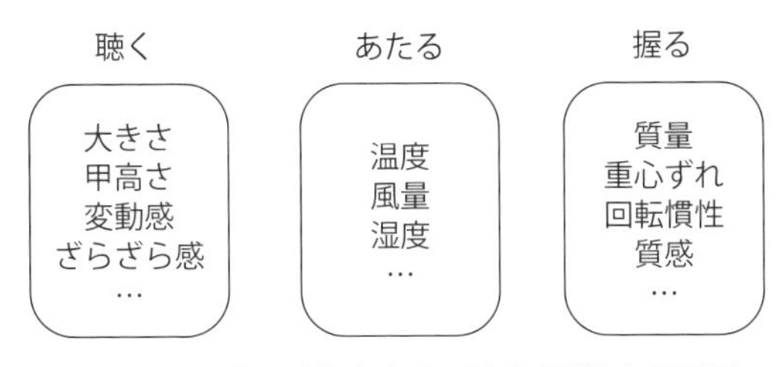

図4-17　デライトなドライヤに関係する因子

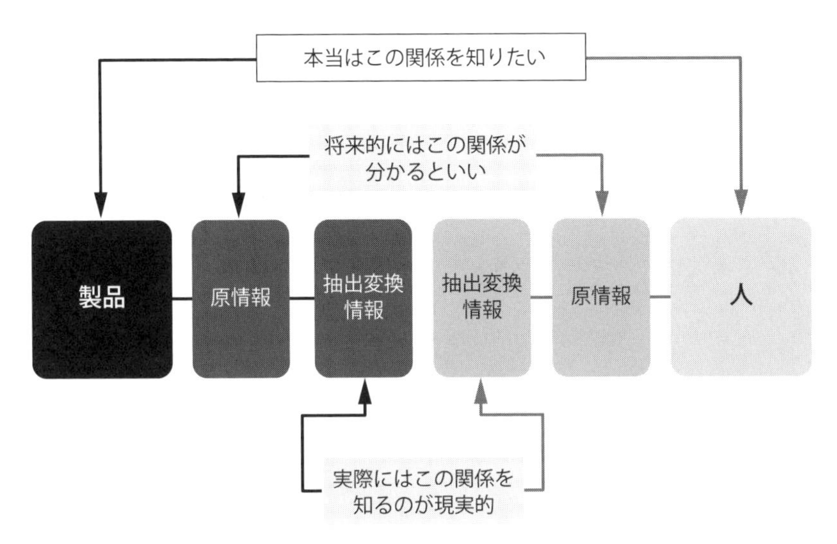

図4-18　製品と人の関係

チは、他分野では積極的に取り組まれている。

次に、デライト定義の手順を別の視点から説明する。製品から計測によって得られる情報を"物理量"、顧客が感じるデライトを"魅力指標"、魅力指標を説明するための変換された物理量を"感性指標"と定義すると、これらは**図4-19**のような関係になる。一般には、対象とすべき魅力指標（例えば、心地よい音）を決めて、これを説明できる感性指標、この感性指標の元となる物理量を探して、これを計測することになる。多くの場合は、実際の製品から可能な限りの物理量を計測、抽出してデータベース化する。魅力指標は感性指標で説明することになるが、この関係は図に示すように統計的な回帰法で求めることが一般的であるが、最近ではAI的な手法も脚光を浴びている。

ここでポイントとなるのが、魅力指標が対象とする顧客だけでなく、顧客の置か

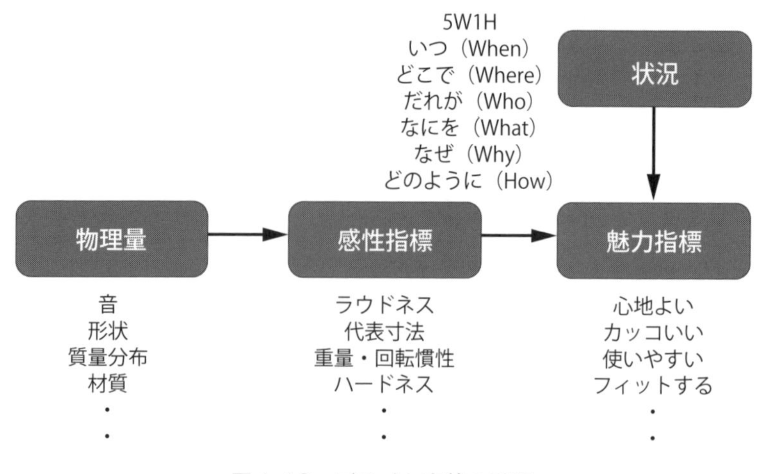

図4-19　デライト定義の手順

れた状況（コンテクスト）に影響されることである。図4-19では、分かり易いように魅力指標は感性指標で説明するが、これは5W1Hで異なると表現した。顧客はいつ、どこで、どのように対象とする製品を使用するのかを想定しておくことが必要である。

(3) 機能定義③：デライトのものさし

今までのプロセスで、デライトに関する心理量（人）と物理量（製品）の大まかな関係が分かった。このプロセスではさらに一歩進めて、デライトの指標化を行う。

心理量（人）を官能指標として定義、物理量（製品）を物理指標として定義、官能指標と物理指標の関連付けを行う。3.5.2節で述べたクリーナを対象とした音のものさしが、これに相当する。ここでは、ドライヤの音のデザインを例に、デライトのものさしの導出手順を説明する。

最初に、評価対象のドライヤを選定する。ここでは音を対象としているので、各ドライヤの音を測定する。実際の使用条件で計測する方が実体に合っているが、外乱等の影響があり条件を均一にすることが困難なため、ここでは防音室の中で音を計測した。収録した音データは時刻歴データとなっており、この結果を音質評価ソフトで解析すると、音質指標が**図4-20**のように時刻歴で算出される。

図4-20の結果から、時間に関する平均値を算出してこれをドライヤの音の感性指標とする。**表4-3**に、このようにして算出したドライヤの音の感性指標を示す。

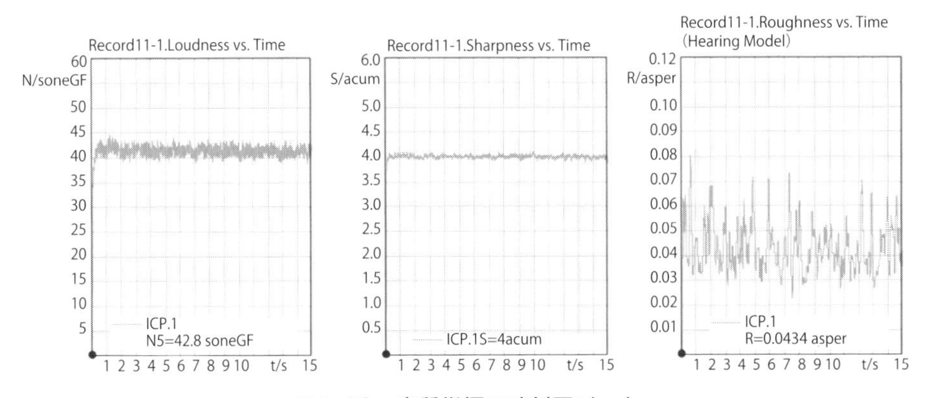

図4-20　音質指標の時刻歴データ

騒音レベル	ラウドネス	シャープネス	ラフネス	変動強度	ピーク周波数
(FAST)					(1次)
[dBA]	[soneGF]	[acum]	[asper]	*10⁻³ [vacil]	[Hz]
78.7	41.3	4.0	0.043	3.0	134
81.9	47.6	4.3	0.055	4.5	261
77.1	32.5	3.5	0.042	3.4	191
74.6	30.6	4.0	0.031	2.9	259
80.5	41.2	3.8	0.049	4.7	283
80.3	47.3	4.5	0.041	4.5	271
82.4	48.6	4.1	0.054	6.1	100
81.4	46.2	4.4	0.051	4.4	194
75.2	32.5	4.0	0.037	3.9	280
80.3	41.5	4.2	0.042	4.4	130
81.5	45.6	4.1	0.051	3.8	252
82.2	47.1	4.5	0.046	6.7	338
79.1	40.1	4.3	0.042	3.3	273
79.5	43.2	4.5	0.048	3.5	108
81.2	38.4	3.6	0.053	2.8	214
73.1	30.0	4.0	0.031	3.0	344
74.7	32.8	4.0	0.039	3.6	332
64.9	17.1	3.1	0.033	2.7	100
74.5	31.4	4.5	0.049	3.4	224
77.7	38.4	4.3	0.043	3.2	258
78.0	36.3	3.9	0.046	3.0	275
78.5	38.7	3.7	0.035	2.7	273
77.0	38.0	4.3	0.041	3.9	242

表4-3　ドライヤの音の感性指標

ここではラウドネス、シャープネス、ラフネス、変動強度の4つの音質指標をドライヤの音の感性指標としている。

4つの音質指標は、音のデザインにおいて経験的によく用いられているためにドライヤの評価でも使用しているが、状況に応じて取捨選択、もしくは他の音質指標を用いても、自ら定義してもかまわない。多くの指標を最初の段階で選択して分析の仮定で絞り込んでいく方法もある。表4-3の結果は多くの情報を含んでいるが、逆に全体像を見通すには不便である。そこで、このデータを元に統計解析によってドライヤの音をマクロに表現する。ここでは主成分分析を適用する。

以上は、ドライヤの音を音質指標という客観的な指標（とはいっても多くの主観的実験データから求めたものだが）で表現したものである。従って、音がいいといった主観的評価にはなっていない（一般には4つの音質指標に関しては数値が低い方が好ましいと言われている）。そこで、デライト設計では人がどのような音を好むかといった主観評価を行う。主観評価はSD法で行う。

上記の人の感じ方（魅力指標）を感性指標（音の場合は音質指標）で表現したものをデライトのものさしと呼ぶ。デライトは、主観評価の結果と感性指標を関連付けることによって定義することができる。

4.2.3　デライトを実現する

(1) 構造展開①：デライト1D

いよいよ機能定義から構造展開に移る。ここではドライヤを対象とし、デライトとしては“心地よい音”を考えることにする。繰り返しになるが、デライト設計はマスト設計、ベター設計と一体になり実行される。従って、ここでの設計問題の対象は**図4-21**のあみかけ部分となる。このプロセスではこの部分を1Dモデルで表現、評価可能とし、この1Dモデルを用いてデライト設計を行い、その情報をデライト3Dに受け渡す。

このプロセスでやるべきことは多く、今までの実施内容と一部重複するが、現物分析、機能構造展開、構造関連図、物理モデリング、試計算、V&V（検証）、感性指標/魅力指標（デライトのものさし）の導入、試計算、感性モデリング、感性モデルを用いたデライト設計、デライト設計案、デライトデザイン案（1D）情報の3Dへの掃き出しとなる。

このうちの主要部分について解説を行う。その前に、確認のために従来のデライト設計（前述の現物ベースの音のデザイン）と1Dツール（MBD）を導入したデライト設計の比較を**図4-22**に示す。1Dツールを導入することにより、デライト設計のフロントローディングが可能となることが分かる。

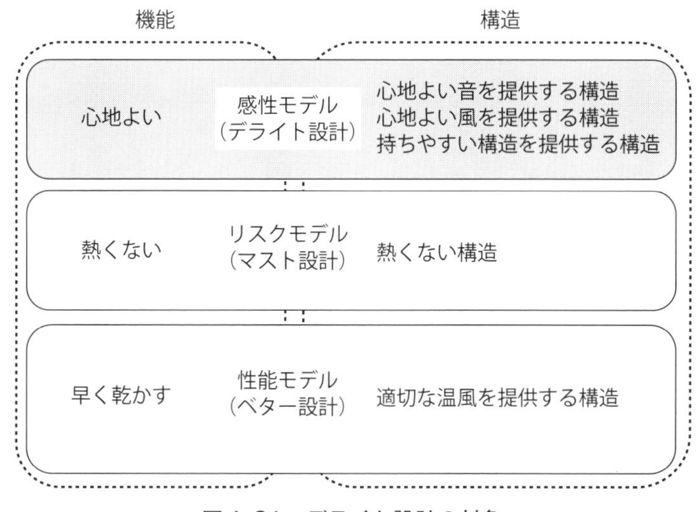

図4-21　デライト設計の対象

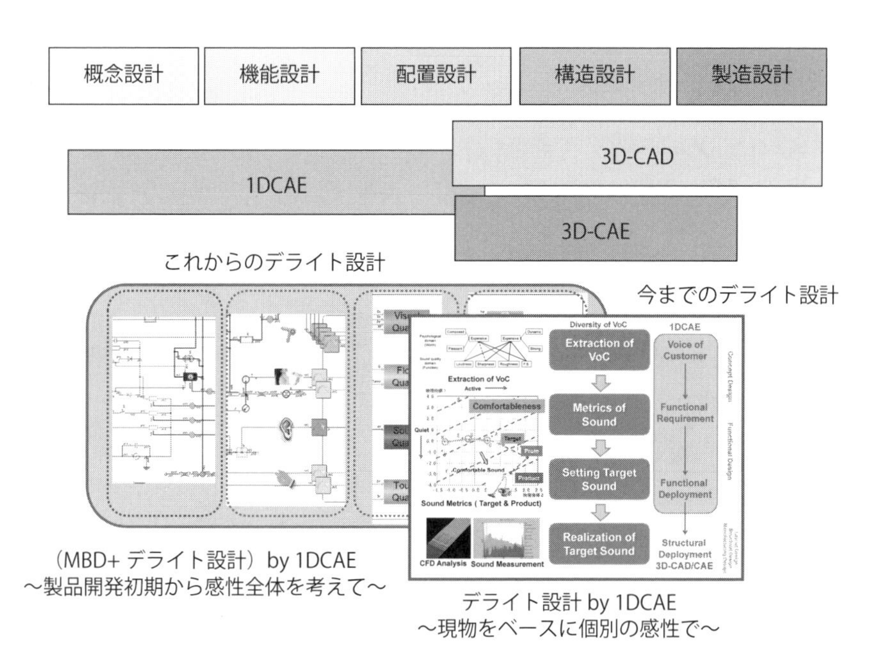

図4-22　今までのデライト設計とこれからのデライト設計

デライト1Dの第一歩は、通常は現物の観察から始まる。理想的には原理原則かアイデアを考えて1Dでモデル化することを目標とはしているが、現時点でこれを行うことは未だ研究が追い付いておらず今後の課題としたい。**図4-23**に現物観察から価値と機能の関連付け、各機能・要素の相互の関係を評価した例を示す。

上記のプロセスを経て、**図4-24**に示す要素関連図が包含する物理現象ともに表現される。これはデライト1Dモデルのベースとなる物理1Dモデルへと変換される。

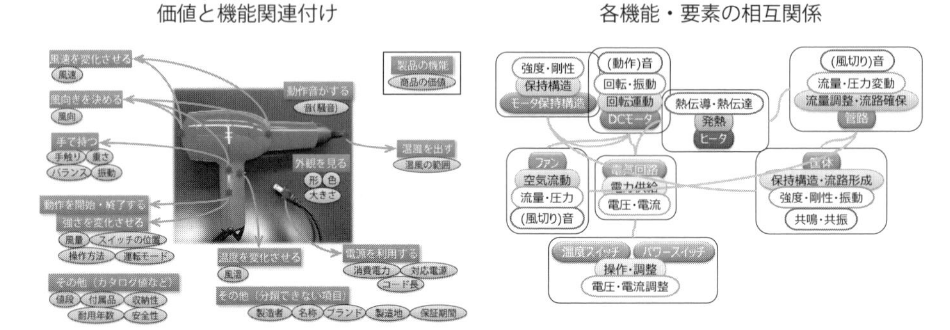

図4-23　現物の観察と価値・機能・要素の関連付け

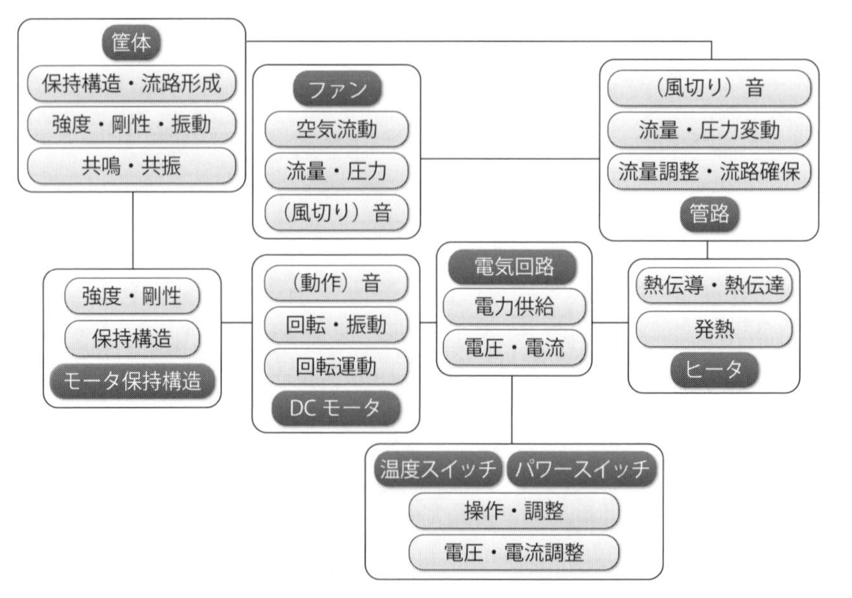

図4-24　デライト1Dのための要素関連図

図4-25は、物理1Dモデルの構築例である。実は、上記の要素関連図から下記の物理1Dモデルを構築するプロセスについては第6章で詳しく述べる。

デライト1Dモデルは、物理1Dモデルに「機能定義③：デライト指標」で定義した官能指標と物理指標の関係式を導入することにより完成する。すなわち、物理

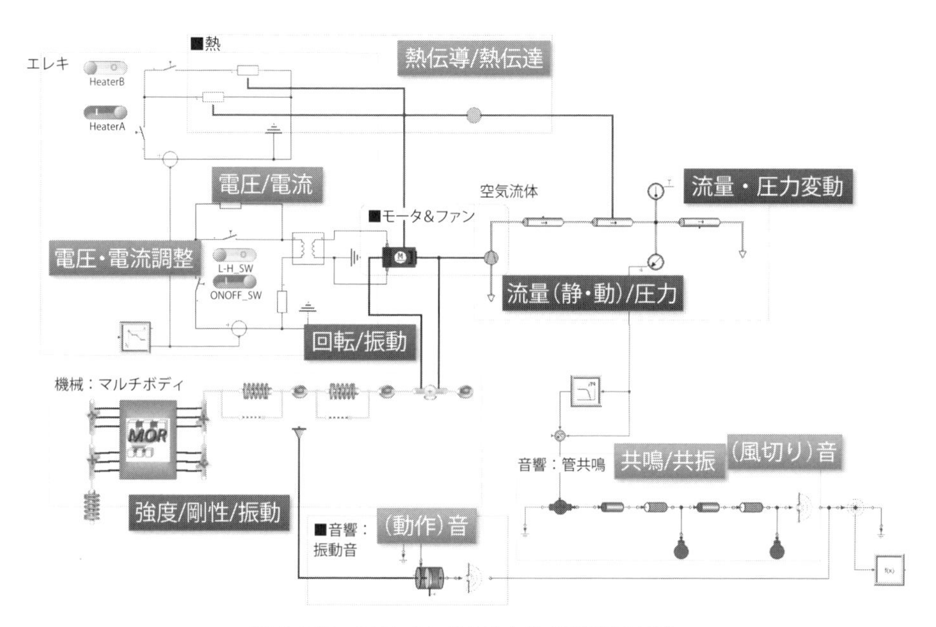

図4-25　デライト1Dのための物理モデル

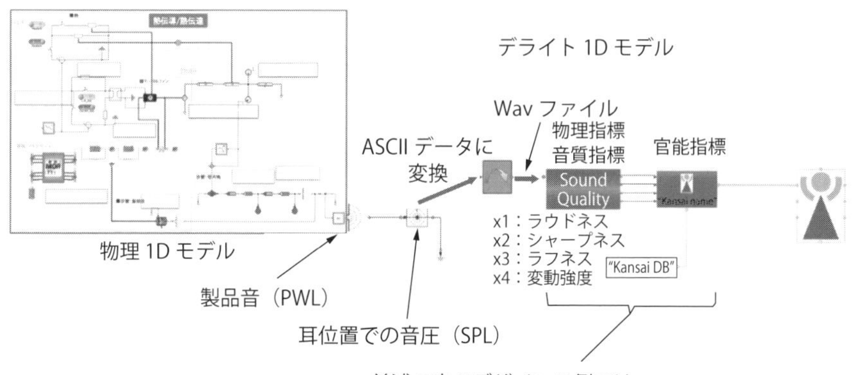

図4-26　デライト1Dモデル

1Dで求まった製品音を耳位置での音圧に変換、この時刻歴データをWaveファイルに変換、物理指標（音質指標）を算出、官能指標が最終的に求まる。

耳位置での音圧は3D-CAEで算出してもいいが、1Dレベルの評価であるので、目的とそぐわない。そこで、3.3.3節で紹介したように、音の1D解析を行うことを推奨する。いくつかの仮定（拡散音場等）を設けることにより、見通しの良い形でシンプルに製品音と耳位置での音の関係を表現することができる。この関係式より、部屋が大きくなると耳位置での音が小さくなることが分かる。これこそが1DCAEの目指すところである。

以上のようにして求まったデライト1Dモデルを用いて、デライト設計を実施する。**図4-26**に、デライト設計のベースとなる1Dモデルを示す。1Dモデルにはメカ／エレキ／ソフトのすべての設計パラメータが含まれる。従って、製品開発上流段階で全体最適を実現するための設計解を得ることができる。設計解は経験的に求めてもいいし、ある程度アタリを付けた上でパラメータ最適化を汎用の最適化ツールを用いて実施してもよい。また、設計解のデライト達成度合いはデライト指標よ

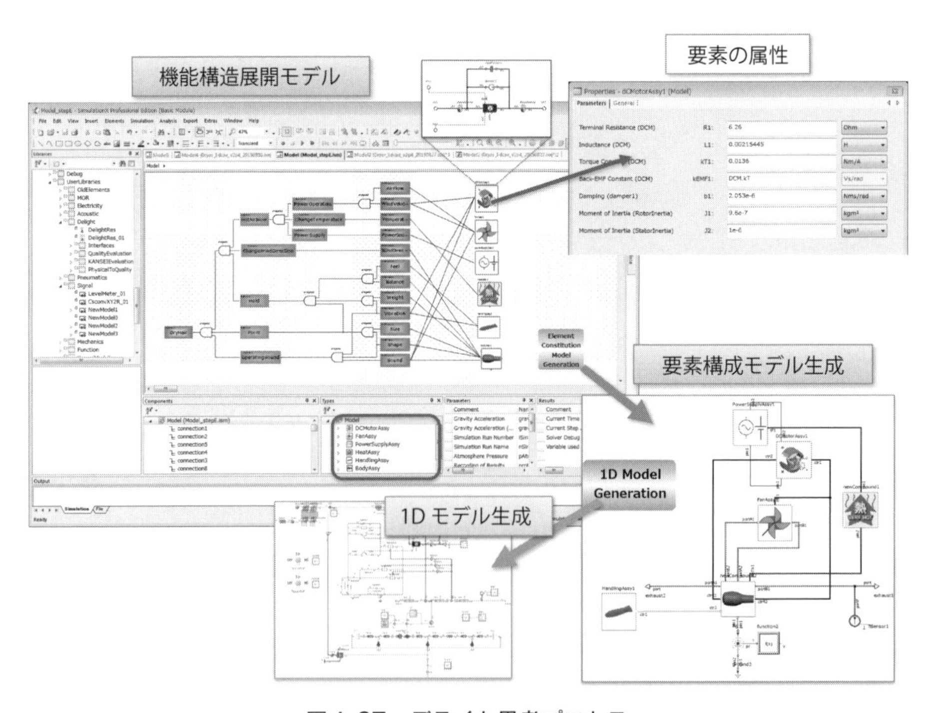

図4-27　デライト思考プロセス

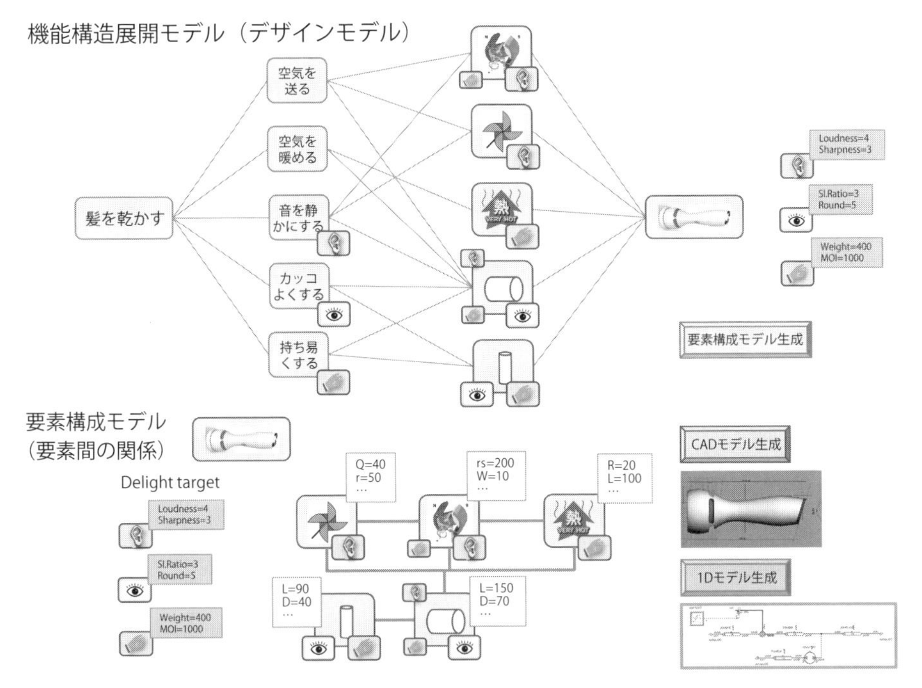

図4-28　デライト1Dモデリングツールのイメージ

り確認することができる。

さて、ここで紹介したデライト1Dのプロセスは、多分に人に依存しているように見える。しかしながら、実際の手順（人の頭の中）は**図4-27**のようになっている。そこで、このプロセスをデライト1Dモデリングツールとして開発すると便利かもしれない。**図4-28**にそのツールの使用イメージを示す。

(2) 構造展開②：デライト3D

デライト1Dを用いて、デライト設計を達成するための製品システムの各要素の仕様が決定される。これを受けて、デライト3Dではその実体設計を行う。仕様は例えば、送風装置であれば流量、圧損、回転数などで、デライト3Dではこれを実現できるモータ、ファンを汎用品から抽出または特注品として設計を行う。また、振動系であればばね定数、減衰定数がデライト1Dで決定され、デライト3Dで3D-CAD/CAEを用いて形にする。このようなプロセスは現状では人間系に依存することになるが、将来的には部品の自動検索等が適用できるものと考えている。

4.2.3 デライトを生産する

(1) 構造展開③：デライト検証

以上のプロセスで導出されたデライト設計解が妥当なものであるかを事前に知ることは、重要である。最近身近になった3Dプリンタを用いて、形状のみならず、触った感じも容易に体感できるようになった。また、VR技術を用いた体験も有益である。

(2) 現物分析（デライトリバース）

1DCAEは通常、1D→3D→現物の流れを取る。これに対して、現物→3D→1Dをここではデライトリバースと定義する。現物→3DにはX線CT装置を用いた現物融合技術が、3D→1Dにはモデル縮退技術が実用段階にある。現物融合技術は形状のみならず質量分布の推定にも適用できる。また、モデル縮退技術はデライト1Dの構造モデル算出の際に実際に適用している。

第5章 デライト設計のための手法

デライト設計のための手法に関しては、今までに事例等を通して断片的に紹介した。ここでは、これらの手法を体系的に紹介する。
手法の多くは、表計算ソフトを使用してツール化することが可能である。市販されているツールもあるが、自分で作成してみるとその仕組みがわかるため、効果的だと考える。また、ツールはあくまでツールであり、これを使って何を入力とし、何を出力とするのかを考えることが重要である。

5.1 手法の全体像

デライト設計のための手法の全体像を**図5-1**に示す。

横軸に、デライト設計のプロセスを示す。デライト設計に関しては、デライトの創成、デライトの定義、デライトの実現、デライトの生産というプロセスですでに説明したが、ここでは手法の視点から、特にデライトの創成とデライトの定義を探索、分析、評価、可視化と違った方向から若干細く分類した。デライトの実現とデライトの生産に関しては、その結果を表現することに着目して、可視化の手法として含めた。

また、縦軸は手法そのものと、手法を使用する上で参考となるデータベース(DB)、そして手法とDBを運用するためのプラットフォームに分類した。ここではこのうち、手法に着目する。手法に関しては、その適用目的から発想支援型手法

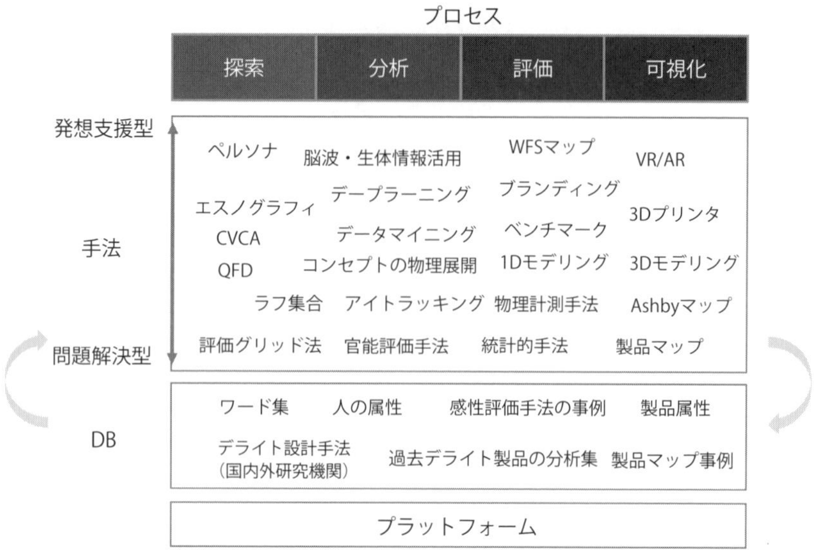

プロセス

探索　分析　評価　可視化

発想支援型

手法

問題解決型

ペルソナ　脳波・生体情報活用　WFSマップ　VR/AR
エスノグラフィ　デープラーニング　ブランディング　3Dプリンタ
CVCA　データマイニング　ベンチマーク
QFD　コンセプトの物理展開　1Dモデリング　3Dモデリング
ラフ集合　アイトラッキング　物理計測手法　Ashbyマップ
評価グリッド法　官能評価手法　統計的手法　製品マップ

DB

ワード集　人の属性　感性評価手法の事例　製品属性
デライト設計手法（国内外研究機関）　過去デライト製品の分析集　製品マップ事例

プラットフォーム

図5-1　デライト設計のための手法の全体像

と問題解決型手法に分類、これを上下の両軸とした。すなわち、4つのプロセスを横軸に、手法の適用目的を縦軸とした二次元平面状に手法をマッピングしたのが図5-1である。

ただし、ここに世の中に存在する全ての手法を網羅しているわけではなく、デライト設計の際にこれら手法を全て使用する必要はない。目的に応じて適材適所で使用するのが手法である。このためには、手法の目的とできること／できないことを知っておくことが必要である。

5.2 デライト創成・定義のための手法

デライトの創成、デライトの定義に適用可能な手法に関して、以下にいくつか紹介する。これらの手法は**図5-2**に示すような関係になっている。もっと多様な手法の使い方はあるが、ここではこの流れに沿って説明する。

デライト設計を始める上で重要なのは、誰が顧客かを認識することである。このための手法が、顧客価値連鎖解析（CVCA）である。CVCAで顧客を特定した後、顧客が具体的にどのような製品を欲しているのかを潜在的ニーズも含めて評価グリッド法で抽出する。この時点で、顧客のニーズが言葉として定義できる。顧客の

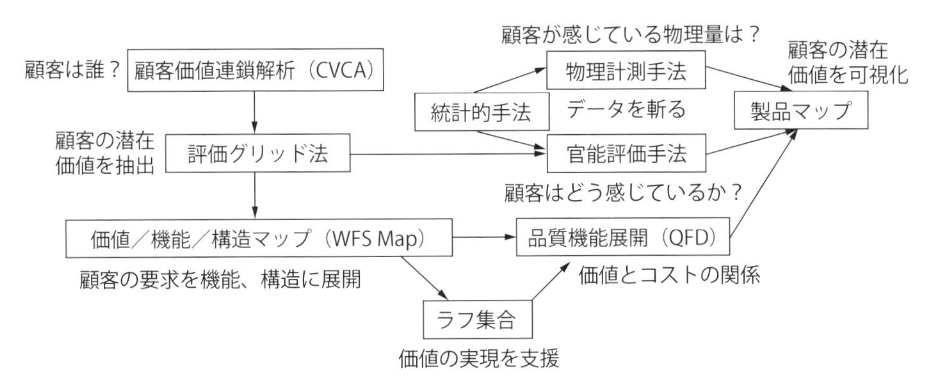

図5-2　デライト創成・定義のための手法とこれらの関係

ニーズはいわゆる価値であり、これを起点にWFSマップで機能、構造に展開する。価値→機能→構造は自動的に展開できるわけでなく、設計者としての経験、資質によるところが大きい。

ここでうまくアイデア（機能→構造）が創出できない場合は、ラフ集合を適用するとヒントを得られる場合がある。WFSマップの結果を用いて品質機能展開（QFD）により、価値とコストの関係を明らかにし、各部品に関してコストをかけている割に価値が低くないか、逆に価値が高いのにコストのかけ方が少なくないかチェックし、問題がある場合には対策を講じる。

一方、評価グリッド法で抽出した言葉を、評価語として官能評価手法により顧客の感じ方を取得、統計的手法により分析する。同様に、製品から顧客の感じ方に対応していると考えられる物理量を取得、統計的手法により顧客の感じ方との相関分析を行い、最終的に製品マップを求める。製品マップにはQFDから導出されたコスト情報も活用する。製品マップの一つの形態がデライトのものさしになる。すなわち、製品マップはデライト、マスト、ベターに関する製品情報を顧客の潜在情報の視点から可視化したものになる。

5.2.1　顧客価値連鎖解析（CVCA）

CVCAはデライト設計の起点であり、かつ最も重要な手順であるにも関わらず、最も認知度が低い手法である。その理由は、手法とは言ってもちゃんとしたツールがあるわけでもなく、どこからどう進めたらいいか分からないという日本人の受動的体質に合致していないからと言える。しかし、CVCAはごく自然な手法であり、特にツールを必要とすることもない。要は、顧客は誰なのかを具体的に、かつ想像を膨らませて実施することが肝要である。この考え方を絵にするのがCVCAという手法である。主人公を仮想的に見立て（ペルソナ）、シナリオを展開していくペルソナ手法の延長とも言える。

図5-3の例を通してCVCAの説明を行う。

主人公は、ドライヤの開発製造会社とする。顧客が欲しくなるドライヤを開発して市場に出したいと常に考えている。すでにある程度の市場を形成している場合には、量販店を通して最終顧客に製品が提供されるため、顧客の声は、通常は苦情という形で直接反映される。

一方、市場に認知されていない場合は、量販店を通しての製品の提供は困難である。この場合は、例えば通販店を通しての提供となる。顧客は雑誌、テレビ放送を通して製品の情報を知る。この場合、リアルに製品に触れることができないという問題がある。そこで、多くの顧客が宿泊するホテルに、サンプルとして製品を置いてもらうことが考えられる。製品の良さに感銘を受けたホテル宿泊者は後日、量販店に行って当該製品を求めに行くであろう。しかし、量販店には当然置いていないので、量販店の担当者はドライヤ開発製造会社に問合せて、製品を取り寄せて顧客に提供する。これらの状況を絵にしたのが図5-3である。

ドライヤ開発製造会社と顧客、量販店、通販店、等の関係が図5-3で明らかと

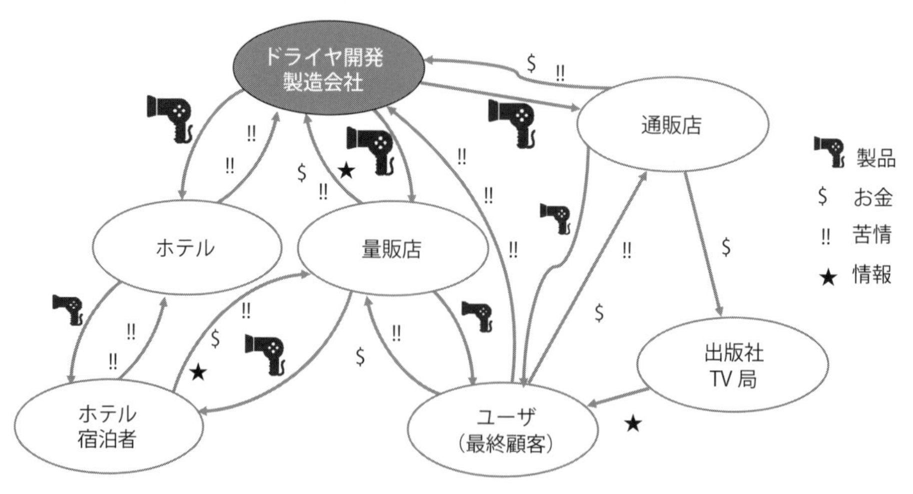

図5-3　顧客価値連鎖解析（CVCA）

なった。この図5-3から、CVCAの本当の検討は始まる。図5-3は現状を示しているに過ぎず、あなたにとっての顧客は誰なのかを示してくれてはいない。“顧客は誰なのか”を決めるのはあなたなのである。

開発製造会社にとって、最終的に欲しいのはユーザー（最終顧客）の声（VOC：Voice Of Customer）である。これは製品を開発する上での基本情報となる。VOCはCVCA上では苦情（‼）という形で表現される。図5-3では、ユーザーから製造会社へ直接VOC（3つの‼）が返されている。これを得るために量販店、通販店、ホテル、出版社/TV局を活用しているとも言える。

売れている製品、すなわち市場占有率が高い商品はVOCも豊富なので、より良い製品を定常的に出すことが可能となる。一方で、市場占有率に胡座をかいていると、とんでもない状態になることにもなる。CVCAは、会社が置かれた状態で常に変化するものなので、固定して考えるのは危険である。常に最新の状態を把握しておく必要がある。

次に、話を具体的にするために問題設定を行う。

会社Aは家電分野への参入は初めてであるが、独自のファン技術により斬新なドライヤを開発、性能そのものには自信を持っている。しかし全くこの分野の販路を持っていないため、どう展開していいか困っている。さてこのような場合どうしたらいいであろう。

図5-3を参照に、案として**図5-4**の構図が浮上する。これを具体化するには、ま

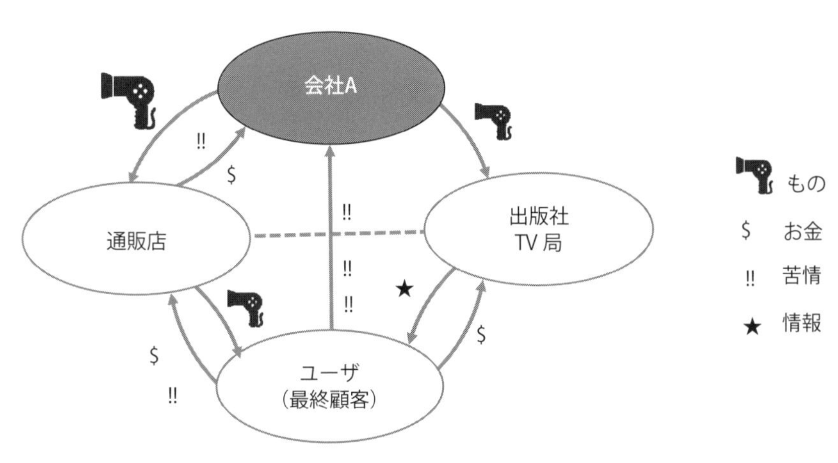

図5-4　顧客価値連鎖解析（CVCA）の展開例

ずはドライヤをテレビ、雑誌といった情報媒体に載せる必要がある。そこで人的ネットワークを駆使して雑誌社にたどり着き、記事として取り上げてもらう。これを契機に、雑誌の読者から問い合わせが入るようになり、雑誌から紹介してもらった通販者を通して製品を売り出すことができた。

このようにCVCAは、製品の販売シナリオの検討に活用できる。もちろん、図5-4の通り事が進むとも限らないので、その場合は逐次CVCAを見直して修正を図る必要がある。

5.2.2 評価グリッド法

評価グリッド法に関しては、「4.2.2 (1) 機能定義①：デライト抽出」の項ですでに紹介した。評価グリッド法は、顧客の潜在的な要求をインタビューにより顕在化していく方法で、CVCA同様に手法とは言ってもツールが存在する訳ではない。以下、一般的な評価グリッド法の手順を説明する。ここでもドライヤを対象とする。

最初に、入手可能なドライヤを複数個準備する。この際、見た目、機能、値段等できるだけ広範囲にバラついた製品を選ぶと良い。ここでは図5-5に示す3機種のドライヤを選定した。次に、ドライヤを日常的に使用している被験者を複数人選び、個別に3機種のドライヤを使用してもらい、好きな順に番号をつけてもらう。

その結果、B, A, Cの順に好きだったとする。次にランキングが近い2機種、この場合はBとA、AとCを比較してもらい、それぞれに関してなぜ好ましいと感じたのか（逆に嫌いと感じたのか）を尋ねる。これらから出てきた結果を“オリジナル評価”と言う。各オリジナル評価に対してxxだとどうしていいのか（ラダーアップ)、xxであるためにはどうしたらいいか（ラダーダウン）を尋ねる。これら

A

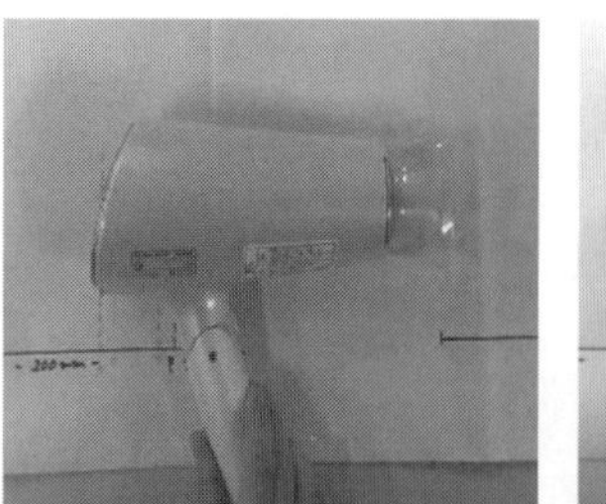

B

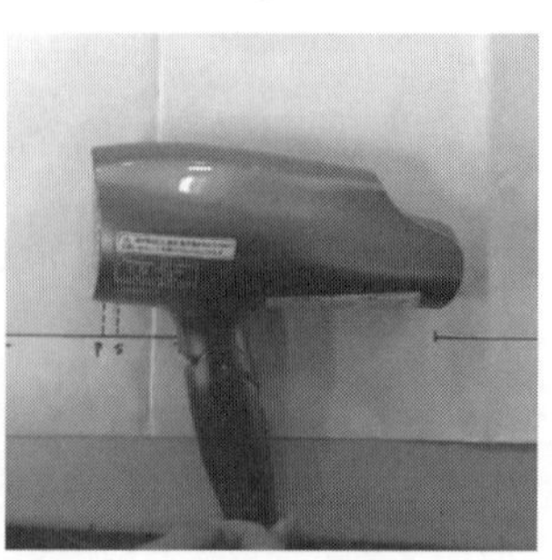

C

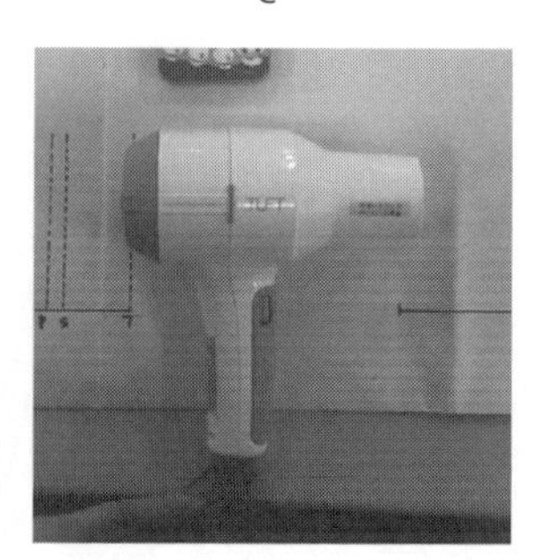

図5-5 評価グリッド法の対象としたドライヤ

をネットワーク図として可視化したのが**図5-6**である。

図5-6のラダーダウンの結果より、顧客が潜在的に欲しているドライヤの姿が浮かび上がってくる。ここではラダーダウンに7つの項目がある。これらは言葉の解釈にもよるが、**図5-7**に示すように3つのカテゴリに分類することができる。

一つは人間工学を考慮した持ち手、質量・回転慣性低減、本体を直接持つと言った持ちやすさに関する要求、二つ目は広域を抑え雑な音がしない、きめ細かい作りと言った品質に関する要求、三つ目は見た目に拘る、機能は分かり易くと言った外観に関する要求である。従って、この三つの要求が、評価グリッド法により抽出された顧客の潜在的要求と考えることができる。

以上のように、評価グリッド法は顧客の潜在的要求を抽出手法として有効である。一方でインタビュアーの経験、適性に大きく結果が左右されるのも事実である。基本的にインタビュアーは恣意的に被験者を特定の結論に向けて誘導することは望ましくないが、逆に全く結末をイメージしないのも良い結果が得られない。複

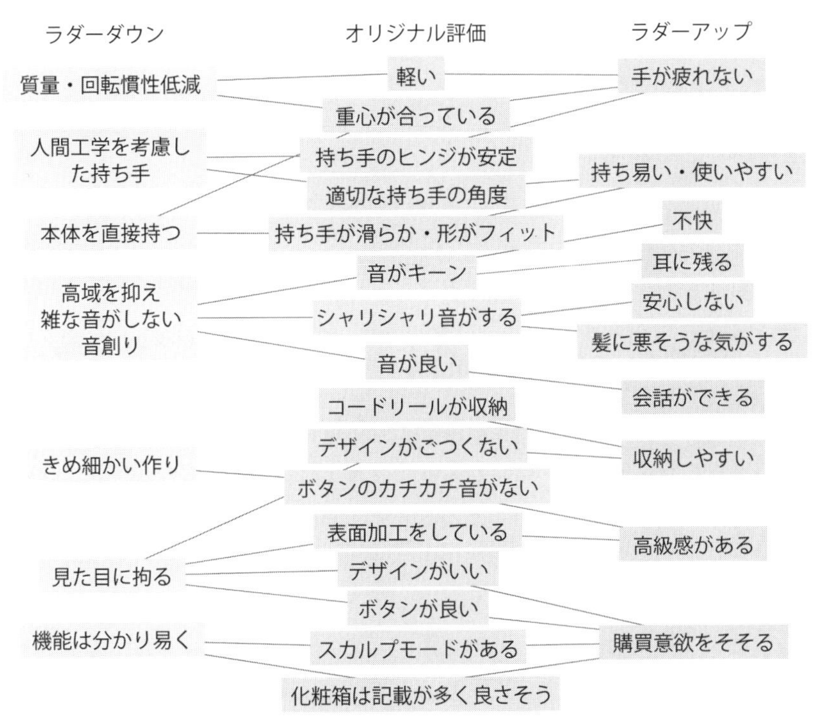

図5-6　評価グリッド法により抽出したネットワーク図

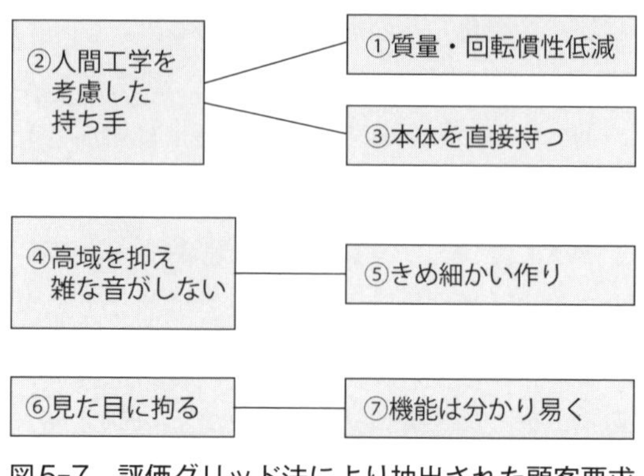

図5-7　評価グリッド法により抽出された顧客要求

数の結論の選択肢を頭の中にインタビュアー自身が用意し、被験者との掛け合いによって被験者の潜在的要求がいずれの結論に向かいつつあるのかを意識することが重要である。デライト設計は一つの手法で結論が得られる種類のものではないので、評価グリッド法に関しても、デライト設計への気付きが少しでも得られればいいという気持ちで適用すると意外に良い結果が得られるものである。

5.2.3　価値／機能／構造マップ（WFSマップ）

価値／機能／構造マップ（WFSマップ）に関しては、「4.2.1　(3) 要求分析（デライト分析）」の項ですでに紹介した。WFSマップは価値を起点に機能、構造に展開する手法である。

5.2.2で紹介した評価グリッド法はオリジナル評価、ラダーアップ、ラダーダウンから構成されていた。オリジナル評価は、顧客がこんなのがあるといいなという要求で、多くの場合、機能に相当する。

一方、ラダーアップはなぜそれが好きかと尋ねて得られた要求なので、一般に価値に対応する。ラダーダウンは、どうしたらあなたが好きなものが実現できるのかと尋ねているので、構造に近い答えが返ってくる。すなわち、図5-6の評価グリッド法により抽出したネットワーク図を起点に、WFSマップを描くことができる。**図5-8**にその結果を示す。

フォントサイズが小さい項目が図5-6の評価グリッド法の結果を、ラダーアップ→価値、オリジナル評価→機能、ラダーダウン→構造　に対応付けて並べ直したものである。これを起点に、価値、機能、構造を考えた結果が大きいフォントサイズ

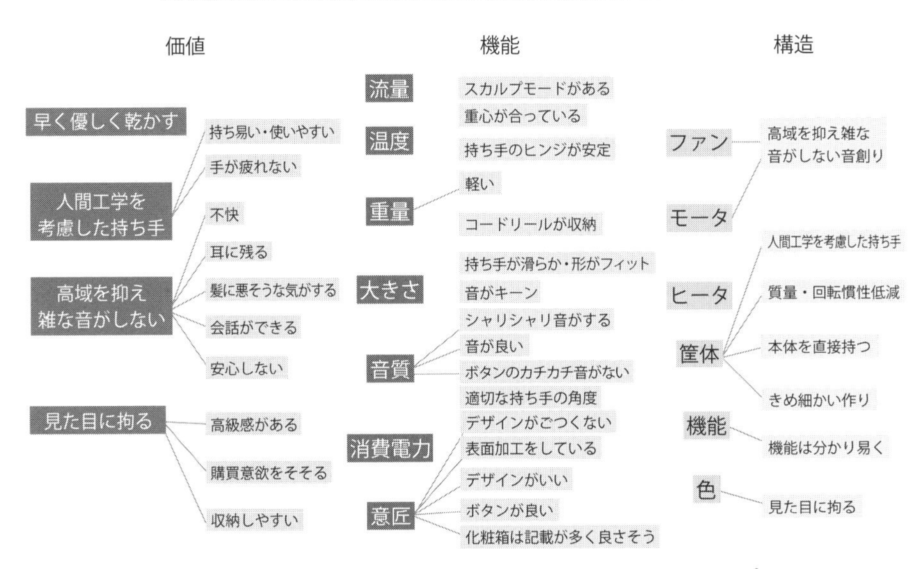

図5-8　評価グリッド法の結果を起点に描いたWFSマップ

の項目である。評価グリッド法ではラダーダウン（構造）に配置された項目の多くが最終的に価値の方に移動していることからわかるように、価値、機能、構造を明確に分離することは実際には容易ではないし、そうする必要もない。言い換えるなら、価値→機能→構造→価値と言った具合にこの三者は回っていると考えるべきである。

5.2.4　品質機能展開（QFD）

品質機能展開（QFD）に関しては、「4.2.1　要求分析（デライト分析）」の項ですでに紹介した。QFDは顧客の声（VOC）（価値）を起点に、機能、部品（構造）に展開、具体的に数値化する手法である。また、表計算ソフトを用いてツール化されている。

図5-9、**図5-10**にツールのイメージを示す。図5-9は顧客の声を機能に展開した結果である。ドライヤを例に、一般的な顧客の声を左欄に上げている。この中から目指すべきドライヤ（これは設計者が決める）に応じて重み付けを行う。ここでは、早く乾いて、持ちやすいドライヤを目指すことにし、9点とした。一方、携帯性、操作性は重視せず1点に、その他は3点とした。点数の付け方は各自の判断に任されるが、一般には結果にメリハリをつける意味で、◎を9点、○を3点、△を

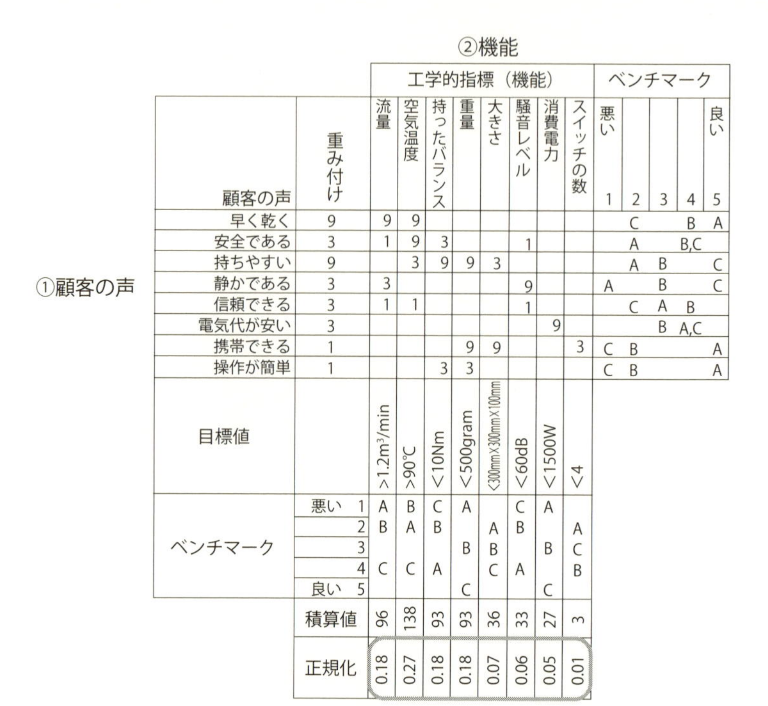

②機能

①顧客の声

顧客の声	重み付け	工学的指標（機能）流量	空気温度	持ったバランス	重量	大きさ	騒音レベル	消費電力	スイッチの数	ベンチマーク 悪い 1	2	3	4	良い 5
早く乾く	9	9	9								C		B	A
安全である	3	1	9	3			1				A		B,C	
持ちやすい	9		3	9	9	3					A	B		C
静かである	3	3					9			A		B		C
信頼できる	3	1	1				1				C	A	B	
電気代が安い	3							9				B	A,C	
携帯できる	1				9	9			3	C	B			A
操作が簡単	1			3	3					C	B			A
目標値		>1.2m³/min	>90℃	<10Nm	<500gram	<300mm×300mm×100mm	<60dB	<1500W	<4					
ベンチマーク	悪い 1	A	B	C	A		C	A						
	2	B	A	B		A	B		A					
	3				B	B		B	C					
	4	C	C	A		C	A		B					
	良い 5				C			C						
	積算値	96	138	93	93	36	33	27	3					
	正規化	0.18	0.27	0.18	0.18	0.07	0.06	0.05	0.01					

図5-9　品質機能展開（QFD）：顧客の声から機能への展開

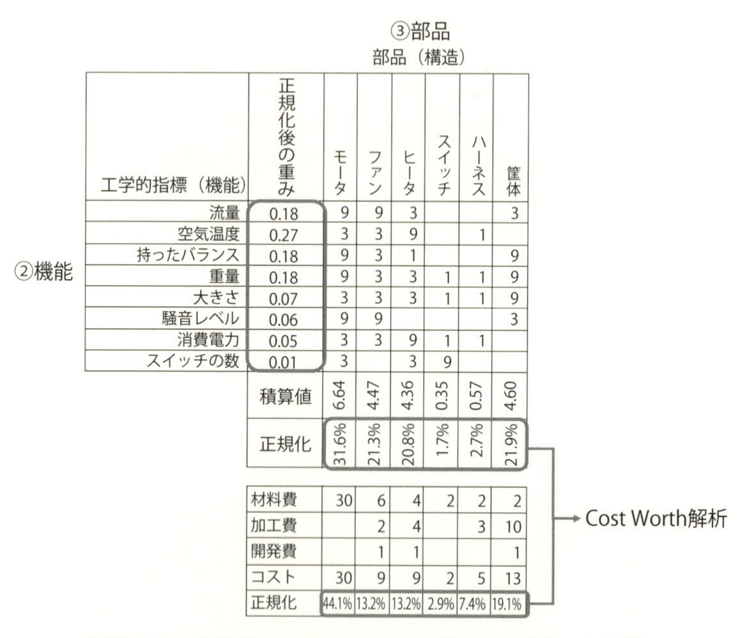

③部品

②機能

工学的指標（機能）	正規化後の重み	部品（構造）モータ	ファン	ヒータ	スイッチ	ハーネス	筐体
流量	0.18	9	9	3			3
空気温度	0.27	3	3	9		1	
持ったバランス	0.18	9	3	1			9
重量	0.18	9	3	3	1	1	9
大きさ	0.07	3	3	3	1	1	9
騒音レベル	0.06	9	9				3
消費電力	0.05	3	3	9	1	1	
スイッチの数	0.01	3		3	9		
	積算値	6.64	4.47	4.36	0.35	0.57	4.60
	正規化	31.6%	21.3%	20.8%	1.7%	2.7%	21.9%

	モータ	ファン	ヒータ	スイッチ	ハーネス	筐体
材料費	30	6	4	2	2	2
加工費		2	4		3	10
開発費		1	1			1
コスト	30	9	9	2	5	13
正規化	44.1%	13.2%	13.2%	2.9%	7.4%	19.1%

→ Cost Worth解析

図5-10　品質機能展開（DFD）：機能から部品への展開

1点、Xを0点とするのがいいと言われている。

次に工学的指標（機能）を上欄に上げている。流量、大きさ、重量等が相当する。ここで、顧客の声と機能の関係の強さを、重み付けと同様に9点、3点、1点、0点（0点はブランクで表示）で表現する。例えば、“早く乾く”という顧客の声に対しては、機能としては“流量”と“空気温度”が強く関係するので、この2項目が9点となる。以下同様に、顧客の声と機能のマトリクスからなるマス目を数値で埋める。

次に、機能の各項目に対して顧客の声の重み付けを換算して積算値を求める。例えば、流量という機能に関しては、9×9+3×1+9×0+3×3+3×1+3×0+1×0+1×0＝96が積算値となる。他の機能に関しても、同様の方法で積算値を求める。

最後に、各機能の積算値の合計が1となるように正規化する。これが最下段の正規化の値となる。これが目標とするドライヤの機能の重み付けを表現している。図5-9には、上記以外に顧客の声の視点から見た他のメーカー製品とのベンチマーク、機能の視点から見たベンチマークを併記している。これらの情報により相対的な自社の製品の立ち位置が確認できる。また、合わせて機能の目標値も示している。

次に、機能から部品（構造）への展開を、図5-10を用いて説明する。

左欄には、図5-9の機能及びその重み付けのデータが転記されている。部品（構造）が上欄にリストアップされており、機能と部品との関係の強さを図5-9と同様に点数化、積算値を求め、正規化することにより、最終的に各部品の重要度が決定される。この部品の重要度は、顧客の声→機能→部品のプロセスを経て算出されたものであり、顧客の声を反映した部品の重要度となる。

一方、部品のコスト（材料費、加工費、開発費）は算出可能であり、これを正規化して最下段の値が求まる。この部品の重要度（価値）とコストの関係がCost Wotrth解析で、図として表現可能である（**図5-11**）。

図5-11の見方であるが、一般に$y=x$の線付近（具体的には二つの太い線の間）にあれば価値とコストのバランスが取れていると考えられる。一方、その領域より下にある場合（ここではファン、ヒータが該当）、その部品は価値が高い割にコストが小さいということになり、もう少しコストをかけてもいいまたは価値を下げてもいいということになる。また、その領域より上にある場合（モータ）、その部品は価値に比べて相対的にコストが高いということになり、コストダウンを図るか、

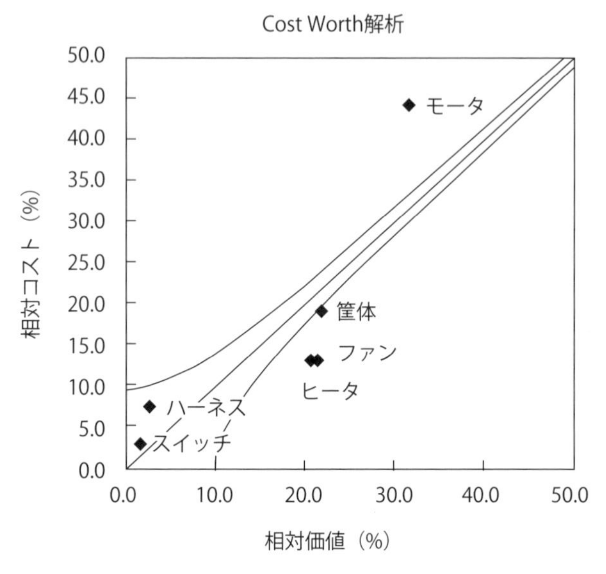

図5-11　Cost Worth解析

価値向上が要求される。このようにQFDは顧客の声を起点にCost Worth解析を終点とした有益な手法、ツールであり、多様な顧客の声に対応して価値とコストの評価を行うことができる。

図5-9、図5-10で示したQFDのツールがない場合や、自分でツールを作る時間がない方も多いと思う。その場合には、表計算ソフトのみでも意味ある結果を得ることができる。図5-8で示したWFSマップを元にQFDを実施した結果を**図5-12**、**図5-13**に示す。図5-12は価値から機能への展開、図5-13は機能から構造への展開例である。ここで設定した価値に対して、筐体、ファン、モータ、ヒータの順に重要度が高く、機能、色はあまり重要でないことが分かる。

5.2.5　官能評価手法

官能評価手法に関しては、「3.3.5　音の評価」で音を例に紹介するとともに、「4.2.2　(1) 機能定義①：デライト抽出」でその手順を説明した。そこで、ここでは官能評価手法の中でよく使用されるSD法と一対比較法について説明する。

SD法については、その最初のステップである形容詞対の選定方法について一般的な手順を紹介する。一対比較法に関しては、その方法は自由度が多いために分かりにくいところがあるため、具体的事例に関して可能な限り詳しく説明する。

価値→機能	流量	温度	重量	大きさ	音質	消費電力	意匠
早く優しく乾かす	9	9				9	
人間工学を考慮した持ち手			9	3	1		3
高域を抑え雑な音がしない音創り	3				9		1
見た目に拘る			1	3	3		9
	12	9	10	6	13	9	13

図5-12　簡略版QFD：価値から機能への展開

	機能→構造	ファン	モータ	ヒータ	筐体	機能	色
12	流量	9	3	3	3		
9	温度	3	1	9	3		
10	重量	3	9	9	9	1	
6	大きさ	9	3	3	9	1	
13	音質	9	9	3	9		
9	消費電力	9	9	3	3	1	
13	意匠			1	9	3	3
		417	351	304	468	64	39

図5-13　簡略版QFD：機能から構造への展開

(1) SD法の際の形容詞対の選定方法

SD法を行う際に形容詞対の選定は最も重要である。ここで選定ミスを行うと、いかに精緻な被験者実験を行っても欲しい情報には行き着かない。4.2.2節で紹介した評価グリッド法では、顧客の潜在的要求を言葉として抽出し、この結果から形容詞対を選定した。例えば、ドライヤという製品そのものを多面的に評価する場合には評価グリッド法は有効である。一方で、評価グリッド法で抽出された音、持ちやすさ、見た目といった要因をさらに細く分析した場合には、各項目に特化したより細かい形容詞対が必要となってくる。

ここでは、ある製品の音を向上させることを目的に、SD法に使用する形容詞対の選定手順について述べる。手順は以下の通りである。

①印象の異なる数種類の製品音を準備する

②音の関係する形容詞をできるだけ多く集める

③列挙した形容詞が聞いた音の印象に当てはまるか判定してもらう

④音の評価に妥当であると考えられる形容詞対を選定する

⑤選定した形容詞間で反対の意味をなすものを形容詞対とする

音の評価を表現するのに妥当な形容詞の選定を行うために、被験者試験を実施した。被験者試験では、できるだけ多くの形容詞を言語学ハンドブック等から抽出して使用した。**表5-1**に形容詞の例を示す。この段階では製品固有の音は意識せず、音の評価に少しでも関係ありそうな形容詞対を選定した。

【試験手順】

- 試験音源：16音

  自社を含め16機種の音を収録

- 被験者：20名

全ての試験音に対して、表5-1の形容詞が音に合致しているかどうかを「Yes」「No」で回答してもらう。「Yes」には1点、「No」は0点とし、各形容詞の度数を算出する。満点は16音×20名＝320点となる。さらに、聴いた音に 対してどのような印象を持ったかなどの感想も記述してもらい、その内容から、提示した形容詞以外にも妥当だと思われる表現を抽出した。

度数の高い形容詞を**図5-14**に示す。このようにして得られた形容詞を元に、単極尺度法を用いた7段階尺度による印象評価を行った。この結果より、各形容詞間の相関係数を算出、負の相関の高い形容詞を形容詞対とした。**図5-15**に、得られた形容詞対の例を示す。実際にはこれでも形容詞対の数は多いので、数回のSD法の試行実験を行って最終的な形容対を決定した。

(2) 一対比較法の実施例

ドライヤの音の評価に一対比較法を適用した例について説明する。条件は以下の

表5-1　形容詞の例

1	明るい	31	緊張した	61	高い	91	張りつめた
2	鮮やかな	32	くすんだ	62	たるんだ	92	張りのある
3	暖かみのある	33	くどい	63	小さい	93	引き締まった
4	あっさりした	34	暗い	64	力強い	94	低い
5	厚みのある	35	軽快な	65	詰まった	95	ひびきのある
6	粗い	36	けばけばしい	66	冷たい	96	拡がりのある
7	荒れた	37	豪華な	67	艶のある	97	貧弱な
8	淡い	38	こしのある	68	つんざくような	98	深みのある
9	安定した	39	ゴテゴテした	69	堂々とした	99	太い
10	薄っぺらな	40	こもった	70	溶け合った	100	ふらついた
11	大きい	41	さらさらした	71	とげとげしい	101	ふんわりした
12	奥行きのある	42	ざらざらした	72	どっしりした	102	平凡な
13	抑えつけたような	43	静かな	73	整った	103	ぼけた
14	おだやかな	44	沈んだ	74	滑らかな	104	細い
15	落ち着いた	45	自然な	75	賑やかな	105	ぼやけた
16	おとなしい	46	しっとりした	76	濁った	106	ぼんやりした
17	重い	47	しなやかな	77	鈍い	107	丸みのある
18	輝かしい	48	締りのない	78	抜けのいい	108	まろやかな
19	角ばった	49	地味な	79	粘っこい	109	満ち足りた
20	かすれた	50	人工的な	80	伸びのある	110	耳障りな
21	かたい	51	芯のある	81	歯切れの悪い	111	めりはりのある
22	軽い	52	すかっとした	82	迫力のある	112	もの足りない
23	かわいた	53	すっきりした	83	激しい	113	やせた
24	かん高い	54	鋭い	84	弾けるような	114	柔らかい
25	汚い	55	澄んだ	85	はずんだ	115	豊かな
26	気の抜けた	56	せわしない	86	はっきりした	116	ゆったりとした
27	きめの細かい	57	繊細な	87	派手な	117	陽気な
28	切れ味のよい	58	爽快な	88	華やかな	118	弱々しい
29	きれいな	59	騒々しい	89	バラバラな	119	立体感のある
30	金属性の	60	粗野な	90	バランスのとれた	120	割れた

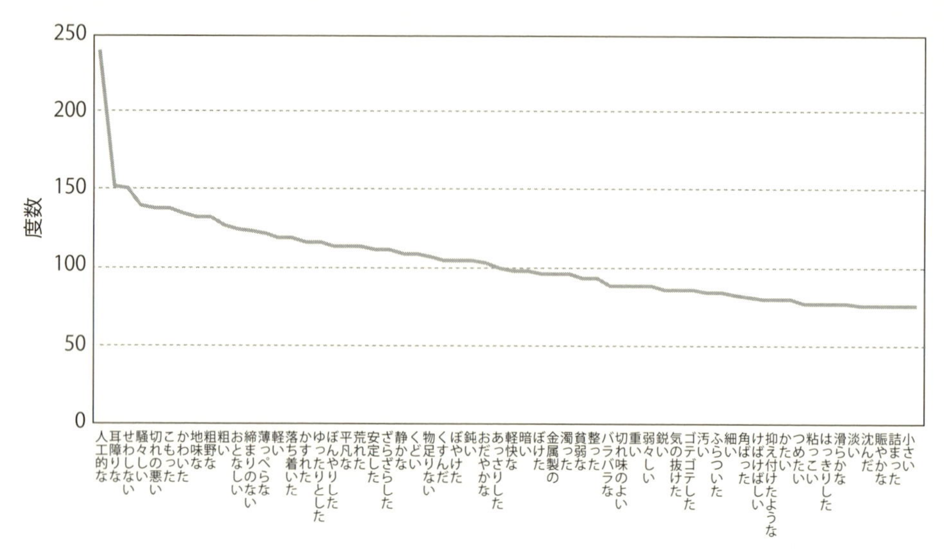

図5-14　各形容詞の度数

	表現語と反対語		相関係数		表現語と反対語		相関係数
1	騒々しい	静かな	−0.963	19	柔らかい	かたい	−0.853
2	低い	高い	−0.959	20	大きな	小さい	−0.852
3	ゆったりとした	せわしない	−0.956	21	自然な	人工的な	−0.849
4	明るい	暗い	−0.952	22	粗い	滑らかな	−0.841
5	派手な	地味な	−0.939	23	締りのない	引き締まった	−0.836
6	高級感のある	安っぽい	−0.925	24	ふらついた	安定した	−0.835
7	おとなしい	賑やかな	−0.913	25	たるんだ	張りのある	−0.831
8	歯切れの悪い	切れ味のよい	−0.905	26	整った	バラバラな	−0.825
9	ふんわりした	とげとげしい	−0.904	27	ぼんやりした	はっきりした	−0.823
10	丸みのある	角ばった	−0.903	28	冷たい	暖かみのある	−0.803
11	濁った	澄んだ	−0.900	29	鋭い	鈍い	−0.795
12	軽い	重い	−0.886	30	抜けのよい	こもった	−0.787
13	おだやかな	激しい	−0.883	31	くどい	あっさりした	−0.783
14	太い	細い	−0.879	32	粗野な	繊細な	−0.781
15	ぼやけた	鮮やかな	−0.875	33	弱々しい	力強い	−0.743
16	汚い	きれいな	−0.872	34	満ち足りた	もの足りない	−0.721
17	薄っぺらな	厚みのある	−0.869	35	緊張した	気の抜けた	−0.685
18	くすんだ	輝かしい	−0.869				

図5-15　形容詞対の例

通りである。

- 試験音源：3機種の製品に対して、無響室で測定した音と実使用環境で測定した音の2種類、計6音源
- 上記6音源の総組合せ6x5/2=15組合せに関して好き嫌いを5段階で回答
- 上記試験を被験者13名に対して実施
- 各音源の好き嫌い度合いを数値化

被験者には、ドライヤ音を2音源ずつ15通り聴いてもらい（ドライヤを使用しているシーンを思い浮かべて）、最初のドライヤ音（A）と次のドライヤ音（B）を比較して5段階評価してもらう（感じたとおりに答えてもらう）。Aが特に好きであれば一番左側を、やや好きであれば左から二番目を、A、B甲乙つけ難い場合は真ん中を、Bがやや好きであれば右から二番目を、Bが特に好きであれば一番右側をチェックする。

図5-16に回答シートを示す。音源は**図5-17**に示すように、2音源を対に15組合せ被験者に提示した。音源は各3秒間流し、被験者が回答を終了したのち、次の組合せの音源に移行した。提示音源の提示方法は恣意的にならないように乱数を振って提示順（15組合せの順番に加えて、一対の先か後かも）を決定した。この提示順は、被験者ごとに変えることが望ましい。

表5-2に15組合せの各音源の番号、各組合せについての被験者13名の回答、13名の回答の平均値、B音源が4点、A音源が0点になるように平均値をシフト（評価にはこれを使用）した結果を示す。次に、この結果を**表5-3**の左上に示すように、6音源間の関係としてマトリクス表示する。さらに0－4を0－1に変換したのが右上である。ここで被験者13名の分布は正規分布になっているものと仮定して、正規分布表を用いて正規分布の距離に変換する。これが左下の表である。

例えば、音源1の項を横に見ていくと音源1は自分との比較であるから当然0である。音源2と音源3との関係は負の値になっている。これは音源1が音源2、音源3より嫌いであることを意味する。一方、音源4、音源5、音源6との関係は正になっている。これは音源1が音源4、音源5、音源6より好きであることを意味する。

音源1と他の音源との関係の平均値を音源1の好感度と定義する。同様にして、音源2から6についても好感度を算出、図示したのが**図5-18**である。ここで、音源1～3は無響室でのデータ、音源4～6は実使用時のデータで音源1、4はa社製品、音源2、5はb社製品、音源3、6はc社製品である。

評価試験シート

名前＿＿＿＿＿＿

	A <<	<	0	>	B >>
1	☐	☐	☐	☐	☐
2	☐	☐	☐	☐	☐
3	☐	☐	☐	☐	☐
4	☐	☐	☐	☐	☐
5	☐	☐	☐	☐	☐
6	☐	☐	☐	☐	☐
7	☐	☐	☐	☐	☐
8	☐	☐	☐	☐	☐
9	☐	☐	☐	☐	☐
10	☐	☐	☐	☐	☐
11	☐	☐	☐	☐	☐
12	☐	☐	☐	☐	☐
13	☐	☐	☐	☐	☐
14	☐	☐	☐	☐	☐
15	☐	☐	☐	☐	☐

図5-16　一対比較法の回答用紙例

	A		B	
	音源	音データ	音源	音データ
1	6		2	
2	3		1	
3	2		5	
4	3		5	
5	6		1	
6	4		1	
7	5		4	
8	2		3	

	A		B	
	音源	音データ	音源	音データ
9	4		6	
10	4		3	
11	2		4	
12	5		6	
13	1		2	
14	3		6	
15	1		5	

図5-17　一対比較法の際の音提示例

表5-2 一対比較法の結果（生データ）

15対の提示音源に対する被験者13名の回答

平均値

1	5															
A音源	B音源	1	2	3	4	5	6	7	8	9	10	11	12	13	AVRAGE	
6	2	5	4	5	5	5	5	4	5	5	4	5	5	5	4.77	3.77
3	1	1	5	5	1	4	1	2	4	3	2	4	1	2	2.69	1.69
2	5	2	1	2	1	1	1	1	2	1	1	2	1	1	1.31	0.31
3	5	1	1	1	1	1	1	1	1	1	1	2	1	1	1.08	0.08
6	1	5	5	4	5	4	5	5	4	5	4	5	4	5	4.62	3.62
4	1	5	5	5	5	4	5	5	5	5	4	5	5	5	4.85	3.85
5	4	4	2	3	2	3	2	3	3	2	3	4	3	2	2.77	1.77
2	3	4	4	4	3	4	3	5	4	4	4	4	3	5	3.92	2.92
4	6	4	3	4	4	4	4	3	3	4	4	4	2	3	3.54	2.54
4	3	5	5	5	5	5	5	5	5	5	5	5	5	5	5.00	4.00
2	4	1	1	1	1	1	1	2	1	1	1	2	1	1	1.15	0.15
5	6	5	2	4	3	4	4	3	3	3	3	4	3	3	3.38	2.38
1	2	4	1	5	3	5	2	2	4	5	4	2	4	4	3.46	2.46
3	6	1	2	1	1	1	1	2	1	1	1	2	1	1	1.23	0.23
1	5	1	2	2	1	1	1	1	1	1	1	1	2	1	1.23	0.23

B音源が4点、A音源が0点になるように
平均値をシフト（評価にはこれを使用）

表5-3 一対比較法の分析プロセス

表5-2の結果をマトリクス表示　　0-4を0-1に変換

	1	2	3	4	5	6	1	2	3	4	5	6
1	2.00	1.54	1.69	3.85	3.77	3.62	0.50	0.38	0.42	0.96	0.94	0.90
2	2.46	2.00	1.08	3.85	3.69	3.77	0.62	0.50	0.27	0.96	0.92	0.94
3	2.31	2.92	2.00	4.00	3.92	3.77	0.58	0.73	0.50	1.00	0.98	0.94
4	0.15	0.15	0.00	2.00	1.77	1.46	0.04	0.04	0.00	0.50	0.44	0.37
5	0.23	0.31	0.08	2.23	2.00	1.62	0.06	0.08	0.02	0.56	0.50	0.40
6	0.38	0.23	0.23	2.54	2.38	2.00	0.10	0.06	0.06	0.63	0.60	0.50

正規分布の距離に変換

	1	2	3	4	5	6	合計	平均値	音源
1	0.00	−0.31	−0.20	1.75	1.55	1.23	4.02	0.67	a
2	0.31	0.00	−0.61	1.75	1.40	1.55	4.40	0.73	b
3	0.20	0.61	0.00	5.00	2.25	1.55	9.61	1.60	c
4	−1.75	−0.75	−5.00	0.00	−0.15	−0.33	−7.98	−1.33	au
5	−1.55	−1.40	−2.25	0.15	0.00	−0.25	−5.30	−0.88	bu
6	−1.23	−1.55	−1.55	0.33	0.25	0.00	−3.75	−0.63	cu

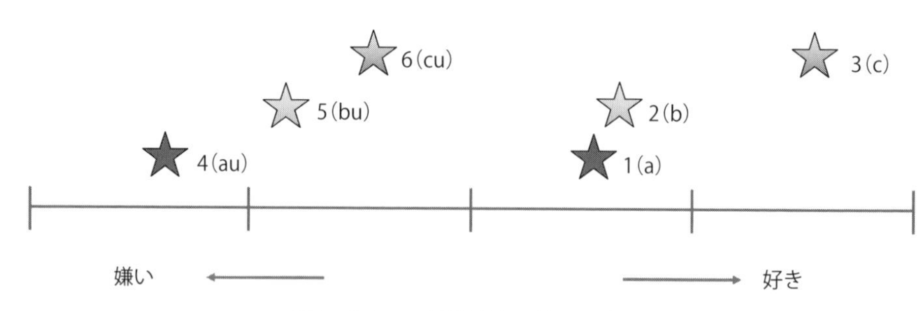

図5-18　一対比較法の結果の表示

このように、実使用時には音圧そのものが無響室の時よりも大きくなるので、好感度は悪くなる。ただ、製品ごとの好感度（c＞b＞a）は実使用時も無響室でも同じである。このように、一対比較法により好き嫌いといった微妙な情報を数値化することができる。

5.2.6　統計的手法

デライト設計では、人の感性を対象とする。人の感じ方は百人百様であり、人の感性データは何らかの処理をしないとデライト設計には適用できない。ここで強力な武器となるのが、統計的手法である。ここでは、統計的手法のいくつかに関して、何を入力とすると何が得られるのかといった視点で紹介する。統計的手法そのものについて詳しく知りたい読者は、井上勝雄著の「エクセルによる調査分析入門」を参照されたい。

以下、**表5-4**の感性に関する原データを用いて統計的手法の説明を行う。表5-4は18機種のドライヤを実際に37名の被験者に使用してもらい、14形容詞対によるSD法（5点法を採用）に回答してもらった結果である。

表5-4の値は37名の平均値を示す。まさにこの平均値が、百人百様の人の感性をマクロに知る統計的手法である。一般に、被験者をある領域（若い女性、年配の女性、ビジネスマン、学生等）に絞った場合には、10数名以上の被験者数であればその平均値はその領域の人の感性を表現していると言われている。

被験者数37名には男女差、年齢差を含むため、比較的多い被験者数に設定した。表5-4には平均値のみ示しているが、同時に分散も計算することにより、当該製品

表5-4　感性に関する原データ

機種番号	装飾的な	持ちやすい	高級感がある	シンプルな	ドライヤらしさがある	質感が良い	収納性が良い	魅力的	新しい	使いやすい	性能が良い	重量バランスが良い	操作性が良い	音が良い
1	4.1	3.7	3.6	3.1	3.6	3.5	3.4	3.2	2.9	3.5	3.1	3.8	3.7	3.3
2	2.6	3.8	1.9	3.3	2.4	3.0	2.1	1.9	2.8	1.6	2.1	3.6	1.7	2.9
3	3.2	3.9	4.1	4.2	3.8	4.1	3.7	3.7	3.5	3.5	3.4	3.9	3.2	3.8
4	2.9	3.8	2.5	3.4	3.9	3.0	4.0	2.9	2.3	3.7	2.8	3.7	3.9	3.4
5	2.9	3.8	2.9	3.9	3.7	3.6	3.9	2.9	2.5	3.7	3.1	3.6	3.7	3.1
6	3.4	3.2	3.3	3.1	3.6	3.2	1.7	2.8	3.0	2.6	3.2	2.9	2.4	2.6
7	3.8	3.3	3.8	3.0	3.7	3.5	1.9	2.9	3.3	2.4	3.4	2.6	2.7	3.4
8	3.9	3.5	4.3	3.5	3.7	3.9	3.4	3.8	3.5	3.7	3.8	3.2	3.6	3.4
9	3.4	2.8	3.4	3.2	3.4	3.2	3.0	2.6	3.5	2.9	3.4	2.8	2.8	2.8
10	2.4	2.1	2.4	3.5	3.8	2.7	1.4	2.2	1.9	2.7	3.1	2.0	3.0	3.4
11	3.3	3.7	3.6	3.9	3.4	3.6	3.3	3.5	3.4	3.6	3.4	3.6	3.5	3.2
12	2.6	3.9	2.6	4.2	3.8	3.5	3.6	2.9	2.5	4.0	3.1	3.8	4.0	3.2
13	3.5	3.2	3.4	3.4	3.2	3.6	3.3	3.4	3.8	3.4	4.1	3.4	3.6	4.0
14	3.2	4.0	2.9	4.1	3.9	3.3	4.2	3.1	2.8	4.0	3.1	3.9	3.9	3.8
15	4.4	3.8	4.5	2.7	3.3	4.0	1.6	3.7	4.4	3.4	4.0	3.5	3.3	3.4
16	2.6	4.1	2.4	4.6	2.9	2.7	4.5	3.0	2.8	3.9	2.5	4.1	3.6	3.2
17	3.1	3.5	3.3	3.2	3.8	3.5	2.9	3.2	3.1	2.9	3.8	3.2	3.2	3.6
18	2.4	2.6	1.9	3.1	2.7	2.8	1.4	2.0	2.3	2.2	2.7	2.7	2.4	3.2

に対する当該形容詞に対する被験者の感性のばらつきを知ることができる。分散が小さい場合には（この場合には）男女差、年齢差がないこと意味する。一方、分散が大きい場合には男女差、年齢差が大きい可能性があり、男女差の分析等より詳細な検討を行うことにより、さらに有益な結果が得られる可能性がある。デライト設計で最もよく使用される統計的手法として主成分分析、因子分析、重回帰分析、クラスタ分析に関して以下説明する。

(1) 主成分分析

主成分分析のイメージを**図5-19**に示す。主成分分析は多次元のデータ空間（図5-19では二次元空間のみ表示）を主軸に変換する方法である。簡単に説明すると、分散が最大となる軸を主成分1とし、これと直交する軸を主成分2とする。図5-19ではf_1が第1主成分、f_2が第2主成分となる。データ空間が3次元以上の場合も同様に考えて計算する。ここでは前述の井上勝雄氏制作のエクセルVBAを用いて解析例を示す。入力データは表5-4の感性に関する原データとする。種々のドライヤに

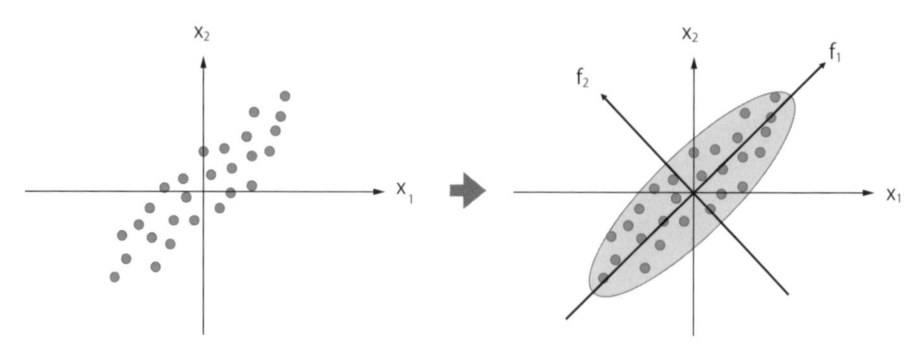

図5-19　主成分分析のイメージ

関する人の感じ方（嗜好性）を主成分分析で評価する。

表5-5に主成分分析の解析例を示す。ここではドライヤの印象評価語を14にしているので、理論上は14の主成分が存在する。ただ、実際には人の感じ方に寄与する寄与率の累積が95%であれば評価上十分である。そこで、表5-5には累積寄与率95%までの結果（第6主成分まで）を示している。

主成分は固有ベクトルとして定義される。第1主成分では収納性が良い、使いやすい、操作性が良いが高い値を示しており、第1主成分は「使いやすさ」に関する軸と考えることができる。また、第2主成分は高級感がある、装飾的な、新しいが高い値となっており、第2主成分は「見た目」に関する軸と考えられる。同様に、第3主成分は「持ちやすさ」、第4主成分は「派手さ」、第5主成分は「音」の軸となる。ただ、寄与率からいうと、第1主成分と第2主成分で累積寄与率が80%であることより、ドライヤに関しては「使いやすさ」と「見た目」が重要であることを主成分分析の結果は示している。

主成分得点は、対象とした18機種のドライヤの各主成分の合成軸上の値を示す。例えば、第1主成分に関しては機種14が最も高い値、機種18が最も低い値を示している。これは機種14が最も使いやすく、機種18が最も使いにくいことを意味する。同様に、第2主成分に関しては機種15が最も高く、機種16が最も低い。すなわち、機種15が最も見た目が良く、機種16が最も見た目が悪いという評価になる。

以上のドライヤ評価語（14種類）の第1主成分と第2主成分の散布図を**図5-20**に、18機種のドライヤの主成分得点（第1主成分と第2主成分）の散布図を**図5-21**に示す。

表5-5　主成分分析の解析例

●主成分分析　［注］累積寄与率が（95%）以内を表示

	第1主成分	第2主成分	第3主成分	第4主成分	第5主成分	第6主成分
固有値（分散）	2.399	1.643	0.442	0.161	0.129	0.109
寄与率（%）	47.308	32.391	8.715	3.178	2.540	2.158
累積寄与率（%）	47.308	79.699	88.414	91.592	94.132	96.290

固有ベクトル（合成軸）

形容詞	第1主成分	第2主成分	第3主成分	第4主成分	第5主成分	第6主成分
装飾的な	0.135	0.377	0.133	0.456	0.005	−0.282
持ちやすい	0.243	−0.086	0.446	0.245	0.148	0.412
高級感がある	0.251	0.508	−0.015	0.012	−0.390	0.152
シンプルな	0.178	−0.268	−0.009	−0.478	−0.247	0.364
ドライヤらしさがある	0.133	0.043	−0.430	0.269	−0.309	0.307
質感が良い	0.159	0.224	0.065	−0.083	−0.081	0.319
収納性が良い	0.554	−0.371	0.081	−0.101	−0.385	−0.517
魅力的	0.298	0.217	−0.018	−0.133	0.059	0.155
新しい	0.141	0.380	0.341	−0.359	0.106	−0.253
使いやすい	0.402	−0.096	−0.248	0.136	0.191	0.016
性能が良い	0.120	0.317	−0.272	−0.290	0.155	−0.110
重量バランスが良い	0.260	−0.145	0.422	0.119	0.240	0.153
操作性が良い	0.343	−0.084	−0.369	0.188	0.410	−0.053
音が良い	0.090	0.037	−0.145	−0.338	0.462	0.062

主成分得点（合成軸上の座標）

機種番号	第1主成分	第2主成分	第3主成分	第4主成分	第5主成分	第6主成分
1	0.908	0.368	0.138	0.887	0.057	−0.272
2	−2.652	−1.124	1.780	−0.058	−0.014	0.073
3	1.570	0.482	0.319	−0.646	−0.417	0.562
4	0.766	−1.489	−0.358	0.647	0.166	−0.195
5	0.937	−1.046	−0.217	0.151	−0.265	0.078
6	−1.566	0.803	0.105	0.383	−0.421	0.236
7	−1.094	1.527	−0.026	0.180	−0.273	0.159
8	1.413	1.287	−0.294	−0.078	−0.348	−0.100
9	−0.644	0.607	−0.058	−0.101	−0.644	−0.801
10	−2.632	−0.479	−1.697	−0.186	0.055	0.203
11	0.966	0.288	0.178	−0.234	−0.123	0.123
12	1.044	−1.381	−0.353	0.082	0.192	0.476
13	0.772	0.832	−0.195	−0.728	0.577	−0.555
14	1.601	−1.098	−0.198	0.133	0.169	0.064
15	0.409	2.848	0.554	0.275	0.734	0.211
16	1.209	−2.240	0.671	−0.303	0.049	−0.212
17	0.025	0.507	−0.267	−0.234	0.107	0.021
18	−3.033	−0.692	−0.083	−0.171	0.399	−0.072

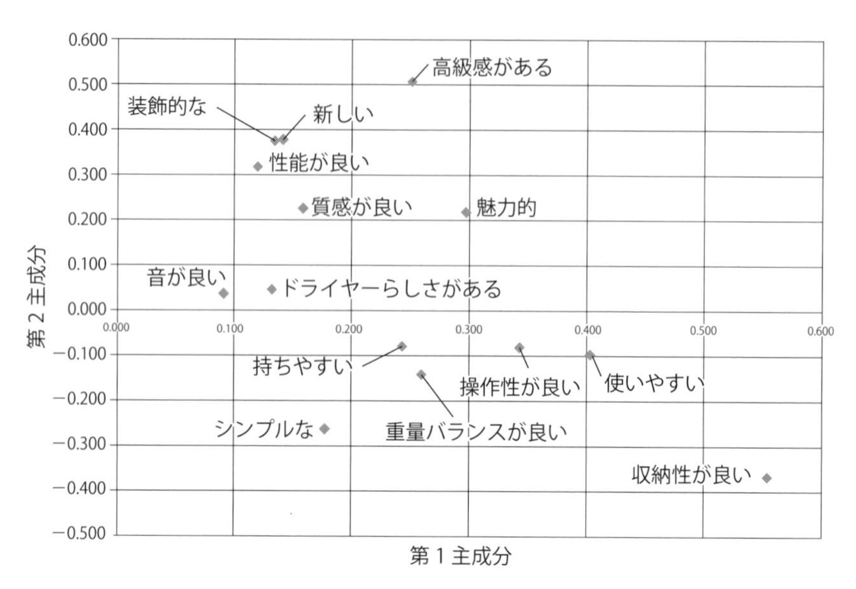

図5-20　ドライヤ評価語の第１主成分と第２主成分の散布図

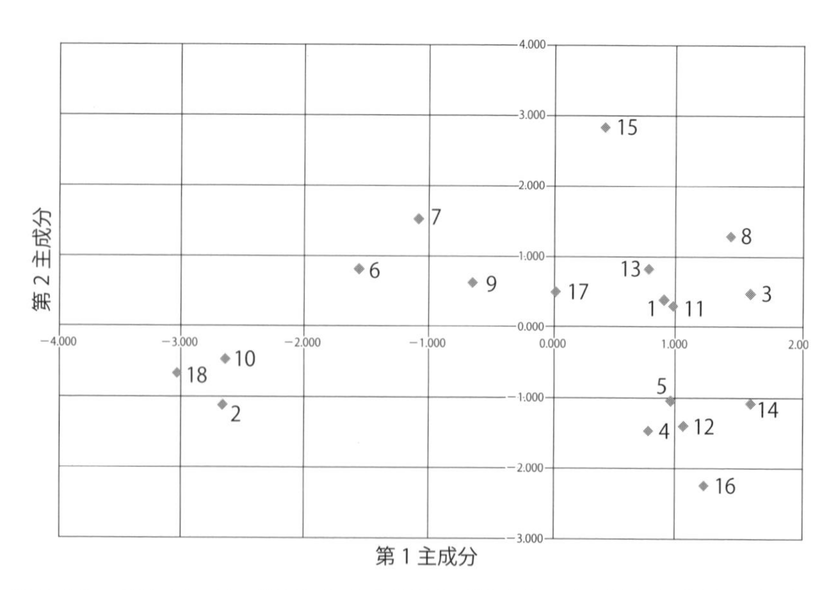

図5-21　ドライヤ（18機種）の主成分得点（第１主成分と第２主成分）の散布図

(2) 因子分析

因子分析と主成分分析は一見よく似ているが、主成分分析が機械的に定義、導出されるのに対して、因子分析の場合には知りたいことを仮定して因子を求める点が異なっている。イメージで書くと、因子分析と主成分分析の違いは**図5-22**のように表現することができる。すなわち、主成分分析はデータの詳細には触れず、あくまでも分散が最大の軸を第1主成分として順次第2主成分以下求めていくのに対し、因子分析の場合にはデータの特徴を考慮して因子を算出していく。これらの詳細に関しては、前述の井上勝雄氏の著書を参考にされたい。

因子分析の場合には、最初に計算したい因子の数を決める必要がある。この因子の数の設定によって結果は異なってくる。

主成分分析で、使いやすい、見た目、持ちやすさ、派手さ、音と5つの主成分が導出されたので、ここでは主成分分析と同様に表5-4の感性に関する原データを用いて、算出因子数を5に設定して因子分析を行った。結果を**表5-6**に示す。

ここでは算出因子数を5に設定しているので、因子1から因子5まで5つの因子の各形容詞語に対する因子負荷量が表示されている。表中のバリマックス回転とは、

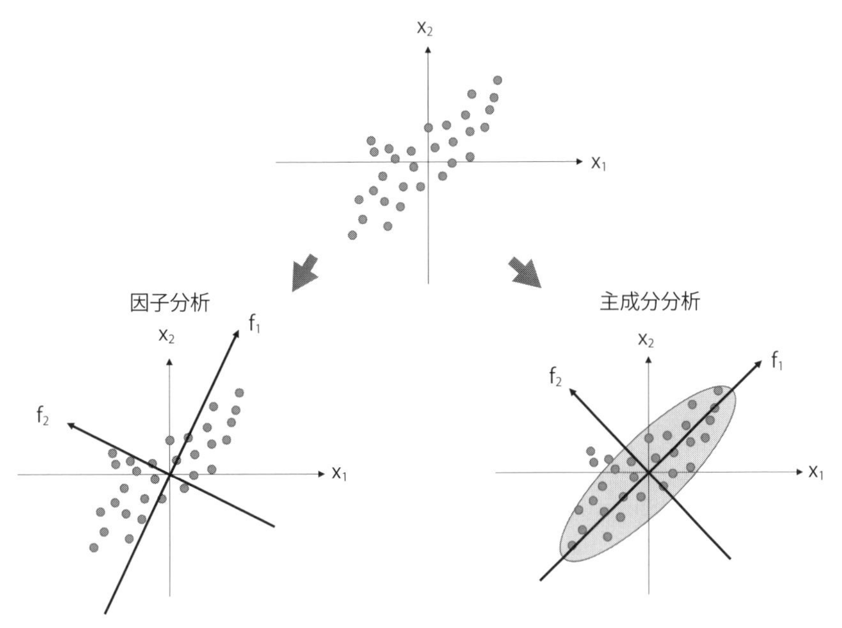

図5-22 因子分析と主成分分析の違いのイメージ

表5-6　因子分析の解析例

●因子分析法

共通性の初期値推定の方法＝SMC

■反復後の因子負荷量の推定値

因子負荷量	因子1	因子2	因子3	因子4	因子5	共通性
装飾的な	0.633	−0.609	−0.203	−0.273	−0.031	0.889
持ちやすい	0.566	0.500	−0.521	−0.138	−0.029	0.862
高級感がある	0.794	−0.577	−0.031	−0.017	−0.295	1.052
シンプルな	0.234	0.857	0.061	0.444	−0.270	1.063
ドライヤらしさがある	0.503	0.045	0.605	−0.218	−0.202	0.710
質感が良い	0.797	−0.366	−0.112	0.056	−0.084	0.792
収納性が良い	0.563	0.711	−0.015	−0.014	−0.012	0.823
魅力的	0.971	−0.123	−0.005	0.090	−0.006	0.966
新しい	0.624	−0.575	−0.411	0.239	0.091	0.955
使いやすい	0.762	0.516	0.217	−0.090	0.014	0.903
性能が良い	0.663	−0.609	0.325	0.207	0.161	0.985
重量バランスが良い	0.551	0.642	−0.528	−0.087	0.124	1.018
操作性が良い	0.735	0.485	0.395	−0.152	0.209	0.999
音が良い	0.447	0.019	0.241	0.199	0.264	0.367
二乗和（固有値）	6.007	3.963	1.512	0.528	0.373	
（寄与率）	48.51	32.00	12.21	4.27	3.01	

■バリマックス回転後の結果

因子負荷量因子	因子1	因子2	因子3	因子4	因子5	共通性
装飾的な	0.855	0.052	0.104	−0.378	−0.038	0.889
持ちやすい	0.199	0.902	0.004	0.059	−0.069	0.862
高級感がある	0.991	−0.013	0.265	0.001	−0.010	1.052
シンプルな	−0.285	0.546	0.191	0.795	0.122	1.063
ドライヤらしさがある	0.208	−0.012	0.803	0.060	0.135	0.710
質感が良い	0.842	0.182	0.157	0.005	0.162	0.792
収納性が良い	−0.044	0.763	0.359	0.272	0.190	0.823
魅力的	0.774	0.377	0.316	0.094	0.340	0.966
新しい	0.901	0.093	−0.300	−0.066	0.201	0.955
使いやすい	0.152	0.628	0.596	0.173	0.316	0.903
性能が良い	0.761	−0.273	0.245	−0.055	0.518	0.985
重量バランスが良い	0.074	1.001	−0.044	0.061	0.068	1.018
操作性が良い	0.064	0.537	0.681	0.029	0.491	0.999
音が良い	0.212	0.100	0.196	0.072	0.518	0.367
二乗和（固有値）	4.654	3.651	2.026	0.912	1.141	
（寄与率）	37.58	29.48	16.36	7.36	9.21	

各因子の寄与率が総じて大きくなるように直交する軸を回転したもので、因子分析の考察はバリマックス回転後の結果を用いて行う。

バリマックス回転後の因子1と因子2の負荷量を散布図として表示したのが**図5-23**である。図5-20の主成分分析の第1主成分と第2主成分の散布図に比べて、因子分析の散布図の方が、ドライヤ評価語が各軸近くに散布していることが分かる。また、14の評価語が「高級感」、「操作性」という二つの大きな塊になっており、音、ドライヤらしさがこれら二つの塊とは離れていることが見て取れる。

(3) 重回帰分析

重回帰分析は、特定の変数（目的変数）を残りの変数（説明変数）の1次式で予測する方法である。表5-4のデータから5種類の評価語を抽出、**表5-7**に示すように、「高級感がある」を目的変数とし、残りの「質感が良い」、「使いやすい」、「性能が良い」、「音が良い」を説明変数として、重回帰分析を行ってみる。高級感という言葉は高位の語であると考えられるので、これをより低位の語で表現できないかというのがここで重回帰分析を行う背景にある。

重回帰分析の解析例を**表5-8**に示す。関係式の適合度を示す決定係数が0.856、重相関係数が0.925とまずまずの精度を有している。この場合の回帰式を偏回帰係数から求めると

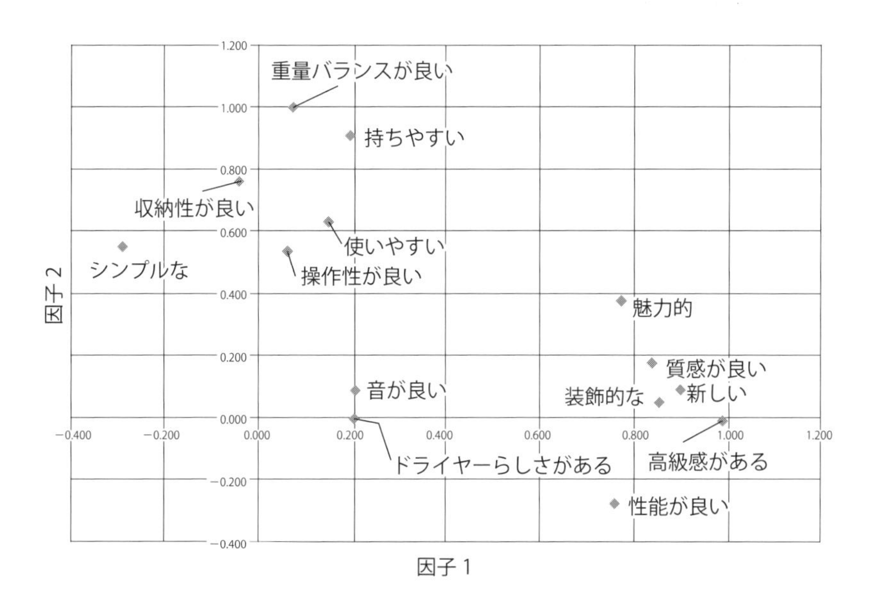

図5-23　ドライヤ評価語の因子1と因子2の散布図

表5-7　重回帰分析の原データ

機種番号	説明変数				目的変数
	質感が良い	使いやすい	性能が良い	音が良い	高級感がある
1	3.5	3.5	3.1	3.3	3.6
2	3.0	1.6	2.1	2.9	1.9
3	4.1	3.5	3.4	3.8	4.1
4	3.0	3.7	2.8	3.4	2.5
5	3.6	3.7	3.1	3.1	2.9
6	3.2	2.6	3.2	2.6	3.3
7	3.5	2.4	3.4	3.4	3.8
8	3.9	3.7	3.8	3.4	4.3
9	3.2	2.9	3.4	2.8	3.4
10	2.7	2.7	3.1	3.4	2.4
11	3.6	3.6	3.4	3.2	3.6
12	3.5	4.0	3.1	3.2	2.6
13	3.6	3.4	4.1	4.0	3.4
14	3.3	4.0	3.1	3.8	2.9
15	4.0	3.4	4.0	3.4	4.5
16	2.7	3.9	2.5	3.2	2.4
17	3.5	2.9	3.8	3.6	3.3
18	2.8	2.2	2.7	3.2	1.9

高級感＝-1.497+1.132x 質感 +0.044x 使いやすさ +0.650x 性能 -0.421x 音

となる。一方、標準偏回帰係数を用いると、

高級感＝0.618x 質感 +0.038x 使いやすさ +0.431x 性能 -0.186x 音

となる。標準偏回帰係数の方が、定数項がなくなり説明変数の影響を直接判断できるという利点がある。これより、「高級感」には「質感」と「性能」が関係していて、「音」は影響が小さいことが分かる。

(4) クラスタ分析

主成分分析、因子分析では、結果を二次元の散布図にすることで可視化した。これとは別に、グラフによる方法で可視化する方法としてクラスタ分析がある。クラスタ分析には多くの手法があり、詳しくは井上勝雄氏の著書を参考にしていただきたいが、ここではそのうち、ウォード法を用いてドライヤの14の評価語をクラスタ分析した結果を**図5-24**に示す。

この図は一般に、樹形図（デンドログラム）と呼ばれる。因子分析の結果と比較

表5-8　重回帰分析の解析例

●重回帰分析

回帰統計	
決定係数(R^2)	0.856
重相関係数(R)	0.925

X値	偏回帰係数（分散共分散）	標準偏回帰係数（相関係数）	偏相関係数
1	1.132	0.618	0.737
2	0.044	0.038	0.092
3	0.650	0.431	0.597
4	−0.421	−0.186	−0.391
定数（切片）	−1.497		

データ番号	観測値	予測値	残差
1	3.62	3.232	0.389
2	1.86	2.072	−0.207
3	4.08	3.908	0.173
4	2.46	2.482	−0.022
5	2.92	3.399	−0.480
6	3.27	3.256	0.014
7	3.81	3.360	0.450
8	4.32	4.169	0.155
9	3.41	3.289	0.116
10	2.35	2.243	0.108
11	3.65	3.571	0.077
12	2.65	3.261	−0.612
13	3.38	3.702	−0.324
14	2.92	2.802	0.117
15	4.46	4.334	0.125
16	2.35	1.972	0.379
17	3.27	3.532	−0.262
18	1.95	2.143	−0.197

分散分析表

	自由度	平方和	不偏分散	分散比	有意F	判定
回帰	4	8.753	2.188	19.297	0	*
残差	13	1.474	0.113			
全体	17	10.227				(F<0.05)

偏回帰係数の検定

X値	偏回帰係数	標準誤差	t	P−値	判定	F−値
1	1.132	0.288	3.926	0.002	*	15.415
2	0.044	0.131	0.332	0.745		0.110
3	0.650	0.242	2.685	0.019	*	7.208
4	−0.421	0.275	1.531	0.150	2.343	

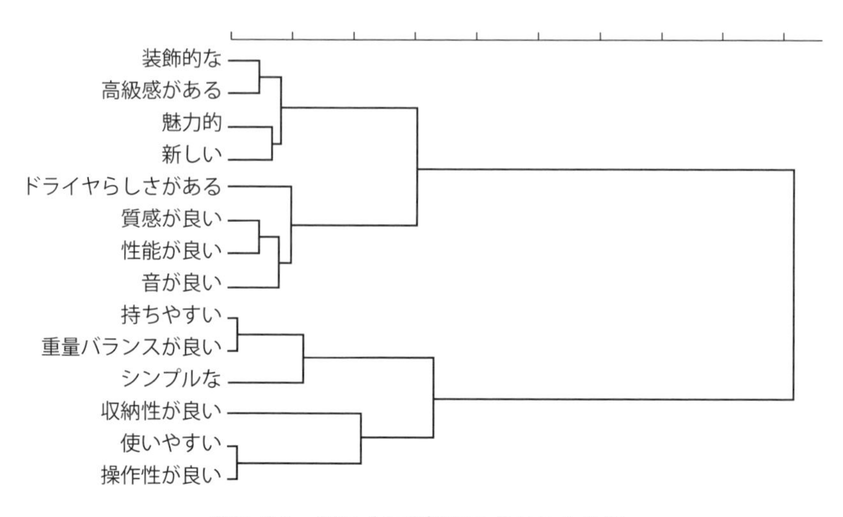

図5-24　ドライヤ評価語のクラスタ分析

的似ているが、細かく見ていくと、因子分析では無関係であった「音」と「質感」「性能」がクラスタ分析では同じクラスタになっており、さらにこれらが「ドライヤらしさ」とクラスタを構成している。因子分析では、「音」と「ドライヤらしさ」は近くに存在しており、この理由は明確ではなかったが、クラスタ分析の結果から、「質感」「性能」に合った「音」を付加することにより、「ドライヤらしさ」が生まれるという解釈も成り立つ。

5.2.7　ラフ集合

感性データの新しい解析手法としてラフ集合がある。ラフ集合の詳細に関しては森典彦氏の著書『人の考え方に最も近いデータ解析法』を参照されたい。ここでは事例を紹介するに止める。

表5-9にラフ集合の原データを示す。23機種のドライヤを買いやすさ、形状、コンパクト、重さ、大きさ、長さ、色、仕上げ、デザインに関する属性を表のようにカテゴリに分類する。評価としては好評、不評、普通、無関心に分ける。ラフ集合論を実行して得たY＝1（好評）の極小条件が**図5-25**の左側である。ここにC.I.（Covering Index）が2/3となる条件に関して枠で囲んだ。この5組の条件をグラフ表現したのが図5-25の右側である。これより

• 黒で艶消しのドライヤ

表5-9　ラフ集合の原データ

機種No.	買いやすさ	形状	コンパクト	重さ	大きさ	長さ	色	仕上げ	デザイン	case1
	A	B	C	D	E	F	G	H	I	Y
U1	A2	B1	C1	D1	E2	F2	G2	H2	I3	2
U2	A3	B2	C2	D2	E1	F1	G1	H2	I3	2
U3	A1	B3	C1	D2	E2	F2	G3	H3	I1	1
U4	A1	B3	C1	D2	E2	F1	G2	H2	I2	3
U5	A1	B3	C1	D1	E1	F1	G1	H1	I2	4
U6	A2	B2	C1	D3	E2	F2	G2	H3	I2	3
U7	A2	B2	C2	D3	E2	F2	G1	H2	I3	3
U8	A2	B2	C1	D3	E3	F2	G4	H2	I3	4
U9	A1	B3	C1	D2	E3	F1	G2	H2	I3	4
U10	A1	B1	C2	D3	E3	F2	G3	H2	I3	1
U11	A3	B3	C1	D2	E2	F2	G3	H2	I2	3
U12	A1	B3	C1	D2	E3	F1	G2	H2	I2	4
U13	A2	B3	C1	D3	E3	F1	G2	H2	I2	3
U14	A2	B1	C2	D3	E3	F2	G1	H2	I2	2
U15	A1	B3	C1	D1	E2	F1	G3	H3	I2	1
U16	A1	B3	C1	D2	E3	F1	G1	H1	I1	3
U17	A3	B3	C1	D2	E2	F2	G1	H1	I1	3
U18	A1	B3	C1	D1	E1	F1	G2	H2	I2	3
U19	A2	B2	C1	D1	E2	F1	G4	H1	I2	4
U20	A1	B2	C2	D3	E2	F2	G4	H1	I3	3
U21	A1	B3	C1	D2	E1	F1	G3	H2	I1	2
U22	A3	B3	C1	D3	E3	F2	G1	H3	I2	3
U23	A3	B2	C2	D2	E2	F2	G1	H2	I2	2
	A1：1000円以下	B1：横吸気	C1：あり	D1：500以下	E1：7以下	F1：200以下	G1：白	H1：光沢	I1：シンプル	1：好評
	A2：1000円～10000円	B2：花瓶型	C2：なし	D2：500～800	E2：7～9	F2：200以上	G2：淡色	H2：普通	I2：普通	2：不評
	A3：10000円以上	B3：ストレート	折りたたみ	D3：300以上	E3：9以上	mm	G3：黒	H3：艶消し	I3：奇抜	3：普通
				gm	x100cc		G4：赤			4：無関心

- ストレートで長目で艶消しのドライヤ
- 艶消しで低価格のドライヤ
- 黒で低価格、通常の大きさのドライヤ
- 黒で低価格、長目のドライヤ

の鎖を基本に、鎖の延長に新たな属性を付加することにより、現状とは異なる新たな価値を持ったドライヤを考える。

Y=1		U3	U10	U15
I1E2A1	1/3	*		
A1D1E2	1/3			*
A1F2B3	1/3	*		
A1F2C1	1/3	*		
A1F2D2	1/3	*		
A1F2I1	1/3	*		
A1F2E3	1/3		*	
A1F2H2	1/3		*	
H3A1	2/3	*		*
A1B1	1/3		*	
A1C2E3	1/3		*	
A1C2H2	1/3		*	
D3A1E3	1/3		*	
D3A1H2	1/3		*	
G3A1E2	2/3	*		*
G3A1F2	2/3	*	*	
G3A1I2	1/3			*
B3D1E2	1/3			*
H3B3E2	2/3	*		*
G3F1E2	1/3			*
I1G3E2	1/3	*		
G3H3	2/3	*		*
G3B1	1/3		*	
G3C2	1/3		*	
G3D3	1/3		*	
G3E3	1/3		*	
G3I3	1/3		*	
G3D1	1/3			*
G3F1I2	1/3			*
I1G3F2	1/3	*		
H3D2	1/3	*		
I1H3	1/3	*		
H3D1	1/3			*
H3F1	1/3			*
C2B1I3	1/3		*	
D3B1I3	1/3		*	
E3B1I3	1/3		*	
E3C2I3	1/3		*	

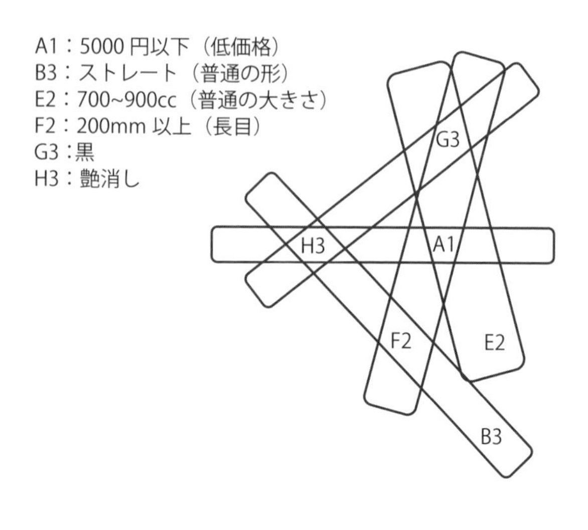

図5-25　ラフ集合の解析例

5.2.8　物理計測

デライト設計では、人の感じ方と物理的な特性との比較により、設計に必要な指標となる製品マップを作成する。従って、製品マップ作成のためには、事前に対象製品の物理特性を取得する必要がある。

物理特性とは言っても、人が感じる物理特性であるから、五感に関係する物理計測となる。聴覚、視覚、触覚が対象となる。聴覚に関しては音の計測が必要となる。**図5-26**に音の計測に必要な構成を示す。音を拾うマイク、録った音を収録するレコーダ、音を物理量に変換する校正器（レコーダには電圧値が記録されているので物理量に変換する必要がある）、物理量をさらに認知量に変換する音質評価ソフトが必要となる。

視覚に関しては、色に関してはRGB特性、形に関しては寸法、視線に関しては視線追尾装置がある。また、触覚に関しては重さ、圧力、粗さが対象となる。実際にデライト設計を行う場合には、臨機応変に必要な物理情報を取得すると良い。ド

図5-26　音の計測に必要な構成

ライヤの場合にはこの他に、流量、温度、加速度、重心（CT情報から算出）を計測した。

また、人の感じ方を物理的に計測する生体情報計測も最近行われている。心拍、筋電、発汗、脳波等の計測が広く行われている。まだ研究段階であるが、動的な事象の感性を測る方法として大きな可能性を秘めている。

5.2.9　製品マップ

デライト設計を行う際の指針となるのが製品マップである。第3章で紹介した音のデザインの際の“音のものさし”も製品マップの一つである。**図5-27**に、ドライヤの音を対象とした製品マップの作成手順を示す。左側の物理指標はドライヤ18機種の4種類の音質指標、中央の官能指標は音の良さに関する被験者37名の平均値（5点法を採用）を示す。物理指標は4種類存在するため、主成分分析により二つの主成分に変換する。官能指標を目的変数とし、物理指標の第1主成分と第2主成分を説明変数として重回帰分析を実行、結果を二次元マップ化したのが製品マップである。図のデータから求めた製品マップを**図5-28**に示す。これは、ドライヤの音の良さに関する製品マップとなる。

上述したのは製品マップの基本的な算出方法であるが、もっと簡便に作成してもデライト設計には有効である。**図5-29**に各種家電製品の音質（横軸にシャープネス、縦軸にラウドネス）を示す。このように、対象製品の音のデザインを行う際に他製品の音質特性を知っていることは重要である。また、**図5-30**には形状に関するマップを示す。ここでは、小さい、大きい、広い、細長い、四角いと言った定性的な表現となっているが、これに人の感じ方をプロットすることにより、デライト設計に使える情報となる。

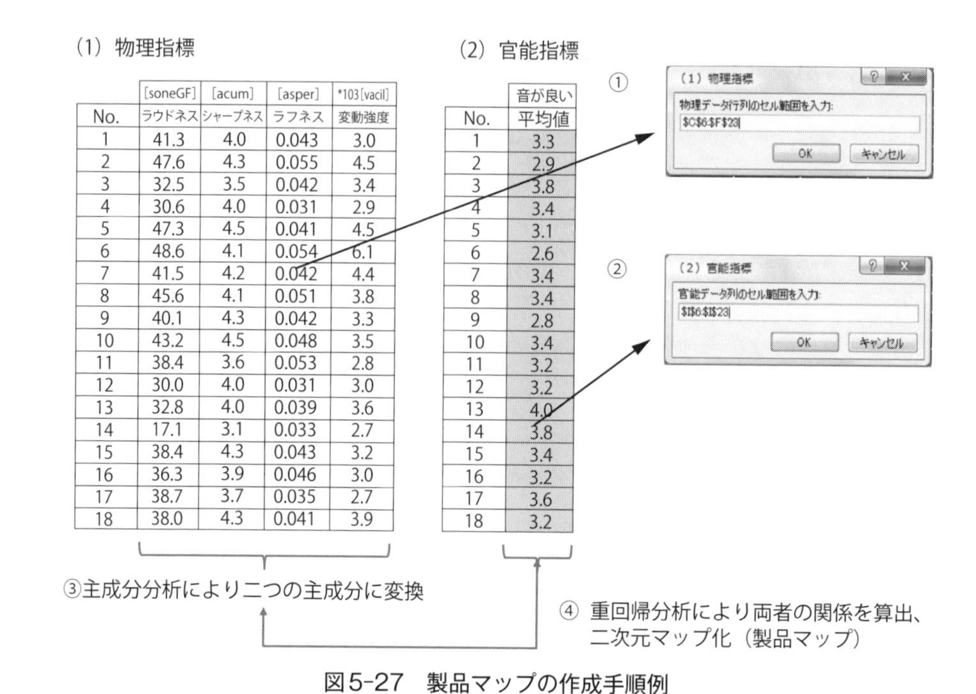

(1) 物理指標

No.	[soneGF] ラウドネス	[acum] シャープネス	[asper] ラフネス	*103 [vacil] 変動強度
1	41.3	4.0	0.043	3.0
2	47.6	4.3	0.055	4.5
3	32.5	3.5	0.042	3.4
4	30.6	4.0	0.031	2.9
5	47.3	4.5	0.041	4.5
6	48.6	4.1	0.054	6.1
7	41.5	4.2	0.042	4.4
8	45.6	4.1	0.051	3.8
9	40.1	4.3	0.042	3.3
10	43.2	4.5	0.048	3.5
11	38.4	3.6	0.053	2.8
12	30.0	4.0	0.031	3.0
13	32.8	4.0	0.039	3.6
14	17.1	3.1	0.033	2.7
15	38.4	4.3	0.043	3.2
16	36.3	3.9	0.046	3.0
17	38.7	3.7	0.035	2.7
18	38.0	4.3	0.041	3.9

(2) 官能指標

No.	音が良い 平均値
1	3.3
2	2.9
3	3.8
4	3.4
5	3.1
6	2.6
7	3.4
8	3.4
9	2.8
10	3.4
11	3.2
12	3.2
13	4.0
14	3.8
15	3.4
16	3.2
17	3.6
18	3.2

図5-27　製品マップの作成手順例

図5-28　製品マップの例：ドライヤの音の良さ

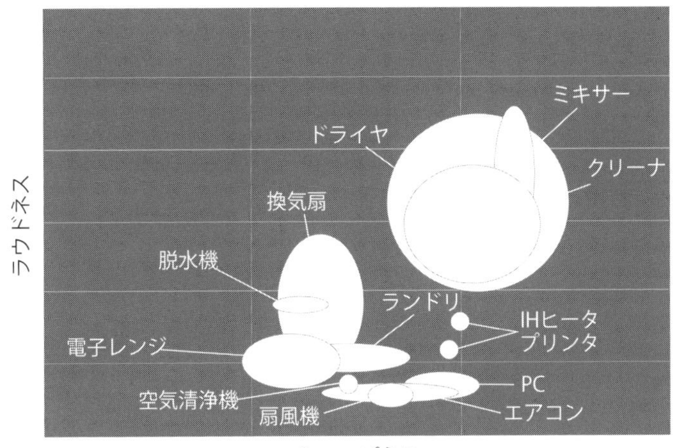

図5-29　家電製品の音質マップ

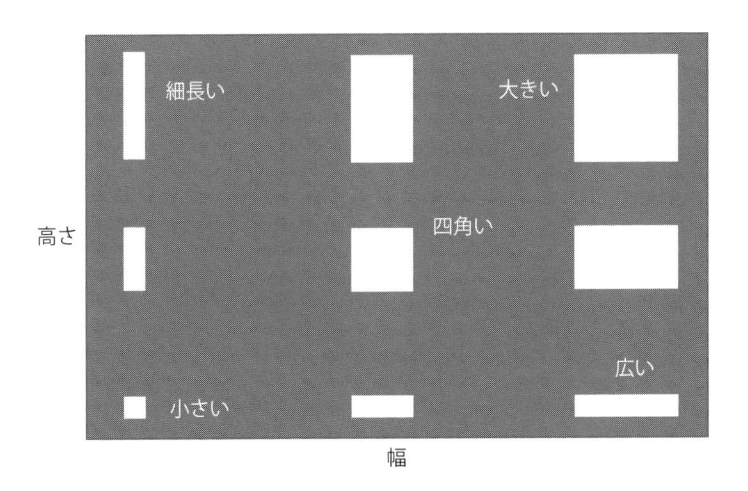

図5-30　形状の基本特性マップ

5.3 デライト実現・生産のための手法

前節で紹介した手法によって、デライト創成・定義ができた。ここでは、これを受けてデライト実現・生産するための手法を紹介する。多くの場合は、エンジニアの知的生産に寄るところが多いが、これを支援する手法として1DCAEの考え方、Ashby法が有効であると考えており、この概要についても触れる。

デライト実現・生産の手順としては、デライト創成・定義から出たコンセプトを物理展開することから始まる。次に、物理展開のシナリオに沿って1DCAEの考え方で1Dモデリング、3Dモデリングを行い、実体化する。試作段階ではラピッドプロトタイピングが威力を発揮する。

一方、材料の視点からデライト設計を行う考え方、手法としてAshby法に基づくAshbyマップを適用する。1DCAEとAshby法の併用により、デザイン、設計、生産を一気通貫したデライト設計の実現が可能となる。これはまさにボトムアップ、擦り合わせを基本とした日本のものづくりに合致している。

5.3.1 コンセプトの物理展開

コンセプトを物理展開するにあたっては、コンセプトを一旦現象に置き換えると良い。**図5-31**にドライヤを例としたコンセプトの物理展開例を示す。現象としては、“流れ”、“材料”、“熱”、“動き”と言った機械工学で言う所の4力に対応づける。この際、「髪の毛を早く優しく乾かす」、「人間工学を考慮した持ち手」、「高域を抑え雑な音がしない音創り」、「見た目に拘る」という4大コンセプトをそれぞれ4つの現象に置き換える。これにより、“流れ”では乾かすことと音を考慮、“材料”では持ち手、見た目を考慮、“熱”では乾かすことと持ち手を考慮、“動き”では音に着して設計を進めることになる。この具体化段階ではファン、モータ、材料等に関する基礎知識が必要となる。ある程度設計が進んだ段階で、次節で紹介する1Dモデリング／3Dモデリングにバトンタッチする。

図5-32に“流れ”の物理展開例を示す。髪を乾かす流量と音の視点での流量のトレードオフ問題をファンの設計問題に置き換える。ファンに関してはゼロから設計することも考えられるが、まずは汎用品で合致するものを形式、大きさ、重量から決定する。

図5-33に“材料”の物理展開例を示す。強度、形状（見た目)、熱特性（持って熱くない）を考慮して材料ならびに筐体の形式を決定する。

図5-34に“熱”の物理展開例を示す。髪を乾かすのに必要な熱量より、ヒータ形式（容量、材料）を決定する。また、持ち手のへの熱の伝熱特性にも配慮する。

図5-35に“動き”の物理展開例を示す。“高域を抑える”を具体的に周波数域で定義し、これを具体化するように音振動の伝達経路を検討、最終的に音振動を最適化するように全体を構成する。

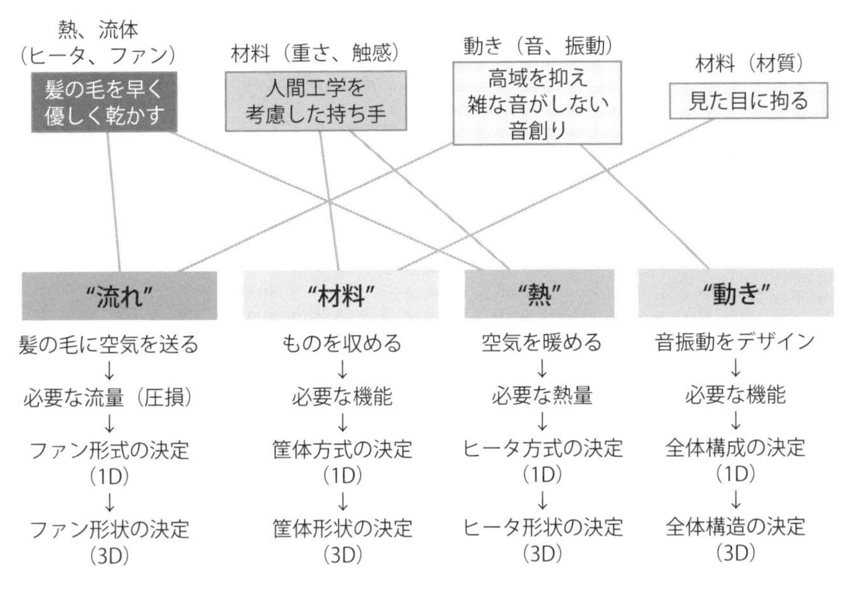

図5-31　コンセプトの物理展開の例

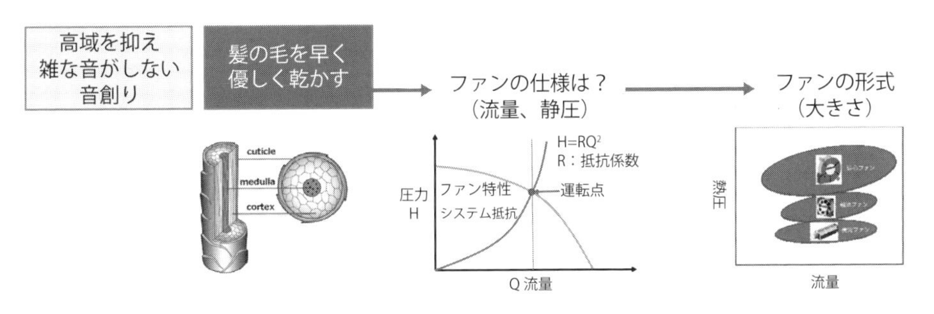

図5-32　"流れ"の物理展開例

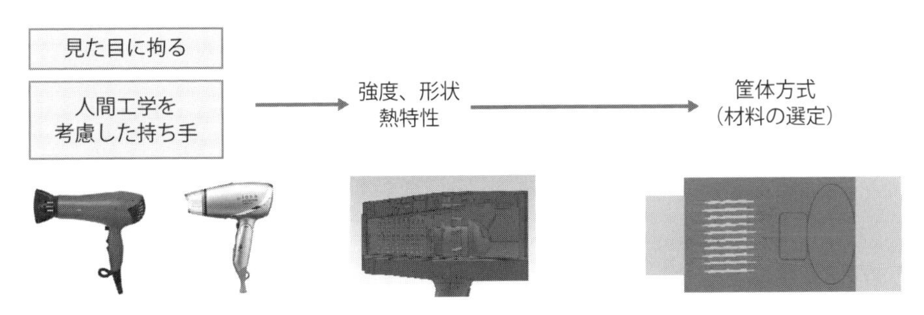

図5-33　"材料"の物理展開例

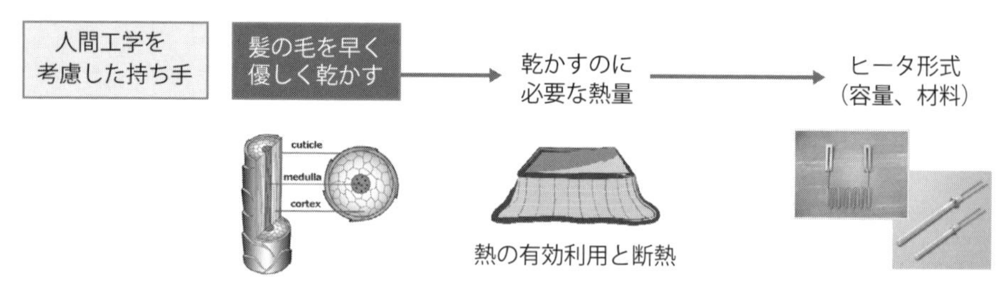

図5-34　"熱"の物理展開例

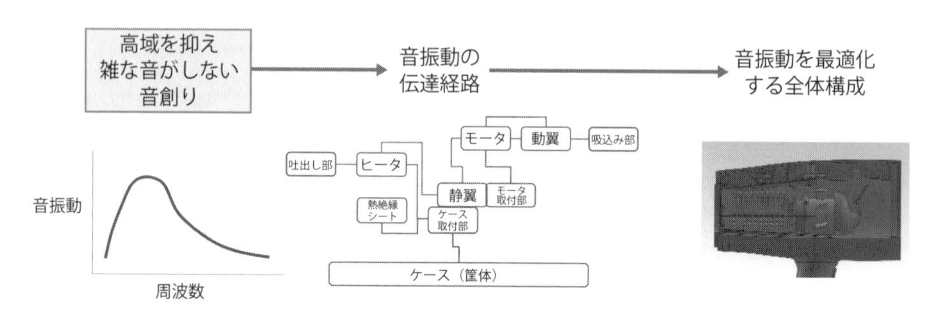

図5-35　"動き"の物理展開例

5.3.2　1Dモデリング／3Dモデリング

デライト設計を具現化する考え方として、1DCAEの考え方並びにこれを具体化する1Dモデリング、3Dモデリングを用いる。1DCAEは言葉として「1DCAEとは上流段階から適用可能な設計支援の考え方、手法、ツールで、1Dは特に一次元であることを意味しているわけではなく、物事の本質を的確に捉え、見通しの良い形式でシンプルに表現することを意味する。1DCAEにより、設計の上流から下流までCAEで評価可能となる。ここで言うCAEは、いわゆるシミュレーションだけでなく、本来のComputer-Aided Engineering を意味する。1DCAEでは、製品設計を行うに当たって（形を作る前に）機能ベースで対象とする製品（システム）全体を表現し、評価解析可能とすることにより、製品開発上流段階での全体適正設計を可能とする。全体適正設計を受けて（この結果を入力として）個別設計を実施、個別設計の結果を全体適正設計に戻しシステム検証を行う。」と定義している。

1DCAEでは、**図5-36**に示すように製品設計を行うに当たって（形を作る前に）機能ベースで対象とする製品（システム）全体を表現し、評価解析可能とすること

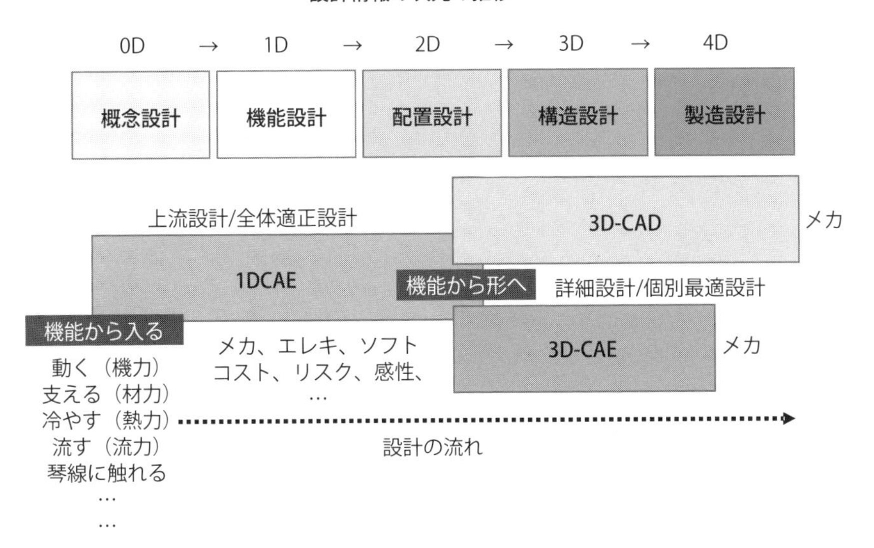

図5-36　1DCAEの位置付け

により、製品開発上流段階での全体適正設計を可能とする。全体適正設計を受けて（この結果を入力として）個別設計を実施、個別設計の結果を全体適正設計に戻しシステム検証を行う。

1DCAEでは製品開発目標を設定、これに則って概念設計、機能設計を行う。製品の機能を考えることにより、設計仕様を仮決定し、3D-CAE部分に受け渡す。

3D-CAEでは1DCAEから受取った仕様に基づいて構造設計、配置設計を行う。3D-CAEはいわゆる構造を考える部分であり、従来のCAD/CAEが威力を発揮する。3D-CAEの結果は1DCAEに戻され、システムとしての機能検証を行う。広義の1DCAEとは**図5-37**に示すように、1DCAEを起点とした3D-CAEも含む設計の枠組みである。

1DCAEは対象とする製品の価値、機能、現象をハード、ソフトに関わらずもれなく記述し、パラメータサーベイを可能とする環境を構築する。目的に応じて、製品を使用する消費者、社会、経済、流通といった非物理現象（実はこちらの方が製品開発にとっては重要）も含む場合がある。

また、1DCAEと3D-CAEの関係は車（自転車）の両輪と考えることもできる。1DCAEにより目標設定を正しく行うための方向付けを行い、3D-CAEにより目標

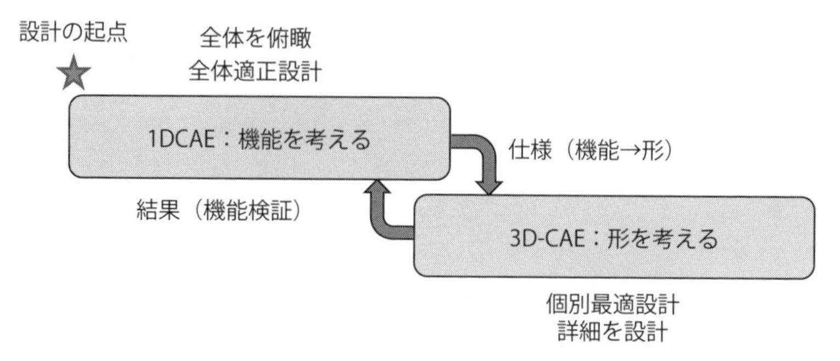

図5-37　1DCAEと3D-CAEの関係

に向かって加速することにより、全体として高い目標を設定でき、かつ、最短でゴールすることを可能とする。

1DCAEが目指すところをそのまま具体化するツールはまだ存在しない。しかしながら、物理モデルシミュレーション（1Dモデリングツール）は1DCAEの考え方を具現化してくれる一つのツールとして有力である。一例として、物理モデルシミュレーションを用いた1DCAEによる稼働ステージの設計イメージを**図5-38**に示す。稼働ステージは稼働テーブル、これを駆動するモータ、機構、モータを駆動する制御（ソフト）からなっている。これを1DCAEの一つの姿である物理モデルシミュレーションで表現すると図5-38のようになる。この段階ではメカ部分の形状は気にしなくてよく、質量、バネ定数といった離散情報だけが必要である。

この1DCAEで最適な質量、バネ定数を決定し、これを実現するように左上の3D-CAD/CAEを用いて形にしていく。ここで決定された詳細情報から、最終的な質量、バネ定数を1DCAEに戻し、稼働ステージとしての機能を検証する。このように、1Dモデリングと3Dモデリングを1DCAEという考え方の元、デライト設計に活用する。

1DCAEは特殊な考え方ではない。昔から、技術者は対象としている製品をモデル化したいと考え、自分の能力の範囲で時間をかけてモデル化、パラメータサーベイをしていた。しかしながら、最近は製品開発のサイクルが短くなり、このようなことでは間に合わなくなった。また、（狭義の）CAEの普及で開発効率は上がったものの、技術者の思考がワンパターン化し、価値ある製品の創出にブレーキがかかってしまった。

1DCAEはこのような現状の課題に対して、一つの解を示してくれる可能性のあ

3D：構造は分かるが機能は見えない

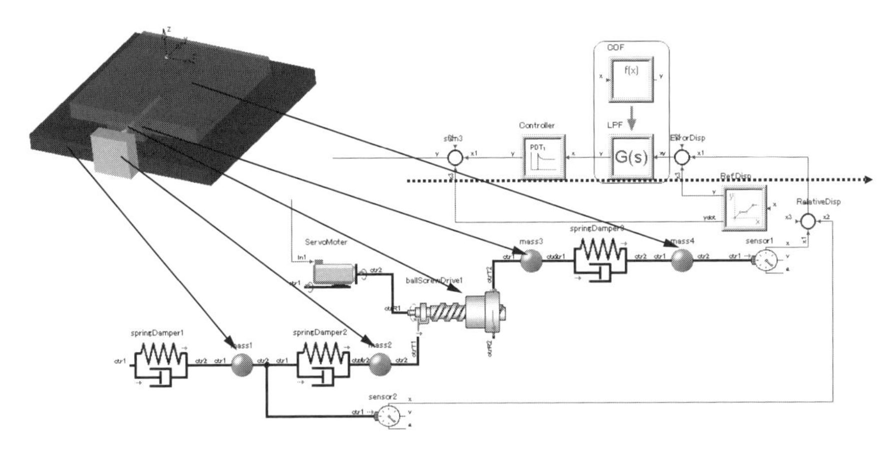

1D：構造は分からないが機能は見える

図5-38　1Dと3Dの比較

る考え方、手法、ツールである。物理的なことを理解していれば、1DCAEを用いて短時間で対象製品をモデル化することが可能である。ここで目指す1DCAEは上記の機能も有しながら、より広範囲により柔軟に設計を支援する概念である。

1DCAEのものづくりの視点からの重要な効果は、上流設計の実現とシステム全体の可視化、エンジニアの育成とこれによりもたらされるものづくりの革新である。

(1) 上流設計の実現

設計上流段階から適用可能なため、広い設計空間を対象とすることができ、結果として新たな価値の創造につながる。また、設計の早い段階で設計の問題点を見つけることができ、結果として設計の質の向上、効率向上につながる。従来の3D-CAE手法は部分最適を可能としていたものの、システム全体を見通した全体最適は不得手であった。1DCAEは全体最適による価値最大化、コスト最小化、リスク最小化を可能とする。

(2) システム全体の可視化

メカ、エレキ、ソフトといった分野を横断した設計仕様の策定が可能となる。これは分野単独の部分最適から、分野横断の全体最適を可能とし、ムリ、ムダを排除できる。また、システム全体での抜けを防止でき、品質向上につながる（安心安全の実現)。さらに、結果の可視化だけでなく、メカ、エレキ、制御といった機能の可視化、機能を実現するパラメータ(数値)の可視化、どの分野を対象としているのかといった情報の可視化を実現する。

(3) エンジニアの育成

1DCAEは、エンジニアの思考を容易に計算機上に具現化してくれる。しかし、これはエンジニアの資質に大きく影響する。1DCAEではこれが3D-CAE以上に如実に表れる。すなわち、1DCAEは物理現象をちゃんと理解していることにより最大の効果を発揮し、考えている対象製品イメージを機能に展開する能力が要求される。

当然、システム全体を対象としているので、自分の専門分野以外のことも知る必要がある。例えば、機械屋だったらモータのことも勉強しないといけないかもしれない。このように、1DCAEはエンジニアに学習を能動的に働きかける重要な効果がある。

図5-39に、1Dモデリング(1DCAE)と3Dモデリング(3D-CAE/CAD)の間のデータの流れを示す。1Dでは設計案の性能をシステムシミュレーション(メカ・エレキ・ソフト統合解析)で予測、性能、デライト性が目標値に収まっていることを確認、あわせてコスト削減効果も確認する。例えば、1Dで決定した質量、バネ定数、減衰係数等の基本情報をもとに、3Dで形状設計、性能設計(変位、応力)、製造設計を実施、最終的に求めた形状情報を1Dに縮退して1Dに戻し、要求仕様を満足していることを確認する。

5.3.3 ラピッドプロトタイピング(RP)

コンセプトが実体化した段階で、試作を行うことになる。試作の方法は様々存在するが、RP、特に最近では3Dプリンタが機能、コストとも実用段階にあり、単なるモックだけでなく、機能モック(実際に動く試作品)を手軽に行うことも可能になってきている。

また、ダンボール等の手持ちの素材で形を実体化するだけで、それまで頭の中にしかなかったイメージが具体化され、さらに次のアイデアへと繋がる。RPが普及することにより、試作のハードルが下がり、アイデアが出たら試作して、アイデアを修正、さらには新たなアイデアを創出、再度RPで実体化するプロセスがいつでも、どこでも、誰でもできるようになった。

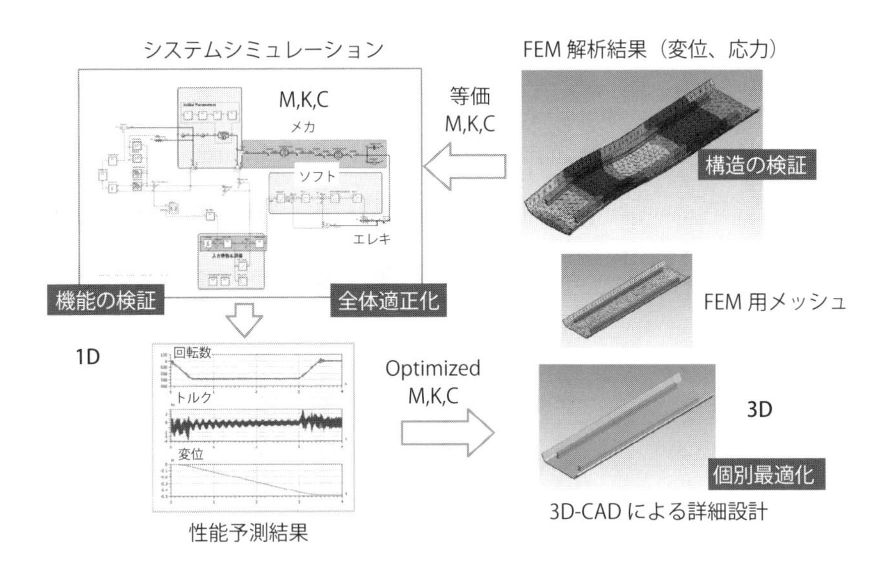

図5-39　1D⇔3Dのデータの流れ

5.3.4　Ashbyマップ

M.F. Ashbyが提案している「機械設計を材料・プロセスの選定問題に落とし込む一連の設計プロセス」をAshby法と呼ぶ。Ashby法が設計問題を材料・プロセスへ繋げることを目的にしているのに対し、前述の1DCAEは製品そのもの（サービスも含む）を対象としている点が異なる。しかしながら、製品開発も最終的には材料・プロセス選定に落ちることは自明の理である。そうであるならば、最初からAshby法と1DCAEを融合することにより、新しい製品開発プロセスが構築できるのではというのが目指すところである。

Ashby法と1DCAEの融合による製品開発プロセスを**図5-40**に示す。この図の左側は製品開発の対象とその対象間の情報の流れを、右側は設計の視点から見た分類である。製品開発は製品を使用する“人”を想定することから始まる。人がどのようなものを必要としているのか、性能が良いもの、安心して使えるもの（マスト製品、ベター製品）、心がワクワクするもの（デライト製品）によって目標が異なってくる。

1DCAEでは、この目標に応じた設計手法をマスト設計、ベター設計、デライト設計と定義している。これらの設計により、製品が具体化する。目指すべき製品を製品開発に関係する技術者が共有することが重要であり、この手段として製品マッ

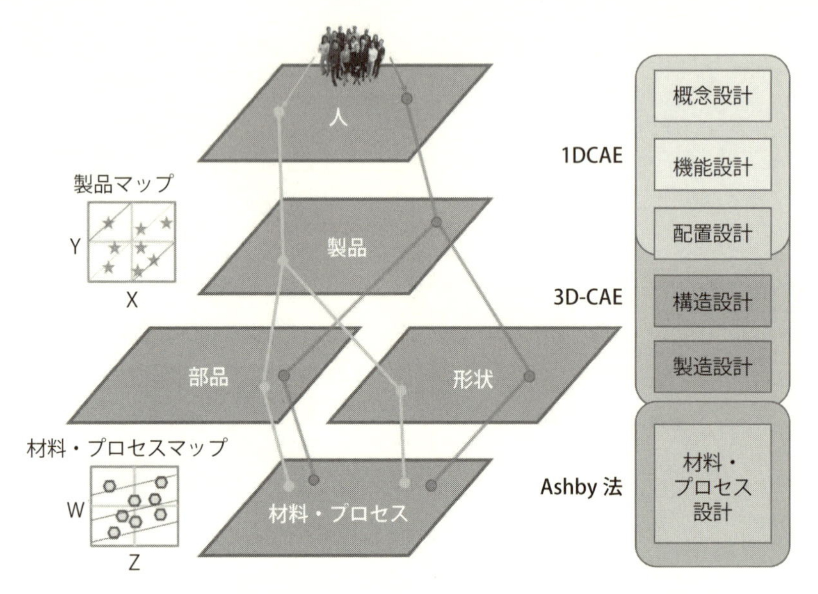

図5-40　Ashby法と1DCAEの融合による製品開発プロセス

プを提案している。製品の物理特性から構成される二次元マップ上にマスト度合、ベター度合、デライト度合を表記、どの方向に向かえばマスト、ベター、デライトな製品が具体化できるのかを示してくれる。製品開発の“ものさし”と言える。

製品設計の結果として部品、形状も同時に決定される。ただ、この段階では設計として成立はしていても、生産として成立しているかの確認はできていない。そこで、部品、形状を起点に材料・プロセスの選定問題に落とし込むのがAshby法である。

Ashby法では、材料・プロセスデータを基にした材料・プロセスマップ（Ashbyマップ）を使用する。材料・プロセスの属性データから構成される二次元マップ上に部品、形状を起点とした設計問題の基本式を併記、どの方向に向かうと基本性能が良いのかを示してくれる。

図5-41に、製品マップと材料・プロセスマップのイメージを示す。このように両者は製品、材料・プロセスといった可視化すべき対象は異なるもののマップの作成方法は同じであり、このことは製品、材料・プロセスの融合を示唆するものである。

Ashby法と1DCAEの融合による製品開発プロセスが目指すことの一つに設計の

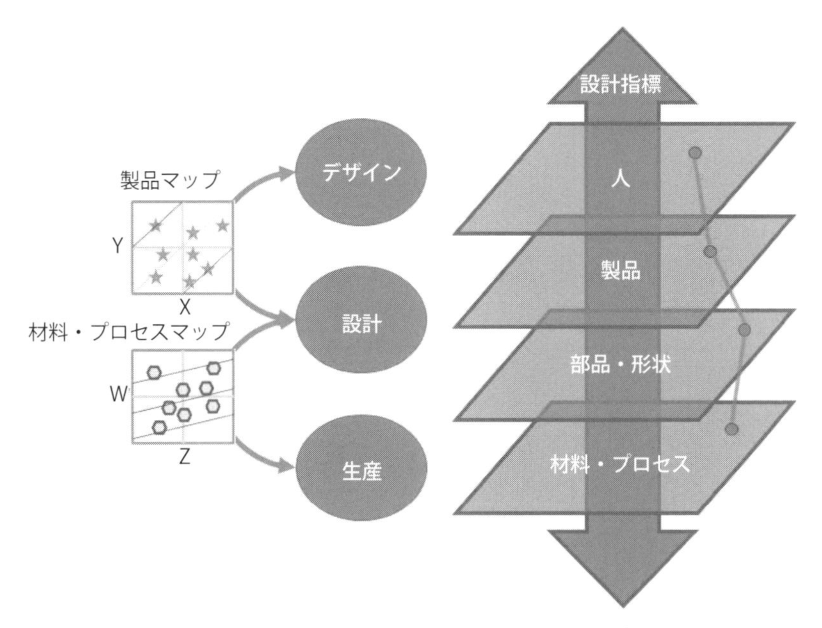

図5-41　Ashby法と1DCAEによる設計の指標化

指標化がある。製品開発のフェーズにより、対象は人、製品、部品・形状、材料・プロセスと移行し、製品開発に携わる技術者もデザイナー、機械設計者、電気設計者、ソフト開発者、生産技術者と多岐にわたる。日本の従来のものづくりは“擦り合わせ”でこの問題を解決してきたが、このやり方も限界にきている。

そこで、Ashby法と1DCAEの融合による製品開発では、関連する技術者の共通言語として設計の指標化を提案する。それが製品マップと材料・プロセスマップである。製品マップにはデザイナーの想いと設計者の具現化の内容が同じマップ上に表現されている。同様に、材料・プロセスマップには生産技術者の想いと設計者の意図が表記されている。

この二つのマップを基軸に設計を指標化することにより、ものづくりが大きく変わるのではと考えている。デザイナー、設計者は製品マップをメインにしつつ、材料・プロセスマップを参考に出戻りのない製品開発を実現するだけでなく、生産技術者も材料・プロセスマップをメインにしつつ、製品マップを参考に材料・プロセスの新しい展開にも興味を持ち、これが新たな製品を生む起点ともなりうる。すなわち、設計の指標化により、図5-41の製品開発の流れが、上から下だけでなく、下から上にも自由に動くことができるようになる。

Ashby法の全体像を**図5-42**に示す。出発点となるのは材料・加工プロセスデータ、すなわち、材料物性、エコ属性、感覚属性、接合プロセス属性、表面処理プロセス属性、成型プロセス属性である。これらは連続量、離散量、等様々な形式で表現される。一連の材料・プロセスデータから二つのデータを選択して二次元マップを作成、このマップ上に該当する材料・プロセスをプロットしたのが材料・加工プロセスマップである。また、加工プロセスマップの場合には加工プロセスデータを一軸に、もう一軸に加工プロセスの種類をとる場合もある。

一方、設計問題として例えば、軽くて十分な剛性を有する梁を考える。この場合、"軽くて十分な剛性を有する梁"という設計目標において、十分な剛性を有するという制約条件下で、質量を目的変数として最小化するという設計問題に置き換えることができる。この設計式は設計指標として、二つの設計変数（材料物性及び材料・プロセス属性）の関数で表現できる。

この関係を材料・加工プロセスマップ上にプロットしたのが同Ashbyマップ(1)である。また、設計指標を複数の設計変数（材料物性及び材料・プロセス属性）の関数で表現、この設計指標を二種類、二次元マップ上に表現したのが同Ashbyマップ(2)である。さらに、この二種類の設計指標間の関係をAshbyマップ(2)上にプロットしたのが同Ashbyマップ(3)である。

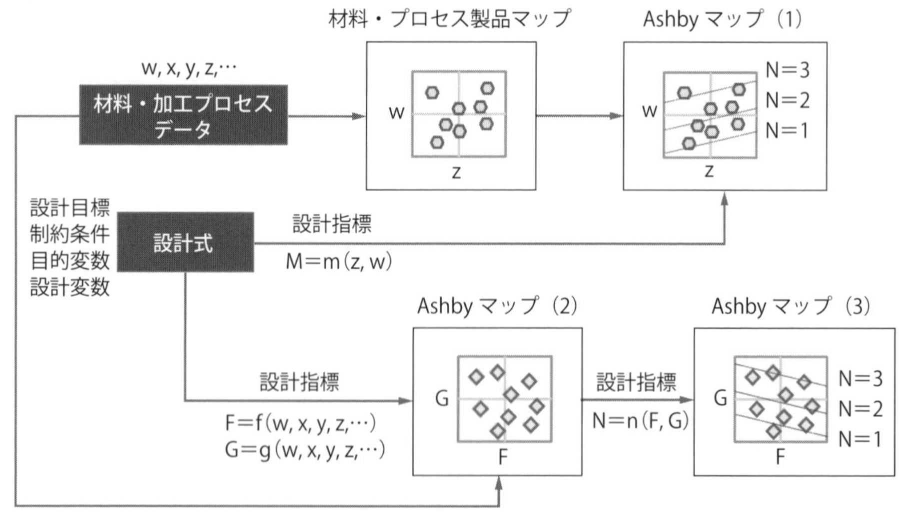

図5-42　Ashby法の全体像

材料・加工プロセスデータは、材料及び加工プロセスに関する情報を多面的に可能な限り数値化したもので、Ashby法の基礎となる重要なデータベースである。

材料データの例を**表5-10**および**表5-11**に示す。表5-10はいわゆる材料物性である。縦弾性係数、密度、熱伝導率といった物性から磨耗率、硬度といった物性が含まれる。また、値段も一応ここに分類している。表5-11にはエコ属性と感覚属

表5-10　材料データの例（その1）

材料物性	略号	単位	内容
Young's modulus	E	GPa	縦弾性係数
Density	ρ	kg/m^3	密度（単位立法m当たりの質量）
Strength	σ_f	MPa	強さ（幾らの力に耐えるか）
Fracture toughness	K_{1c}	$MPa.m^{1/2}$	破壊靭性（欠陥を考慮した強さ）
Loss coefficient	η	—	損失係数（内部損失）
Thermal conductivity	λ	W/m.K	熱伝導率
Electrical resistivity	ρ_e	$\mu\Omega$.cm	電気抵抗率
Thermal diffusivity	a	m^2/s	温度拡散率
Thermal expansion	α	μ strain/K	熱膨張係数
wear-rate constant	k_a	1/MPa	摩耗率（単位荷重当たりの摩耗量）
Hardness	H	H_v	硬度
Price	—	$/kg	1kg当たりの値段

表5-11　材料データの例（その2）

エコ属性	単位	内容
Energy content	MJ/kg	1kg当たりのエネルギー含量
Carbon footprint	CO_2（kg/kg）	1kg当たりの二酸化炭素排出量
Recycle potential	Low/Medium/High	リサイクル性

感覚属性	単位	内容
Pitch	Low(0)/High(10)	音の高さ
Vibrancy	Muffled(0)/Ringing(10)	音の響き
Hardness	Soft(0)/Hard(10)	音の固さ
Coldness	Warm(0)/Cold(10)	音の冷たさ
Gloss	%	光沢
Transparent	YES/NO	透明
Translucent	YES/NO	半透明
Opaque	YES/NO	不透明

性を示す。エコ属性は環境問題を考える上で重要な項目である。一方、感覚属性は一般に感覚的に表現されるが、材料が発する音の高さ、響き、材料を触った際の固さ、冷たさは後述するように材料物性の関数として表現が可能である。

Ashbyマップ（2）の例として、表5-11の感覚属性のいくつかを材料物性で表現することを考える。最初に聴覚に関係するPitch（音の高さ）とVibrancy（音の響き）について考える。Pitchは音速に関係、Vibrancyは減衰率に関係すると考えられるので以下のように定義することができる。

Pitch=$(E/\rho)^{1/2}$、Vibrancy=$1/\eta$、E：縦弾性係数、ρ：密度、η：減衰率

Pitchを横軸に、Vibrancyを縦軸にして、これに該当する材料をマッピングしたのが**図5-43**である。Pitch，Vibrancyの定義が上記で本当にいいのかという課題は残るが、感覚的には実際の材料の特性を良く表している。また、全体を見渡すと大きく二つの領域に分類できることがわかる。すなわち、Pitchに比べてVibrancyが変化している金属、セラミック等の領域と、Vibrancyに比べてPitchが変化しているプラスチック等の領域に分かれている。

次に、触覚に関係するHardness（固さ）とColdness（冷たさ）について考える。Hardnessは縦弾性係数と硬度に関係、Coldnessは熱特性（熱伝達率、比熱容量）と密度に関係すると考えられるので以下のように定義することができる。

Hardness=$(EH)^{1/2}$、Coldness=$(\lambda C_p \rho)^{1/2}$、

E：縦弾性係数、H：硬度、λ：熱伝達率、C_p：比熱容量、ρ：密度

Hardnessを横軸に、Coldnessを縦軸にして、これに該当する材料をマッピングしたのが**図5-44**である。これから、HardnessとColdnessはほぼ比例関係にあることが分かる。すなわち、硬い材料は密度も高く、熱の伝わり方も良いという現実を表している。

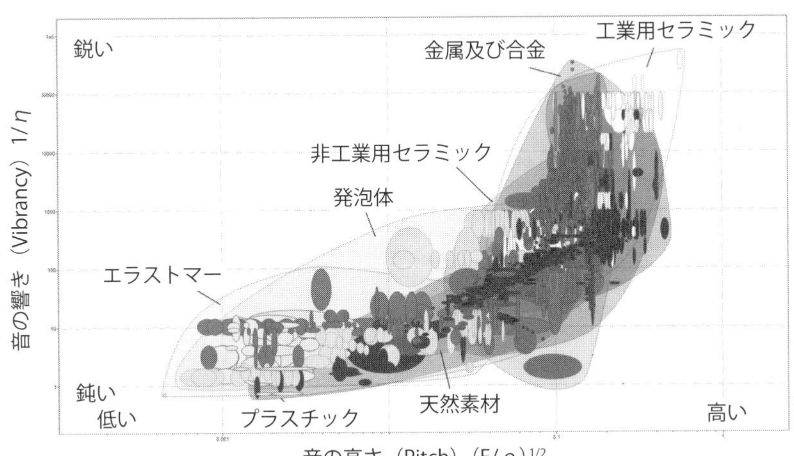

図5-43　Ashbyマップの例（聴覚量への適用）

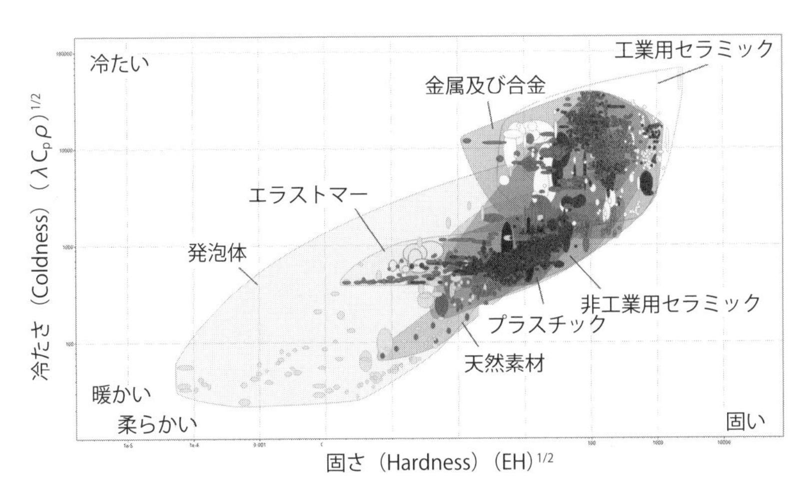

図5-44　Ashbyマップの例（触覚量への適用）

第6章

デライト設計の適用例

第４章で、デライト設計の方法とプロセス、第５章でデライト設計のための手法を紹介した。本章では、これらの具体的な適用例としてドライヤをモチーフに紹介する。ドライヤに関しては第４章、第５章でも事例として用いたが、読者の身近にある商品であり、課題が理解できること、構造が簡単であるにも関わらず、多くの要素から成り立っていることより、設計問題の事例としてよく用いられている。

6.1 コンセプト創出とデライトの定義

評価グリッド法によるコンセプト創出、評価グリッド法により抽出された評価語を用いたSD法によるデライトの定義について紹介する。

図6-1に、評価グリッド法の実施風景を示す。ここでは、市販の23機種のドライヤに関して、男女各3名の被験者に、実際にドライヤを使用してもらい、23機種中のベスト3とワースト3を選んでもらった。23機種のドライヤは国内外、高級機種／普及機種と幅広い製品を選んだ。

図6-2に、評価グリッド法で対象とした製品群と6名の被験者がベスト3およびワースト3に選定した機種を示す。○がベスト3に選定された機種、×がワースト3に選定された機種である。○および×の前の数字は、ベスト3およびワースト3に選定した被験者の人数を示す。ベスト3、ワースト3を決めかねる場合には、ベスト2、ワースト2でもよしとしたため、合計数は6x3x3 = 36より少ない数になっ

①ベスト3&ワースト3の選択

②インタビュー：ラダーアップ&ダウン

図6-1　評価グリッド法の実施風景

○：ベスト3
×：ワースト3
✔：興味なし

		2×	2×	4○
1×	✔	1○ 1×	1○	✔
✔	2○	1○	✔	1×
2×	2○	1○	1○	1○
✔	1×	2×	2○ 1×	2×

図6-2　評価グリッド法で対象とした製品群

ている。✓は、どの被験者もベスト3、ワースト3のいずれにも選定しなかった機種で、良くも悪くも注目されなかった機種といえる。

次に、各被験者に対して、ベスト3、ワースト3のドライヤを用いてインタビュー（3名のインタビュワーで実施）を行った。インタビューはベスト3およびワースト3に関してラダーアップ（なぜこちらがいいと思いますか？）およびラダーダウン

（どうしたらいいと思いますか？）により、被験者のドライヤに関する潜在的印象を言葉として抽出した。抽出した言葉は似たような言葉をひとくくりにし、その全体を代表する言葉で表現した。

表6-1に評価グリッド法の結果の一例を示す。表の左側の6＋10＝16項目がラダーアップ、ラダーダウンにより被験者より出てきた言葉である。この場合、上の6つの言葉は“疲れやすそう”、下の10つの言葉は“握りやすい”という言葉で代表した。さらに、“疲れやすそう”＋“握りやすい”＝“持ちやすい”とした。同様の手順で求めた全体像を**表6-2**（表6-1以外）に示す。最終的に、表6-1、6-2の結果から、**表6-3**に示す14個のキーワードを抽出した。

表6-3の14個のキーワードが、ドライヤのコンセプトを創出するための源泉となる。ここで重要なことは、評価グリッド法により抽出された14個のキーワードは絶対的なものではないということである。23機種のドライヤ、6名の被験者、3名のインタビュワーという条件下で行ったもので、この条件が変われば結果も変わる。これは感性情報を扱う問題の宿命であり、評価グリッド法の欠点という訳ではない。

また、評価グリッド法では、インタビュワーはあくまで被験者の潜在的印象を抽出するために中立的立場で臨むべきとあるが、個人的にはある程度インタビュワーとしての想いがあってもいいのではと考える。今回の評価グリッド法のインタビュ

表6-1　評価グリッド法の結果の一例

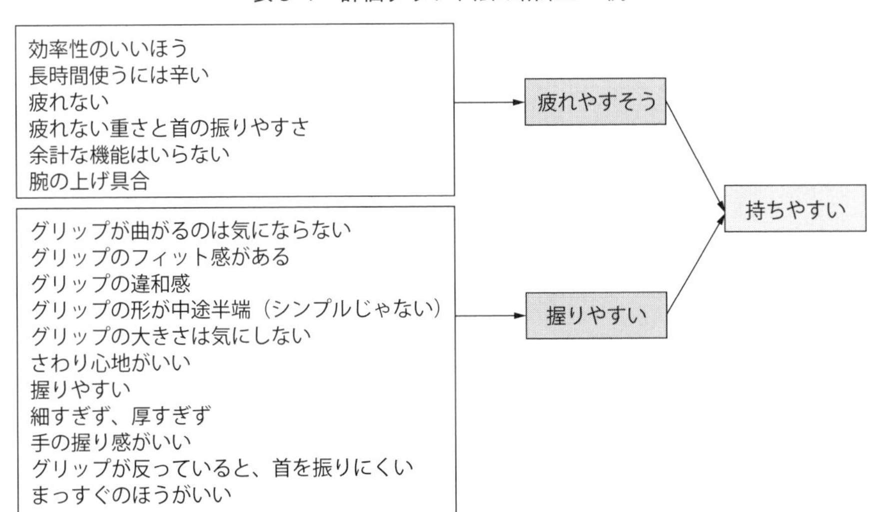

表6-2　評価グリッド法の結果の全体（表1以外）

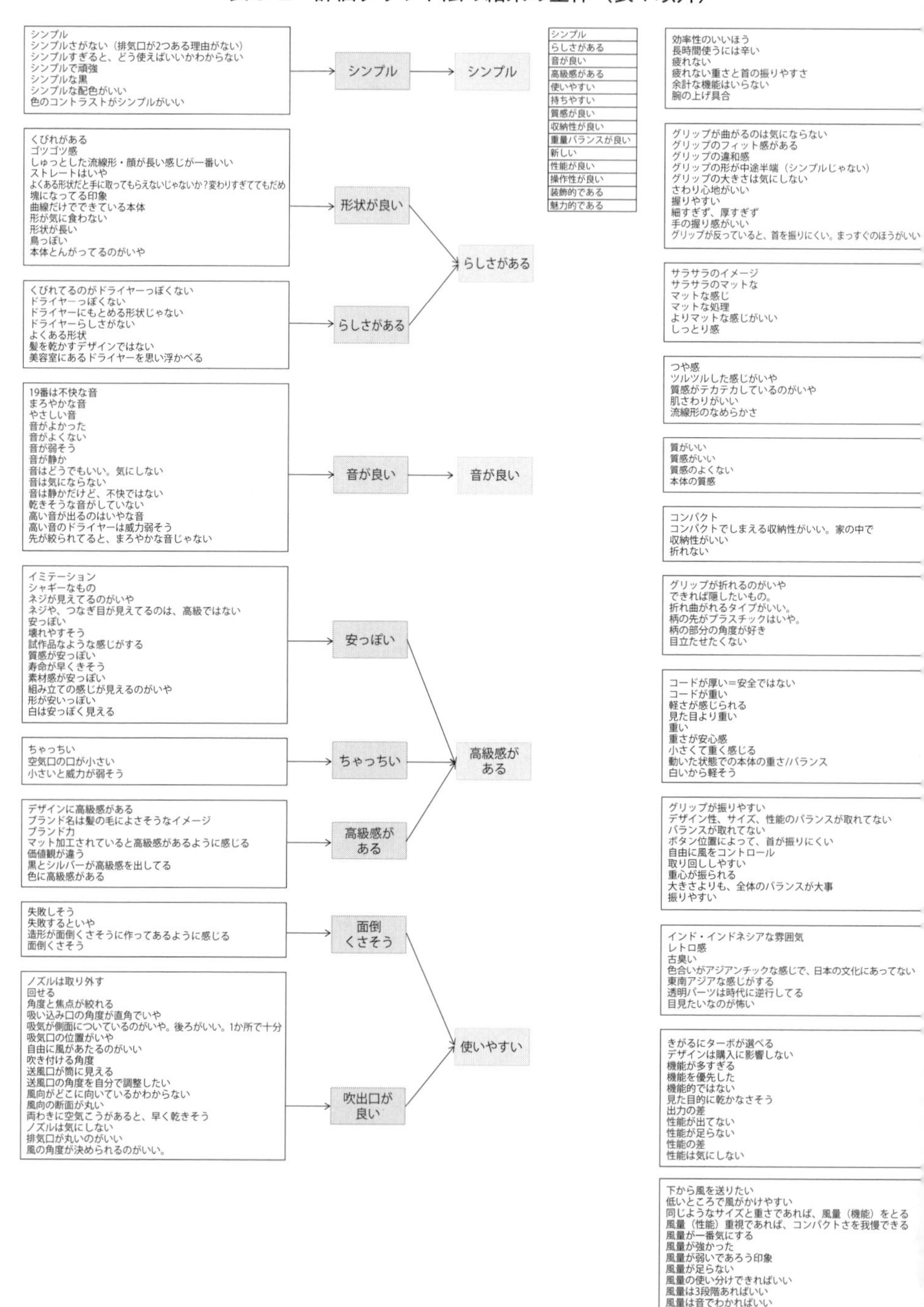

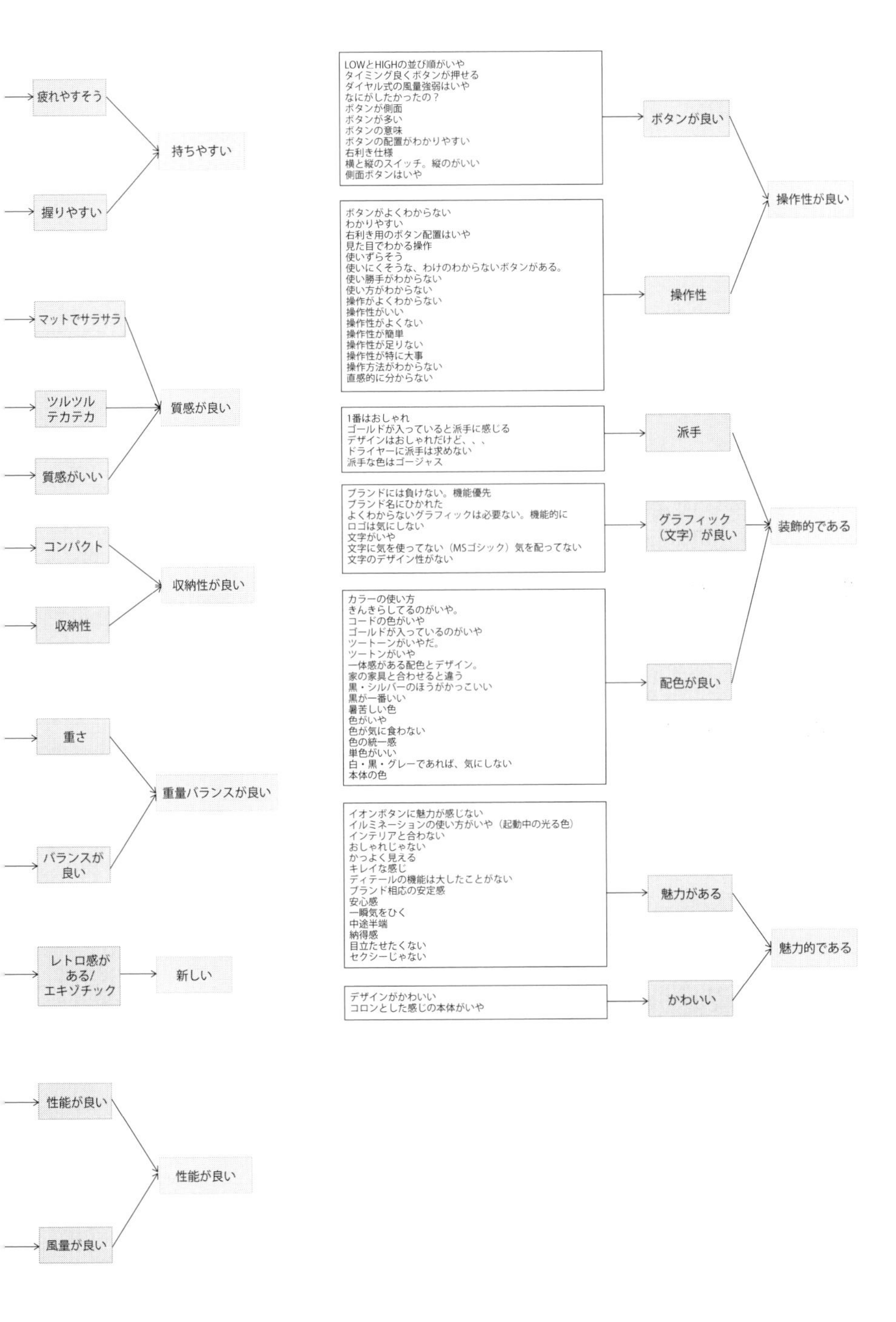
疲れやすそう
握りやすい
持ちやすい
マットでサラサラ
ツルツル
テカテカ
質感がいい
質感が良い
コンパクト
収納性
収納性が良い
重さ
バランスが
良い
重量バランスが良い
レトロ感が
ある/
エキゾチック
新しい
性能が良い
風量が良い
性能が良い
LOWとHIGHの並び順がいや
タイミング良くボタンが押せる
ダイヤル式の風量強弱はいや
なにがしたかったの？
ボタンが側面
ボタンが多い
ボタンの意味
ボタンの配置がわかりやすい
右利き仕様
横と縦のスイッチ。縦のがいい
側面ボタンはいや
ボタンが良い
ボタンがよくわからない
わかりやすい
右利き用のボタン配置はいや
見た目でわかる操作
使いずらそう
使いにくそうな、わけのわからないボタンがある。
使い勝手がわからない
使い方がわからない
操作がよくわからない
操作性がいい
操作性がよくない
操作性が簡単
操作性が足りない
操作性が特に大事
操作方法がわからない
直感的に分からない
操作性
操作性が良い
1番はおしゃれ
ゴールドが入っていると派手に感じる
デザインはおしゃれだけど、、、
ドライヤーに派手は求めない
派手な色はゴージャス
派手
ブランドには負けない。機能優先
ブランド名にひかれた
よくわからないグラフィックは必要ない。機能的に
ロゴは気にしない
文字がいや
文字に気を使ってない（MSゴシック）気を配ってない
文字のデザイン性がない
グラフィック
（文字）が良い
カラーの使い方
きんきらしてるのがいや。
コードの色がいや
ゴールドが入っているのがいや
ツートーンがいやだ。
ツートンがいや
一体感がある配色とデザイン。
家の家具と合わせると違う
黒・シルバーのほうがかっこいい
黒が一番いい
暑苦しい色
色がいや
色が気に食わない
色の統一感
単色がいい
白・黒・グレーであれば、気にしない
本体の色
配色が良い
装飾的である
イオンボタンに魅力が感じない
イルミネーションの使い方がいや（起動中の光る色）
インテリアと合わない
おしゃれじゃない
かっよく見える
キレイな感じ
ディテールの機能は大したことがない
ブランド相応の安定感
安心感
一瞬気をひく
中途半端
納得感
目立たせたくない
セクシーじゃない
魅力がある
デザインがかわいい
コロンとした感じの本体がいや
かわいい
魅力的である

表6-3　評価グリッド法により抽出したキーワード

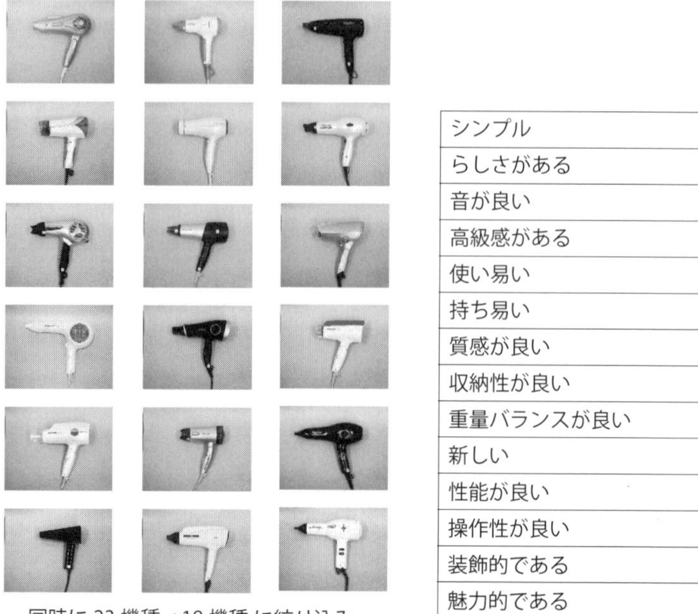

シンプル
らしさがある
音が良い
高級感がある
使い易い
持ち易い
質感が良い
収納性が良い
重量バランスが良い
新しい
性能が良い
操作性が良い
装飾的である
魅力的である

同時に 23 機種→18 機種 に絞り込み

ワーには、いわゆるその道の専門家にお願いしたのでまさに中立的立場であるが、一般には製品開発者が評価グリッド法を行うことになるので、逆に中立的立場を貫くことは不自然である。自分の想いに誘導することは禁物であるが、自分の想いに一致する言葉を被験者が発した場合には、これを起点に深堀することも結果として良い方向に導く。

第5章で、評価グリッド法を手法として紹介した。その際のドライヤの事例は私自らが行った結果である。この場合は、音の良いドライヤを開発することが目的であったので、音に関するキーワードが多くなっている。ここでは、ドライヤとしてのコンセプトをゼロから抽出することが目的であったのでドライヤに関する事前知識がなく、評価グリッド法に関して経験の豊富な方にインタビュワーをお願いした。

さて、14個のキーワードからコンセプトをどうやって創出するかであるが、これに関しては残念ながら自動的に創出してくれる仕組みは現状では（恐らく今後も）存在しない。しかしながら、この14個のキーワードがコンセプト創出の起点になる。

従来の方法だと、自由に意見を言い合ってKJ法でまとめるということになるが、これだと系統だった網羅的な検討ができない。評価グリッド法による方法であれば（限界はあるが）、一応系統だって網羅的に顧客の潜在的印象が抽出でき、これを言葉として具体的に表現できる。例えば、14個のキーワードから以下のようなコンセプトが容易に創出できる（実現可能かどうかは以降の評価による）。

①シンプル、使いやすい、持ちやすい、収納性が良い、重量バランスが良い⇒取っ手、ケーブルがないドライヤ⇒結果として、バッテリ駆動

②質感が良い、新しい⇒木製のバッテリ

③音が良い⇒ファンレスドライヤ

④性能が良い⇒高風量ファン

⑤高級感がある、魅力的である⇒高級ブランドとのコラボ

ここでは、14個のキーワードを起点に別の視点でデライトの定義を試みる。14個のキーワードには、よく見ると似通った言葉が存在する。そこで、14個のキーワードの関係性を分析するために、14個のキーワードを形容詞対としたSD法による被験者実験を行った。

図6-3に、SD法に用いた評価シートと被験者実験風景を示す。SD法には、14個のキーワードをもとに14対の形容詞対を設定した。形容詞対は新しい⇔古いといった反対の意味を持つ（と考えられる）形容詞を設定する場合もあるが（これを両極尺度と呼ぶ）、これだと印象空間が広がってしまい、精度が劣化してしまうので、ここでは単極尺度（ある形容詞とこの形容詞を直接否定した形容詞を対にする）による新しい⇔新しくないを14の形容詞対に採用した。

両極尺度を用いるか、単極尺度を用いるかはいつも議論になるところであるが、製品開発において設計者は表6-3に示すキーワードを達成するように大なり小なり努力しているはずなので、一般の設計空間としては単極尺度が良いと考える。わざわざ、使いにくい、持ちにくい、性能が悪い……などのドライヤを作る設計者はいない。また、7点法にするか5点法にするかも議論になることがあるが、SD法自体が有する性質から5点法で十分と考え、ここでは5点法を採用した。

SD法は図6-3に示すように、タブレット上に評価シートを表示、被験者にはドライヤを実際に使用しながら回答してもらった。ドライヤは、評価グリッド法の段階で被験者が関心を示さなかった5機種を除外して18機種を対象とした。

SD法の被験者は、男女、年齢を考慮して40名を対象とした。**図6-4**に、SD法による被験者実験の生データを示す。被験者は40名であったが、明らかにおかしい

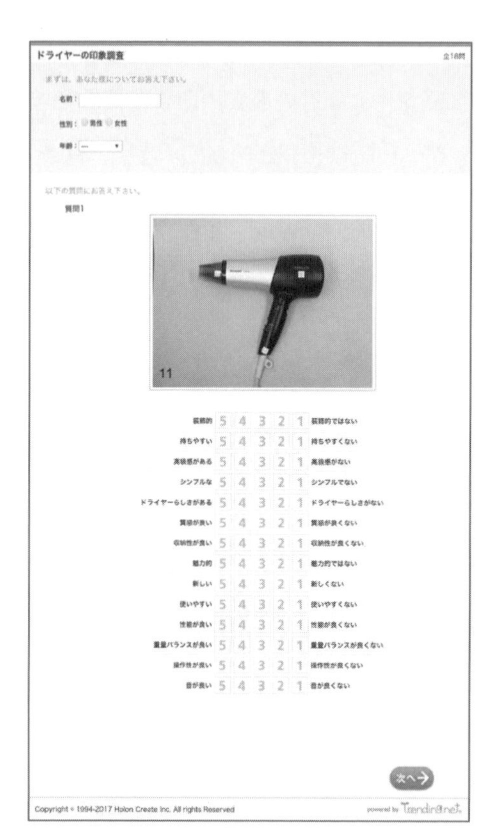

ドライヤーの印象調査　全18問

まずは、あなた様についてお答え下さい。

名前：

性別：男性　女性

年齢：---

以下の質問にお答え下さい。

質問1

11

装飾的	5	4	3	2	1	装飾的ではない
持ちやすい	5	4	3	2	1	持ちやすくない
高級感がある	5	4	3	2	1	高級感がない
シンプルな	5	4	3	2	1	シンプルでない
ドライヤーらしさがある	5	4	3	2	1	ドライヤーらしさがない
質感が良い	5	4	3	2	1	質感が良くない
収納性が良い	5	4	3	2	1	収納性が良くない
魅力的	5	4	3	2	1	魅力的ではない
新しい	5	4	3	2	1	新しくない
使いやすい	5	4	3	2	1	使いやすくない
性能が良い	5	4	3	2	1	性能が良くない
重量バランスが良い	5	4	3	2	1	重量バランスが良くない
操作性が良い	5	4	3	2	1	操作性が良くない
音が良い	5	4	3	2	1	音が良くない

次へ

Copyright © 1994-2017 Holon Create Inc. All rights Reserved　powered by Trendingnet

図6-3　SD法に用いた評価シートと被験者実験風景

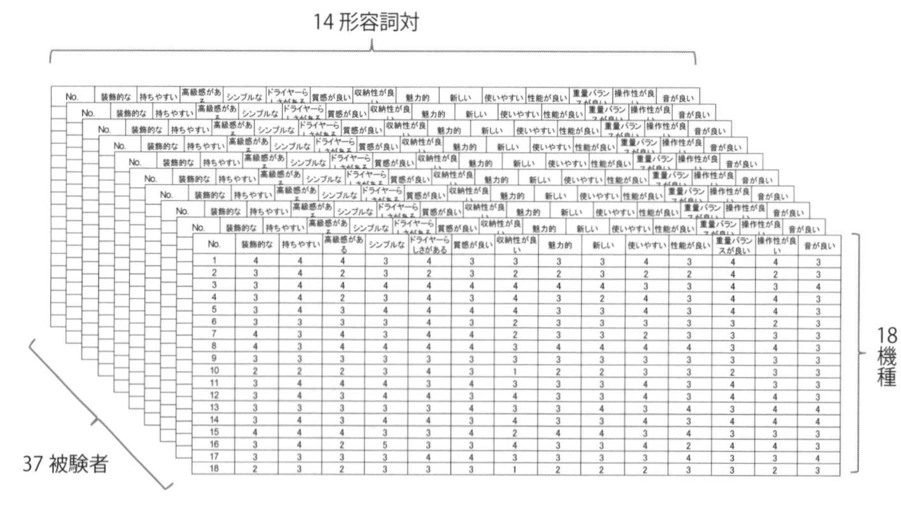

No.	装飾的な	持ちやすい	高級感がある	シンプルな	ドライヤーらしさがある	質感が良い	収納性が良い	魅力的	新しい	使いやすい	性能が良い	重量バランスが良い	操作性が良い	音が良い
1	4	4	4	3	4	3	3	3	3	4	3	4	4	3
2	3	4	2	3	2	3	2	2	3	2	2	4	2	3
3	3	4	4	4	4	4	4	4	4	3	3	4	3	4
4	3	4	2	3	4	3	4	3	2	4	3	4	4	3
5	3	4	3	4	4	4	4	3	3	4	3	4	4	3
6	3	3	3	3	4	3	2	3	3	3	3	3	2	3
7	4	3	4	3	4	4	2	3	3	2	3	3	3	3
8	4	3	4	4	4	4	3	4	4	4	4	3	4	3
9	3	3	3	3	3	3	3	3	3	3	3	3	3	3
10	2	2	2	3	4	3	1	2	2	3	3	2	3	3
11	3	4	4	4	3	4	3	3	3	4	3	4	3	3
12	3	4	3	4	4	3	4	3	3	4	3	4	4	3
13	3	3	3	3	3	4	3	3	4	3	4	3	4	4
14	3	4	3	4	4	3	4	3	3	4	3	4	4	4
15	4	4	4	3	3	4	2	4	4	3	4	3	3	3
16	3	4	2	5	3	3	4	3	3	4	2	4	4	3
17	3	3	3	3	4	4	3	3	3	3	4	3	3	4
18	2	3	2	3	3	3	1	2	2	2	3	3	2	3

図6-4　SD法による被験者実験の生データ

回答については削除し、37名の被験者データを採用した。従って、18機種のドライヤに関して14形容詞対（5点法）に回答いただいた37名分のデータが評価の出発点となる。

図6-4の結果をもとに、男女差、年齢差の評価を行うことも興味深いが、ここではドライヤに関する印象をマクロに知ることを目的としているので、37名の被験者データの平均値をとり、**表6-4**に示すように18機種のドライヤに関して14個のキーワードの得点として表示した。

表6-4の結果をもとに、因子分析を行った結果を**図6-5**および**図6-6**に示す。図6-5は14個のキーワードの因子負荷量、図6-6は18機種の因子得点を示す。これより、14個のキーワードは大きく、スタイル、持ちやすさ、心地よい音に集約できる。

また、デライトデザインの際の優先順位としては、スタイル、持ち易さ、音の順番となる。表6-4の結果から、機種15、機種16の評価が高いことが読み取れるが、図6-5の結果から、機種15はスタイル、機種16は持ち易さが評価されていることがわかる。

6.2 デライトのものさしの作成

顧客が、いかなるデライトを望んでいるかが前節の分析で分かった。ここまでは従来の感性工学と同じである。デライト設計の違いは、この人の感性をものにマッピングすることにより、設計可能とすることにある。「4.2.2　(3)　機能定義③：デライトのものさし」がこれに相当する。

人の感性（ここでは魅力指標と呼ぶ）は、前節の議論で明らかになった。この魅力指標を製品サイドの指標（ここではこれを感性指標と呼ぶ）で説明可能とすることが、デライトのものさしの目指すところである。ここでは、前節の検討でデライトデザインとして優先順位の高い“持ち易さ”に着目する。

デライトのものさしに関しては、音を対象とした場合（音のものさし）についてはすでにクリーナ、ドライヤの事例で紹介した。音のものさしの場合には、感性指標として音質指標という確立した指標が存在するため、これをいかに適用するかに注力すればよかった。一方、持ち易さの場合には重量が関係することは予想されるが、持ち易さに関する感性指標そのものの定義から始める必要がある。そこで、持

表6-4　SD法による被験者実験の結果：平均値

No.	装飾的な	持ち易い	高級感がある	シンプルな	ドライヤらしさがある	質感が良い	収納性が良い	魅力的	新しい	使い易い	性能が良い	重量バランスが良い	操作性が良い	音が良い
1	4.1	3.7	3.6	3.1	3.6	3.5	3.4	3.2	2.9	3.5	3.1	3.8	3.7	3.3
2	2.6	3.8	1.9	3.3	2.4	3.0	2.1	1.9	2.8	1.6	2.1	3.6	1.7	2.9
3	3.2	3.9	4.1	4.2	3.8	4.1	3.7	3.7	3.5	3.5	3.4	3.9	3.2	3.8
4	2.9	3.8	2.5	3.4	3.9	3.0	4.0	2.9	2.3	3.7	2.8	3.7	3.9	3.4
5	2.9	3.8	2.9	3.9	3.7	3.6	3.9	2.9	2.5	3.7	3.1	3.6	3.7	3.1
6	3.4	3.2	3.3	3.1	3.6	3.2	1.7	2.8	3.0	2.6	3.2	2.9	2.4	2.6
7	3.8	3.3	3.8	3.0	3.7	3.5	1.9	2.9	3.3	2.4	3.4	2.6	2.7	3.4
8	3.9	3.5	4.3	3.5	3.7	3.9	3.4	3.8	3.5	3.7	3.8	3.2	3.6	3.4
9	3.4	2.8	3.4	3.2	3.4	3.2	3.0	2.6	3.5	2.9	3.4	2.8	2.8	2.8
10	2.4	2.1	2.4	3.5	3.8	2.7	1.4	2.2	1.9	2.7	3.1	2.0	3.0	3.4
11	3.3	3.7	3.6	3.9	3.4	3.6	3.3	3.5	3.4	3.6	3.4	3.6	3.5	3.2
12	2.6	3.9	2.6	4.2	3.8	3.5	3.6	2.9	2.5	4.0	3.1	3.8	4.0	3.2
13	3.5	3.2	3.4	3.4	3.2	3.6	3.3	3.4	3.8	3.4	4.1	3.4	3.6	4.0
14	3.2	4.0	2.9	4.1	3.9	3.3	4.2	3.1	2.8	4.0	3.1	3.9	3.9	3.8
15	4.4	3.8	4.5	2.7	3.3	4.0	1.6	3.7	4.4	3.4	4.0	3.5	3.3	3.4
16	2.6	4.1	2.4	4.6	2.9	2.7	4.5	3.0	2.8	3.9	2.5	4.1	3.6	3.2
17	3.1	3.5	3.3	3.2	3.8	3.5	2.9	3.2	3.1	2.9	3.8	3.2	3.2	3.6
18	2.4	2.6	1.9	3.1	2.7	2.8	1.4	2.0	2.3	2.2	2.7	2.7	2.4	3.2

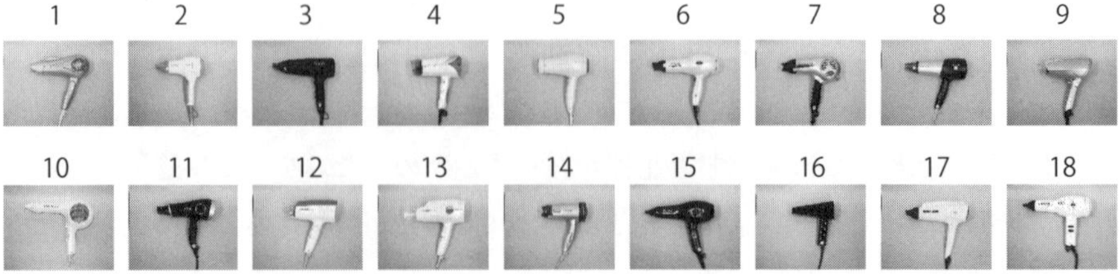

1 2 3 4 5 6 7 8 9

10 11 12 13 14 15 16 17 18

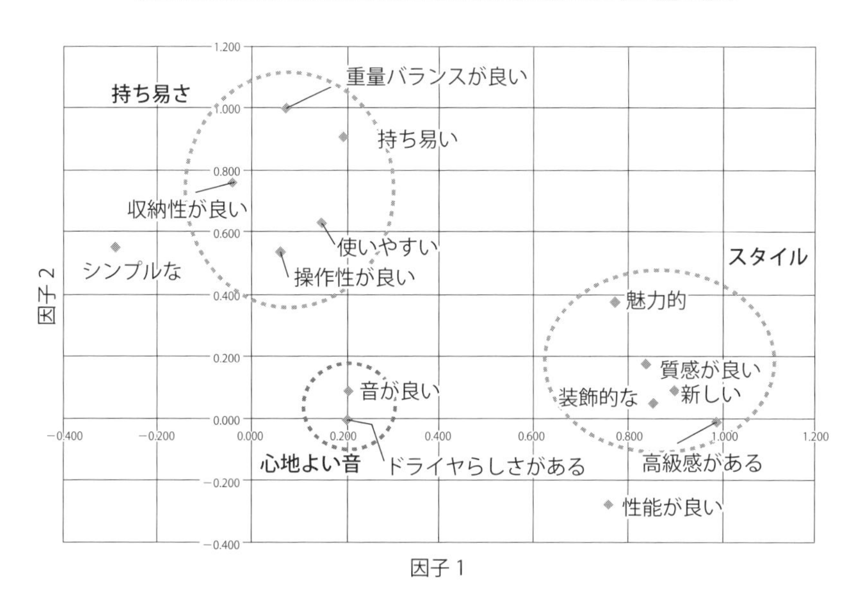

図6-5　因子分析の結果：因子負荷量

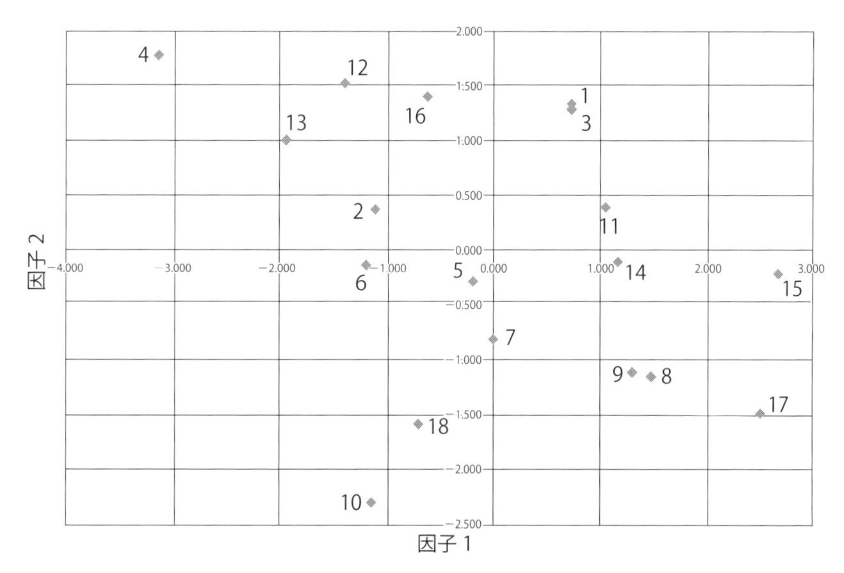

図6-6　因子分析の結果：因子得点

ち易さの評価に特化した取り組みを行った。

最初に、**図6-7**に示すように、23機種のドライヤを6名の被験者（男性3名、女性3名）に触ってもらい、重量感、持ち易さ感の順番を付けてもらった。一方で、

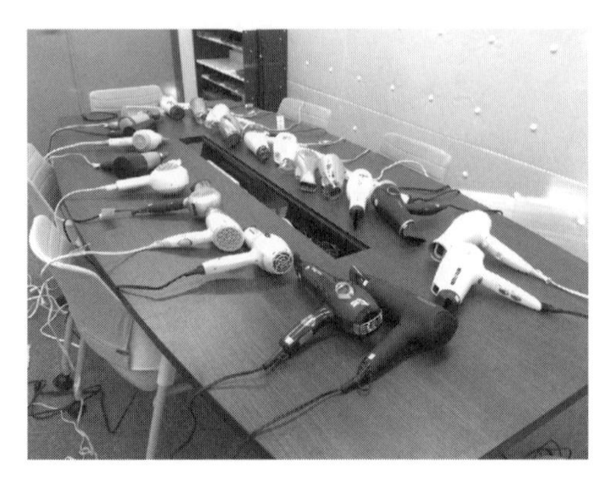

図6-7　持ち易さに関する被験者実験

ドライヤに関する基本物理データを**表6-5**に示すように採取した。6名の被験者の重量感、持ち易さ感の結果と重量（カタログ値と本体重量）の関係（相関）を**表6-6**に示す。なお、重量等の物理量に関しては物理量表記ではなく、感性と同様に順番表記にしている。

実験1から、実際の重量と重量感にはいずれの被験者も強い相関がある。ドライヤは色、形、持ち手形状が様々であるにも関わらず、重量と重量感に強い相関があるということは、人の重量に関する感じ方は安定していると言える。一方、実験2の重量と持ち易さの間には複雑な関係が存在する。男性被験者3名に関しては、重量と持ち易さにはほとんど相関がない。さらに、女性被験者のうち2名については重量と持ち易さに正の相関があり、1名については弱い負の相関が存在する。

以上のことより、持ち易さに関しては、これを説明可能な感性指標が不十分であることが分かる。表6-6の実験2の解釈として、ドライヤ自体はそう重いものではないので腕力のある男性にとって、重量は持ち易さに関係しないが、相対的に非力な女性にとっては重量が持ち易さにある程度関係すると言える。ただ、女性1名の負の相関は説明できない。

持ち易さに関する感性指標の導出が容易でないことが判明したため、仮説を設けた検討を行うことにした。仮説とは、ドライヤによって持ち易さの要因が異なるのではないかということである。そこで、被験者C（男性）の23機種に対する重量と持ち易さの結果を二軸でプロットしたのが**図6-8**である。これから、全体としては表6-6の実験2に示すように全く相関はないが、全体をよく眺めてみると二つのパターンに分かれていることが分かる。

表6-5　ドライヤに関する基本物理データの例

カタログ値

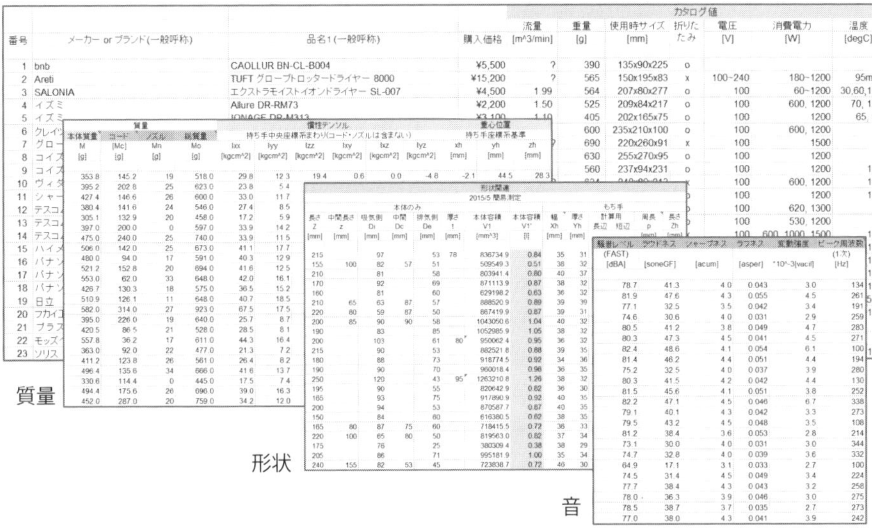

番号	メーカー or ブランド(一般呼称)	品名1(一般呼称)	購入価格	カタログ値 流量 [m^3/min]	重量 [g]	使用時サイズ [mm]	折りたたみ	電圧 [V]	消費電力 [W]	温度 [degC]
1	bnb	CAOLLUR BN-CL-B004	¥5,500	?	390	135x90x225	o			
2	Areti	TUFT グロープトロッタードライヤー 8000	¥15,200	?	565	150x195x83	x	100~240	180~1200	95max
3	SALONIA	エクストラモイストイオンドライヤー SL-007	¥4,500	1.99	564	207x80x277	o	100	60~1200	30,60,100
4	イズミ	Allure DR-RM73	¥2,200	1.50	525	209x84x217	o	100	600, 1200	70, 110
5	イズミ	IONAGE DR-M313	¥3,100	1.10	405	202x165x75	o	100	1200	65, 95
6	クレイ				600	235x210x100	o	100	600, 1200	?
7	グロー				690	220x260x91	x	100	1500	?
8	コイズ				630	255x270x95	o	100	1200	?
9	コイズ				560	237x94x231	o	100	1200	110
10	ヴィダ							100	600, 1200	110
11	シャー							100	1200	115
12	テスコ							100	620, 1300	?
13	テスコ							100	530, 1200	?
14	テスコ							100	600, 1000, 1500	110
15	ハイメ									110
16	パナソ									100
17	パナソ									125
18	パナソ									105
19	日立									5, ?
20	フカイ									110
21	プラス									?
22	モッズ									?
23	ソリス									140

質量

本体質量 M [g]	コード [Mc] [g]	ノズル Mn [g]	総質量 Mo [g]	Ixx [kgcm^2]	Iyy [kgcm^2]	Izz [kgcm^2]	Ixy [kgcm^2]	Ixz [kgcm^2]	Iyz [kgcm^2]	xh [mm]	yh [mm]	zh [mm]
質量				慣性テンソル 持ち手中央座標系まわり(コード・ノズルは含まない)						重心位置 持ち手座標系基準		
353.8	145.2	19	518.0	29.8	12.3	19.4	0.6	0.0	-4.8	-2.1	44.5	28.3
395.2	202.8	25	623.0	23.8	5.4							
427.4	146.6	26	600.0	33.0	11.7							
380.4	141.6	24	546.0	27.4	8.5							
305.1	132.9	20	458.0	17.2	5.9							
397.0	200.0	0	597.0	33.9	14.2							
475.0	240.0	25	740.0	33.9	11.5							
506.0	142.0	25	673.0	41.1	17.7							
480.0	94.0	17	591.0	40.3	12.9							
521.2	152.8	20	694.0	41.6	12.5							
553.0	62.0	33	648.0	42.0	16.1							
426.7	130.3	18	575.0	36.5	15.2							
510.9	126.1	11	648.0	40.7	18.5							
582.0	314.0	27	923.0	67.5	17.5							
395.0	226.0	19	640.0	25.7	8.7							
420.5	86.5	21	528.0	28.5	8.1							
557.8	36.2	17	611.0	44.3	16.4							
363.0	92.0	22	477.0	21.3	7.2							
411.2	123.8	26	561.0	26.4	8.2							
496.4	135.6	34	666.0	41.6	13.7							
330.6	114.4	0	445.0	17.5	7.4							
494.4	175.6	26	696.0	39.0	16.3							
452.0	287.0	20	759.0	34.2	12.0							

形状関連　2015/5 簡易測定

長さ Z [mm]	中間長さ z [mm]	吸気側 Di [mm]	中間 Dc [mm]	排気側 De [mm]	厚さ t [mm]	本体容積 V1 [mm^3]	本体容積 V1' [l]	幅 Xh [mm]	厚さ Yh [mm]	計算用 長辺	短辺	周長 p [mm]	長さ Zh [mm]
本体のみ								もち手					
215		97		53	78	836734.9	0.84	35	31				
155	100	82	57	51		509549.3	0.51	38	32				
210		81		58		803941.4	0.80	40	37				
170		92		69		871113.9	0.87	38	32				
160		81		60		629198.2	0.63	36	32				
210	65	63	87	57		888520.9	0.89	39	39				
220	80	59	87	50		867419.9	0.87	39	31				
200	85	90	90	58		1043050.6	1.04	40	32				
190		83		85		1052985.9	1.05	38	32				
200		103		61	80	950062.4	0.95	36	32				
215		90		53		882521.8	0.88	39	35				
180		88		73		918774.5	0.92	34	36				
190		90		70		960018.4	0.96	36	35				
250		120		43	95	1263210.8	1.26	38	32				
195		90		55		820642.9	0.82	36	30				
165		93		75		917890.9	0.92	40	35				
200		94		53		870587.7	0.87	40	35				
150		84		60		616380.5	0.62	38	35				
165	80	87	75	60		718415.5	0.72	36	33				
220	100	65	80	50		819563.0	0.82	37	34				
175		76		25		380309.4	0.38	38	29				
205		86		71		995181.9	1.00	35	34				
240	155	82	53	45		723838.7	0.72	46	30				

形状

騒音レベル (FAST) [dBA]	ラウドネス [soneGF]	シャープネス [acum]	ラフネス [asper]	変動強度 *10^-3[vacil]	ピーク周波数 (1次) [Hz]
78.7	41.3	4.0	0.043	3.0	134
81.9	47.6	4.3	0.055	4.5	261
77.1	32.5	3.5	0.042	3.4	191
74.6	30.6	4.0	0.031	2.9	259
80.5	41.2	3.8	0.049	4.7	283
80.3	47.3	4.5	0.041	4.5	271
82.4	48.6	4.1	0.054	6.1	100
81.4	46.2	4.4	0.051	4.4	194
75.2	32.5	4.0	0.037	3.9	280
80.3	41.5	4.2	0.042	4.4	130
81.5	45.6	4.1	0.051	3.8	252
82.2	47.1	4.5	0.046	6.7	338
79.1	40.1	4.3	0.042	3.3	273
79.5	43.2	4.5	0.048	3.5	108
81.2	38.4	3.6	0.053	2.8	214
73.1	30.0	4.0	0.031	3.0	344
74.7	32.8	4.0	0.039	3.6	332
64.9	17.1	3.1	0.033	2.7	100
74.5	31.4	4.5	0.049	3.4	224
77.7	38.4	4.3	0.043	3.2	258
78.0	36.3	3.9	0.046	3.0	275
78.5	38.7	3.7	0.035	2.7	273
77.0	38.0	4.3	0.041	3.9	242

音

表6-6　持ち易さに関する被験者実験の結果

実験1：実際の重量と持った際の重量感との相関

	A	B	C	D	E	F
	男性	男性	男性	女性	女性	女性
カタログ値	0.83	0.86	0.80	0.90	0.83	0.86
本体重量	0.90	0.94	0.89	0.93	0.93	0.85
総重量	0.77	0.89	0.84	0.92	0.86	0.73

両者に強い相関

実験2：実際の重量と持った際の持ち易さ感との相関

	A	B	C	D	E	F
	男性	男性	男性	女性	女性	女性
カタログ値	0.18	−0.18	−0.01	0.42	−0.35	0.65
本体重量	−0.01	−0.09	0.11	0.59	−0.30	0.78
総重量	0.06	0.08	0.11	0.73	−0.41	0.66

男性は無相関、女性は相関有（ただし、正と負に）

そこで、クラスタ毎に相関を取ってみると、パターン1が0.726、パターン2が0.656と強い相関があることが分かる。この二つのパターンでドライヤの物理量（感性指標の元データ）に何らかの違いがある可能性がある。そこで、6名の被験

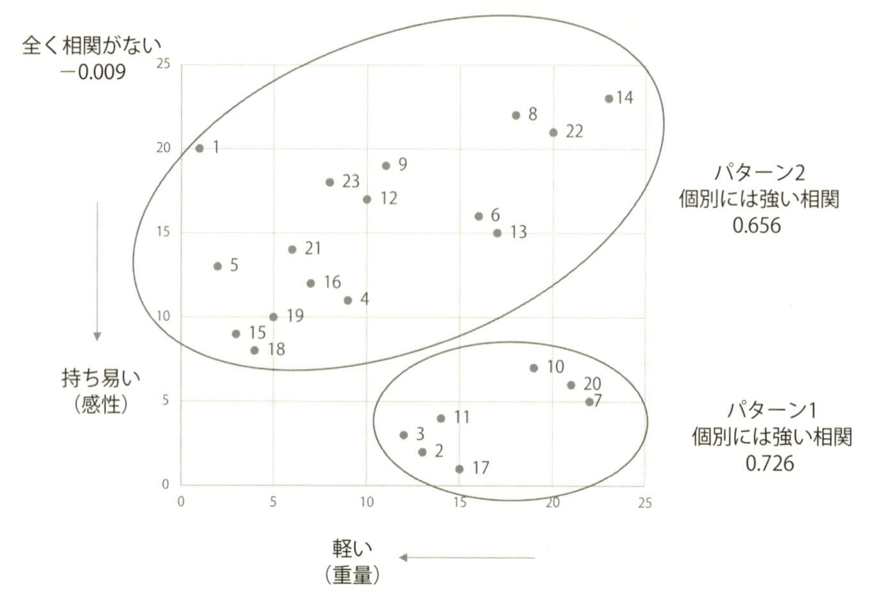

図6-8　被験者C（男性）の持ち易さと重量の関係

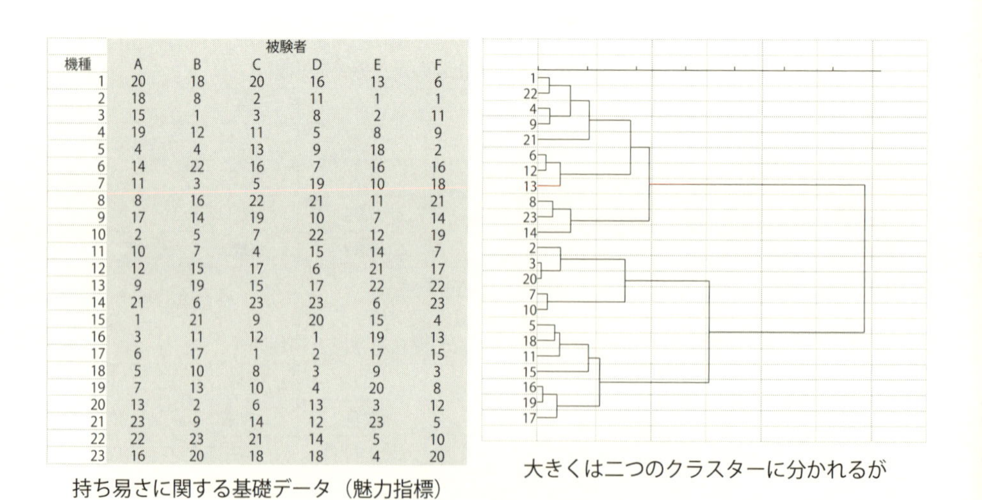

機種	被験者 A	B	C	D	E	F
1	20	18	20	16	13	6
2	18	8	2	11	1	1
3	15	1	3	8	2	11
4	19	12	11	5	8	9
5	4	4	13	9	18	2
6	14	22	16	7	16	16
7	11	3	5	19	10	18
8	8	16	22	21	11	21
9	17	14	19	10	7	14
10	2	5	7	22	12	19
11	10	7	4	15	14	7
12	12	15	17	6	21	17
13	9	19	15	17	22	22
14	21	6	23	23	6	23
15	1	21	9	20	15	4
16	3	11	12	1	19	13
17	6	17	1	2	17	15
18	5	10	8	3	9	3
19	7	13	10	4	20	8
20	13	2	6	13	3	12
21	23	9	14	12	23	5
22	22	23	21	14	5	10
23	16	20	18	18	4	20

持ち易さに関する基礎データ（魅力指標）

大きくは二つのクラスターに分かれるが

図6-9　被験者実験結果のクラスタ分析

者の持ち易さに関するデータをもとに、クラスタ解析を行ってみた。**図6-9**がその結果である。これから、23機種のドライヤは二つのクラスタ（パターン）に分かれており、これは図6-8の二つのパターンと完全に一致する。

図6-10は、23機種のドライヤを二つのパターンに分けたものである。同時に、物理量として重量のほかに**表6-7**に示す回転慣性、長さ、体積、持ち手情報も新たに付加した。図6-10の半透明のドライヤは回転慣性算出のためのCT画像である。表6-7からパターン1はパターン2より重量が大きいことが分かる。従って、仮説として、パターン1はある程度重量があるため重量が持ち易さに関係し、パターン2は重量が相対的に軽いため、使用時に回して使用することにより、回転慣性が関係していると考えられる。

そこで、持ち易さと回転慣性（3軸回り）の関係を示したのが**表6-8**である。これから、パターン2に関して持ち易さと回転慣性に強い相関があることが分かり、上記の仮説が正しいことが証明された。

以上より、持ち易さに関しては全体を一つのものさしで表現することは適切ではなく、重量依存のパターン1と回転慣性依存のパターン2に分けて評価することが必要である。**図6-11**に、パターン2のドライヤに関して算出した持ち易さに関するデライトのものさしを示す。これから分かるように、回転慣性（MOI）以外に、質量（M）、長さ（L）、体積（V）も関係している。

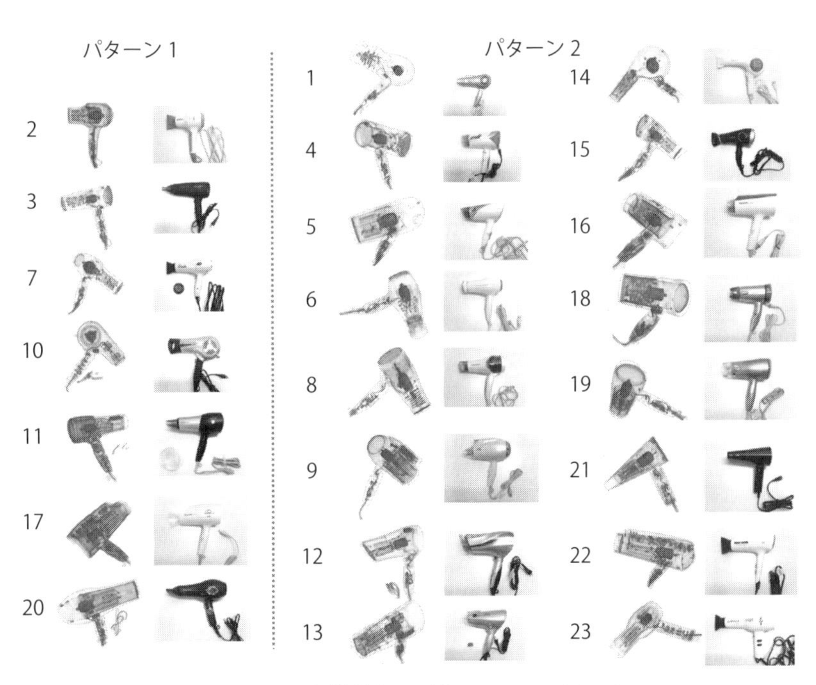

図6-10　23機種ドライヤの二つのパターン

表6-7　持ち易さに関係すると思われる物理量

パターン1

	質量	総質量	試験時重量	慣性xx	慣性yy	慣性zz	本体長さ	体積	持ち手細さ	持ち手長さ	持ち手角度	密度
2	7	13	5	4	1	6	2	2	9	2	19	22
3	12	11	12	10	10	11	16	7	22	15	22	15
7	14	21	16	11	9	13	20	11	13	4	17	17
10	20	19	22	20	13	22	12	18	4	20	8	18
11	21	15	18	21	18	18	18	14	18	4	4	18
17	22	12	14	22	20	21	12	12	19	12	7	16
20	17	17	19	19	15	20	20	8	15	7	23	20
平均値	16.1	15.4	15.1	15.3	12.3	15.9	14.3	10.3	14.3	9.1	14.3	18.0

パターン2

	質量	総質量	試験時重量	慣性xx	慣性yy	慣性zz	本体長さ	体積	持ち手細さ	持ち手長さ	持ち手角度	密度
1	3	4	4	9	12	4	18	10	1	12	1	2
4	5	6	10	7	7	8	6	13	9	7	15	4
5	1	2	2	1	2	2	3	4	4	4	2	9
6	8	10	6	12	16	9	16	15	23	20	11	6
8	18	18	21	18	22	17	12	21	16	15	12	9
9	15	9	13	16	14	19	9	22	9	7	14	3
12	11	8	11	14	17	12	8	17	8	15	9	5
13	19	15	20	17	23	16	9	19	14	22	5	14
14	23	23	23	23	21	23	23	23	9	23	21	11
15	6	14	7	5	8	5	11	9	2	19	18	7
16	10	5	7	8	5	10	4	16	19	7	6	1
18	4	3	3	3	3	3	1	3	17	7	3	13
19	9	7	7	6	6	7	4	5	7	12	13	12
21	2	1	1	2	4	1	7	1	3	1	16	23
22	16	20	15	15	19	14	15	20	6	15	10	7
23	13	22	17	13	11	15	22	6	21	2	20	21
平均値	10.2	10.4	10.4	10.6	11.9	10.3	10.5	12.8	10.5	11.8	11.0	9.2

以上、持ち易さを例にデライトのものさしの作成例を示した。音のものさしのように感性指標（音質指標）が存在する場合には、**図6-12**に示すようにデライトのものさしの作成はある程度、ルーチン的に実施することが可能である。一方で、持ち易さのように感性指標そのものから定義する必要がる場合には、**図6-13**に示す

表6-8　持ち易さと回転慣性の関係

全体　弱い相関

	0.13		0.3		0.05	
	回転慣性	感性	回転慣性	感性	回転慣性	感性
	小さい順	持ち易い	小さい順	持ち易い	小さい順	持ち易い
	xx		yy		zz	
1	9	20	12	20	4	20
2	4	2	1	2	6	2
3	10	3	10	3	11	3
4	7	11	7	11	8	11
5	1	13	2	13	2	13
6	12	16	16	16	9	16
7	11	5	9	5	13	5
8	18	22	22	22	17	22
9	16	19	14	19	19	19
10	20	7	13	7	22	7
11	21	4	18	4	18	4
12	14	17	17	17	12	17
13	17	15	23	15	16	15
14	23	23	21	23	23	23
15	5	9	8	9	5	9
16	8	12	5	12	10	12
17	22	1	20	1	21	1
18	3	8	3	8	3	8
19	6	10	6	10	7	10
20	19	6	15	6	20	6
21	2	14	4	14	1	14
22	15	21	19	21	14	21
23	13	18	11	18	15	18

パターン１　弱い相関

	0.28		0.07		0.43	
2	4	2	1	2	6	2
3	10	3	10	3	11	3
7	11	5	9	5	13	5
10	20	7	13	7	22	7
11	21	4	18	4	18	4
17	22	1	20	1	21	1
20	19	6	15	6	20	6

パターン２　強い相関

	0.8		0.76		0.69	
1	9	20	12	20	4	20
4	7	11	7	11	8	11
5	1	13	2	13	2	13
6	12	16	16	16	9	16
8	18	22	22	22	17	22
9	16	19	14	19	19	19
12	14	17	17	17	12	17
13	17	15	23	15	16	15
14	23	23	21	23	23	23
15	5	9	8	9	5	9
16	8	12	5	12	10	12
18	3	8	3	8	3	8
19	6	10	6	10	7	10
21	2	14	4	14	1	14
22	15	21	19	21	14	21
23	13	18	11	18	15	18

ようにある程度、試行錯誤的アプローチが必要になる。一般には、このような場合が多いと思われる。いずれにしても、デライトのものさしの作成に当たっては、人がどう感じているかと対象とする製品の特長量は何かが最重要である。その意味で“いかに人を知り、ものを知るか”で、デライトのものさしの精度が左右される。

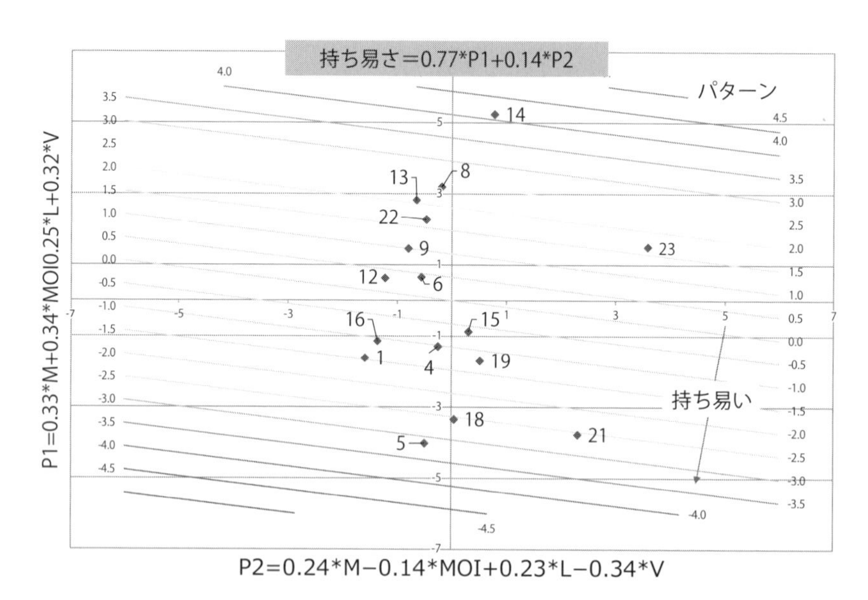

図6-11　持ち易さに関するデライトのものさし（パターン2）

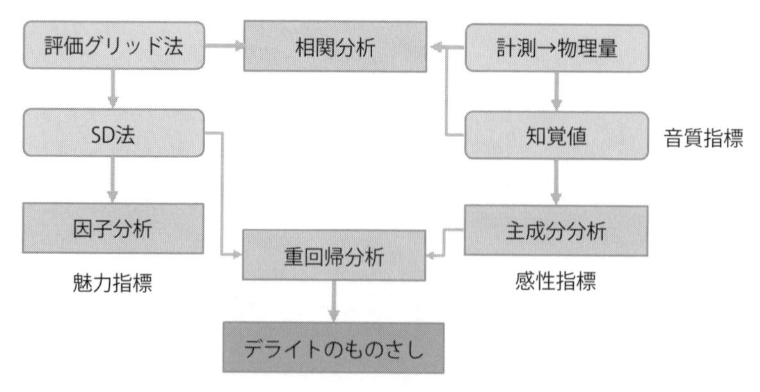

図6-12　デライトのものさしの作成手順：音の場合

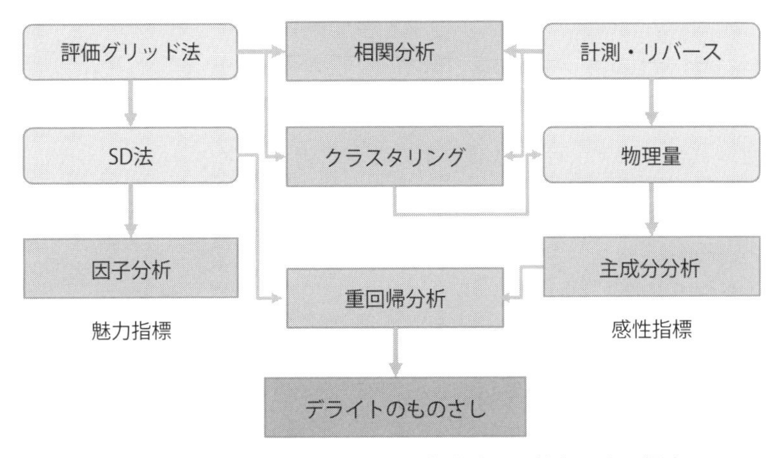

図6-13　デライトのものさしの作成手順：持ち易さの場合

6.3 デライト1Dの作成

今までのデライト設計は、「コンセプトを創出する」と「試作して検証する」というプロセスを経ていた。この方法は今後も有力な手段で、特に形状に関する部分は3Dプリンタでの試作が、見栄えや持った感じの評価には効果を発揮する。一方で、機能（暖める、風を送る、音、振動等）に関しては、試作することは容易ではない。そのため、第4章、第5章で述べたように、1DCAEの考え方に基づく感性も含めた1Dモデリング（デライト1D）が、デライト設計においては強力な手段となる。そこで、ここではドライヤをモチーフに、デライト1Dの作成手順を詳しく述べる。

6.3.1　全体の手順

ドライヤをモチーフに1Dモデルを構築し、感性評価項目のうち、音と持ち易さに関する項目を追加、デライト1Dを作成した。基本となる1Dモデルにおいては、実機観察・測定によるモデル同定・分解によるモデル把握等の手順を経ることで、妥当な応答を得ることのできるモデル構築手法を確立した。

次に、1Dモデルを拡張し、音と持ちやすさを評価するための機能を実装して解析可能とした。得られた物理量の結果から、感性評価に連結させるための出力として、音質評価に用いる音圧データのWAVファイル変換方法、また、持ちやすさ評価に用いる動作反力と反モーメント出力を得る方法を確立した。

一般に、1Dモデリング環境は、基礎的な物理現象を組み合わせた物理シミュレーションツールが利用されることが多く、ここでは、欧州でModelica協会により標準化されているModelica言語を基本としたモデリング環境に、Modelica言語で感性モデルを付加することとした。

6.3.2 ドライヤの1Dモデル

(1) モデル全体像

一般に、ドライヤは外装構造の中に電気系部品が収められており、電熱線により発せられた熱を、モータに取り付けられたファンによる空気の流れとともに、吹出口より出力させる装置である。そこで、まずはデライト1Dモデルを適用する土台として、上記の物理現象が含まれた1Dモデルを構築、モデル化に必要な機器の詳細構成や物理パラメータは、分解や試験により取得した。**図6-14**に、ドライヤ1Dモデルの全体像を示す。以下に、各部についてモデル構築のプロセスを示す。

(2) 構成把握のためのプロセス

図6-15に、モデル化の対象としたドライヤとその分解図を示す。これは前述の機種23に相当する。ドライヤは比較的簡易に分解できることから、現物を利用して構成の把握をした。

電源ケーブルにパワースイッチが接続され、その後温風用のスイッチを介して、モータとヒータに電源供給がなされている。遠心ファンが取り付けられたモータはDCモータが利用されており、筐体により流れの方向が変換され、ヒータ付近の空気を温めて排出する構成となっている。

1Dモデルを物理シミュレーション環境に構築するには、物理現象の相互関係を把握する必要がある。そのためのプロセスとして、はじめに部品に対する機能を検討した。**図6-16**に示すように、例えば、ファンは空気の流動を発生させる部品であり、モータは回転運動を発生させる部品である。また、筐体は保持構造だけでなく、流路を形成する部品でもある。

次に、検討した部品の機能から生じる物理現象に展開し、各部品の機能の相互関係を検討することで、図6-16に示すような関係図を描くことができる。この関係性を物理シミュレーション環境にモデル化することで、図6-14のようなモデル構成を比較的混乱なく得ることができる。

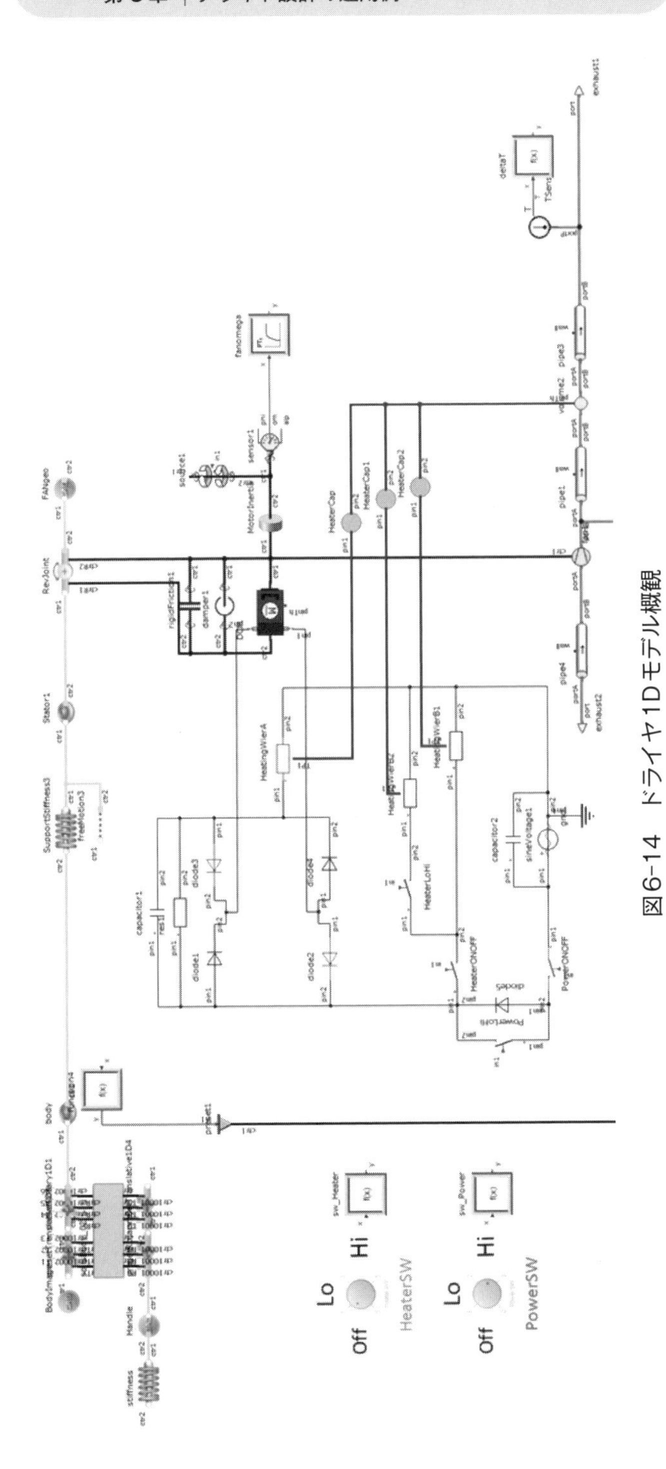

図6-14　ドライヤ1Dモデル概観

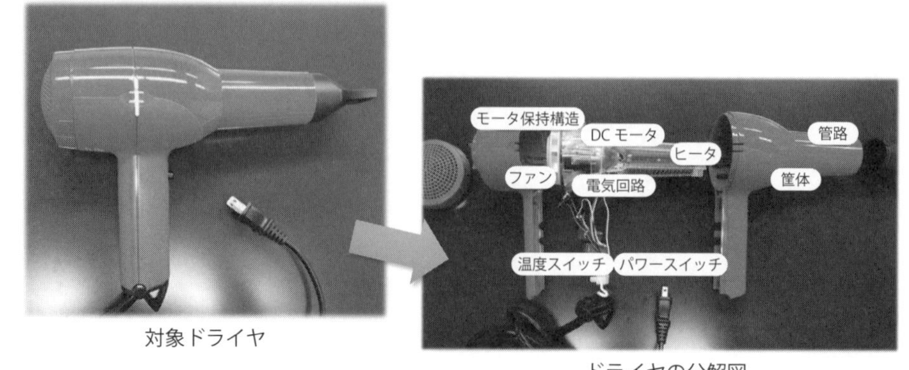

図6-15　モデル対象としたドライヤ

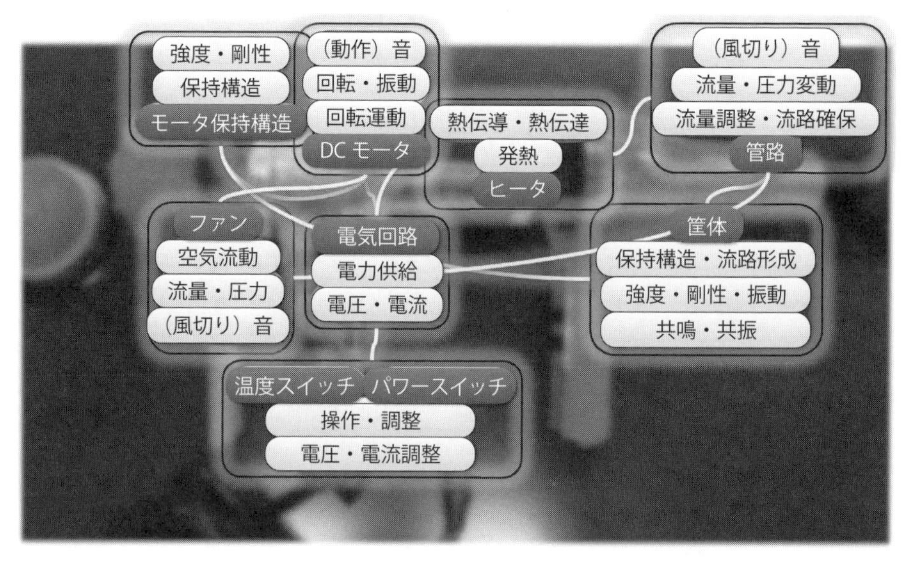

図6-16　部品に対する機能・物理現象とその関係

作成したモデルは、適した物理現象のアイコンを並べただけの状態であり、物理パラメータを適切に定義することで、デライト1Dモデルの土台となる1Dモデルを得ることができる。物理パラメータはカタログ値から容易に得られる場合もあれば、実測による同定が必要になる場合もある。次に、各物理パラメータを得たプロセスを記載する。

(3) 機構部

ドライヤの外装から、モータの保持部・回転部までの機構運動のモデルは、機構モデルを利用した構成としている。機構運動としてのファンは、回転体として扱うため、質量・慣性モーメントを実測と3次元CADにより算出して剛体として定義した。ファンとモータの回転部は、モータの静止部に1回転のみ許容する回転ジョイントで連結しており、回転ジョイントには、別途計算するモータのトルクと反トルクが印加される。

モータの支持部についても、ファンと同様に実測と3次元形状から、質量と慣性モーメントを求め、剛体に定義している。モータの支持部の部品（**図6-17**中の半透明部品）は、支持部の剛性によりモータ振動の伝達特性が変化するため、構造解析により剛性を求め、バネ要素に定義している。モータ支持部のバネ要素は外装に接続されるが、ドライヤの外装は樹脂製で比較的薄い構造であり、稼働による外乱の周波数帯域内に固有振動数を持つ可能性がある。

そこで、ここでは、CTスキャンにより得られた外装形状を3次元CADモデルに変換し、**図6-18**に示す手順のように、構造解析でメッシュモデルを生成し、縮退ツールを利用して、モデルの自由度を現象させた縮退モーダルモデルとして、機構モデルと連結させた。

縮退したモーダルモデルは、持ち手部の剛体要素へ連結し、持ち手部はバネ要素

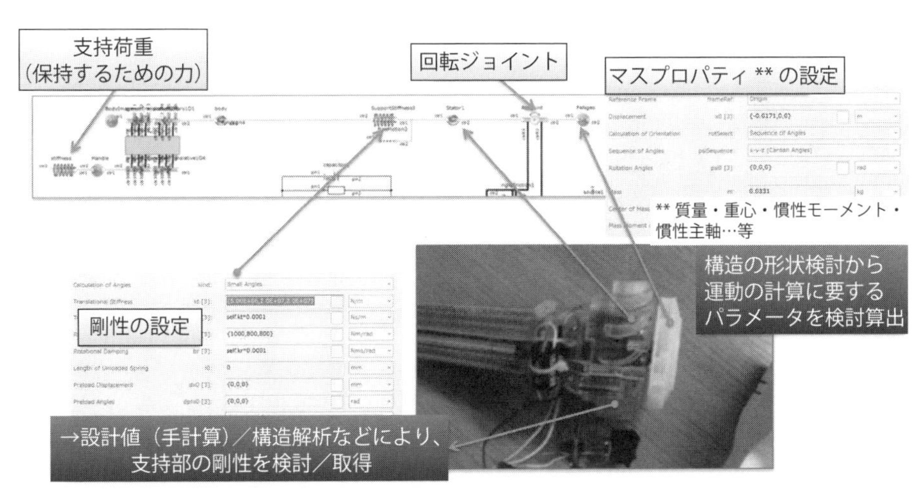

図6-17　機構部の定義

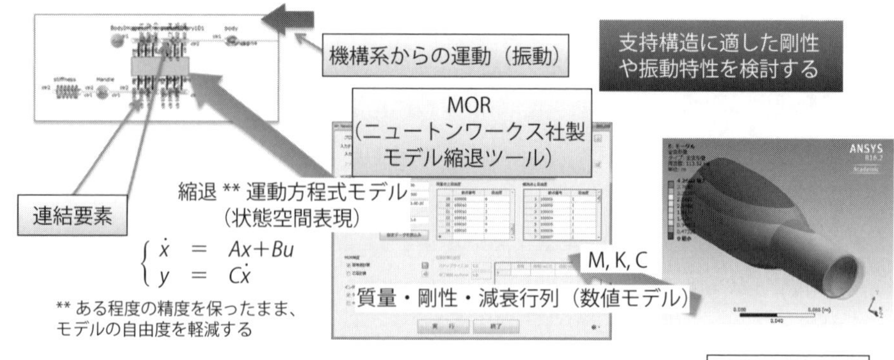

図6-18　縮退による弾性体の取り込み

を介して固定している。持ち手部のバネ要素は人による支持剛性を入力することを想定しており、ドライヤの動作振動による反力を評価することで、手に伝達する振動を評価できるようなモデルとした。

(4) モータ部

通常、Modelica等のモータ要素は、モータの諸元値などを定義することで回転特性が模擬される。しかし、モチーフとしたドライヤに使われているモータは、汎用的なDCモータと同一の型番は製品が存在するが、形状が異なり諸元値を得ることができなかった。そこで、ここでは、モータの諸元値について実測から求めた。特性値を求めるためのプロセスを以下に記載する

(4)-1　DCモータの特性

DCモータは、以下に示す電気特性と機械特性を変換する機器である。

［電気特性］

$$v(t) = R \cdot i(t) + L\frac{di(t)}{dt} + v_{emf} \cdots (1)$$

［機械特性］

$$T(t) = J\frac{d\omega(t)}{dt} + c \cdot \omega(t) + T_f \cdots (2)$$

［その他の関係］

$$v_{emf}\,[\mathrm{V}] = k_{emf}\,[\mathrm{V\ s/rad}] \cdot \omega(t)\,[\mathrm{rad/s}] \cdots (3)$$

$$T(t)\,[\mathrm{Nm}] = k_t[\mathrm{Nm/A}] \cdot i(t)\,[\mathrm{A}] \cdots (4)$$

$$k_t = k_{emf} \cdots (5)$$

$v(t)$：電圧（端子間）[V]　　$i(t)$：電流（端子間）[A]

R：抵抗[Ω]　　L：インダクタンス[H]

v_{emf}：逆起電力[V]　　T：トルク[Nm]

J：慣性モーメント[kgm^2]　　ω：回転速度[rad/s]

c：粘性抵抗係数[Nm s/rad]　　T_f：摩擦トルク[Nm]

k_{emf}：逆起電力定数[V s/rad]　　k_t：トルク定数[Nm/A]

(4)-2　逆起電力係数（トルク定数）の同定

式(3)(5)より、逆起電力と回転速度を取得できれば、逆起電力定数およびトルク定数が導出できる。

$$k_t = k_{emf} = \frac{v_{emf}}{\omega(t)} \cdots (6)$$

また、式（1）より、モータに電流を与えない場合（i＝0）は、端子間の電圧は逆起電力と等しくなる。

$$v(t) = R \cdot \cancel{i(t)} + L\frac{\cancel{di(t)}}{dt} + v_{emf} \cdots (1)$$

$$v(t) = v_{emf} \cdots (7)$$

モータの端子間の電圧を逆起電力とするには、モータに外部から電圧をかけずに回転させればよいことになり、駆動用モータと同定用モータの軸同士を直結し、強制的に回転させることで、逆起電力と回転数を取得することが出来る。これは、同定用モータを発電機として扱うことを意味している。

図6-19に、同定モデルの概念図と測定環境を示す。図中では、簡易に回転数を取得するためのマイクのみ表示しているが、タコメータによる測定も実施した。得られた結果を**図6-20**に示す。（マイクで回転音を取得し、音データのパワースペクトルを求め、最低ピーク周波数を回転数として扱った。回転数が低い場合は音データとして取得できない可能性があるが、非常に簡易に測定が可能。また、タコメータによる測定精度は、センサ出力よりもサンプリング周波数が重要であるため、計測器に注意が必要となる）

X軸には得られた回転数、Y軸にテスターで得られた電圧をプロットすると、お

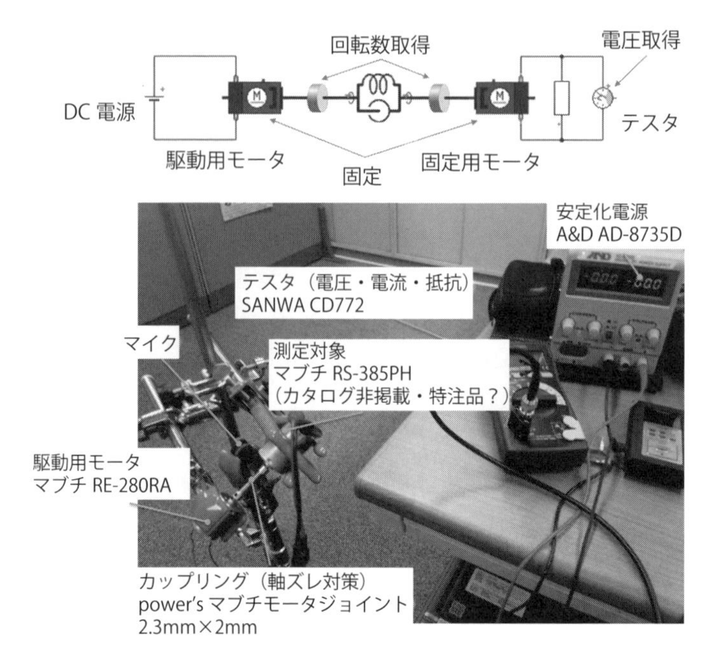

図6-19　逆起電力同定モデルと測定環境

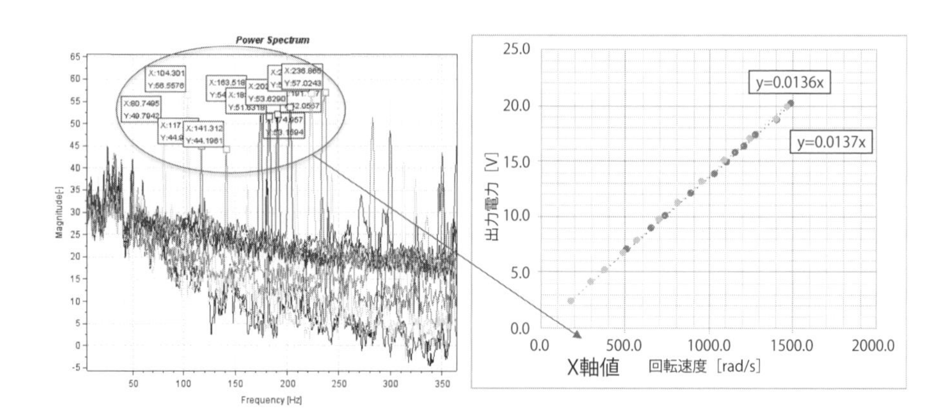

図6-20　逆起電力同定試験の測定結果

およそ線形に推移していることがわかる。この結果を直線に最小二乗近似することで、傾き（V/(rad/s)）から逆起電力係数を同定することができた。逆起電力係数はトルク定数と同値であるため、これによりトルク定数の同定ができたことになる。

(4)-3　内部抵抗の同定

モータの内部抵抗は、式（1）より非回転・非通電であれば、両端子間の抵抗をテスタで測定することで測定することができる。ただし、DCモータは回転角度により、ブラシとコミュテータの接触状況が変化するため、角度を適宜調整しながらテスタにて抵抗値を同定した。

(4)-4　損失の同定

DCモータには、回転運動に対する抵抗が生じている。このうち、摩擦・粘性抵抗を主要成分と仮定し、以下の関係により、抵抗係数を同定した。逆起電力の同定によりトルク定数が既知のため、式(2)(4)よりトルクを消去し、また、定常応答を前提とすることで角加速度も消去すると、

$$T(t)=J\frac{d\omega(t)}{dt}+c\cdot\omega(t)+T_f\cdots(2)$$

$$T(t)=k_t\cdot i(t)\ \cdots(4)$$

T(2)(4)より、

$$k_t\cdot i(t)=J\frac{d\omega(t)}{dt}+c\cdot\omega(\mathrm{t})+T_f$$

となり、

$$i(t)=\frac{c}{k_t}\cdot\omega(t)+\frac{T_f}{k_t}\cdots(8)$$

式（8）を得る。これは、回転数に関する電流の線形モデルとして扱うことで、粘性抵抗係数と摩擦力を求めることができることを表している。**図6-21**に、測定の

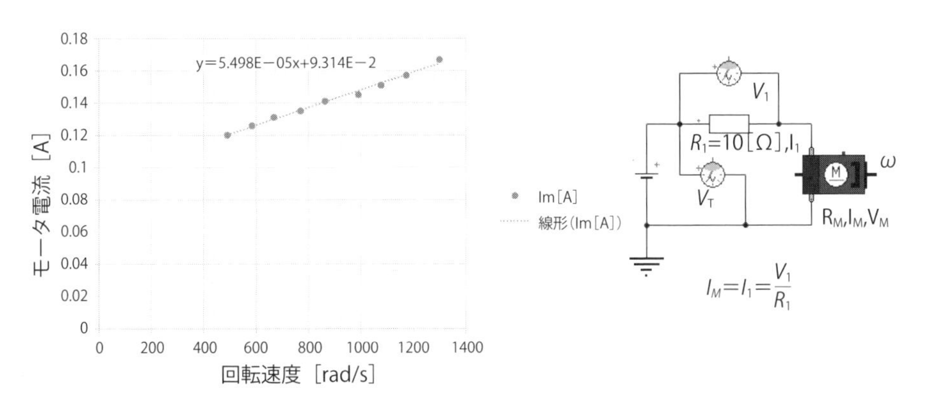

図6-21　電流測定概念図と測定結果

概念図と測定結果を示す。電流値を直接取得することは簡易ではないため、既知の電気抵抗をモータと直列につなぎ、電気抵抗の電圧をテスターで取得することで、電流値を算出した。

(4)-5　インダクタンス値の同定

モータのインダクタンス値はモータを固定した状態で実施することで、回転による影響を排除して、電気的なインダクタンス値のみの応答とすることができる。式(1)において、モータを固定することで、回転が発生せず、逆起電圧は0となる。電圧をステップ入力Vとして$i(t)$の微分方程式とすると、式(9)を得る。

$$v(t) = R \cdot i(t) + L\frac{di(t)}{dt} + v_{emf} \cdots (1)$$

$$i(t) = \frac{V}{R}\left(1 - e^{-\frac{R}{L}t}\right) \cdots (9)$$

時間$t = 0$の場合、電流は0となり、時間が無限大（定常応答）の場合、電流は$i = V/R$になる。また、$Rt/L = 1$とした場合の電流値は、$0.63V/R$となることから、電圧をステップ入力で印加し、定常応答時の電流に達する63%に到達する時間を取得すれば、既知の抵抗とあわせてインダクタンス値Lを得ることができる。**図6-22**に測定結果を示す。

(4)-6　慣性モーメントの同定

モータ内部の回転体（コイル等）の慣性モーメントは、インダクタンスと同様に、一定電圧をステップ入力した際の応答時間により同定できる。式(1)～(5)を利用し、インダクタンスの応答は、回転に比べ非常に短く（0.13ms）無視して考える

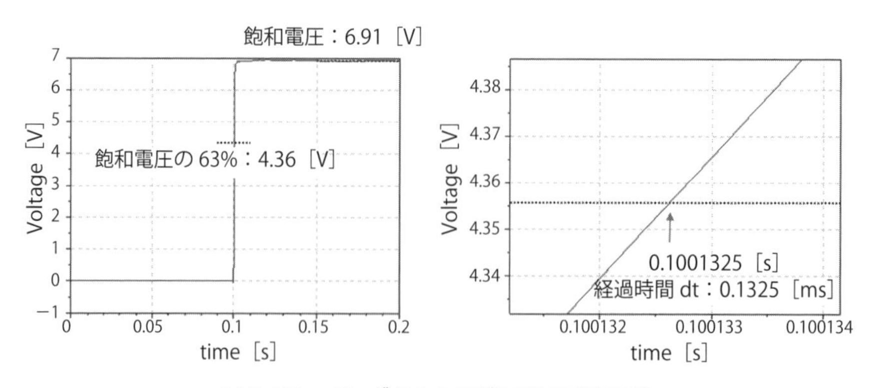

図6-22　インダクタンス値同定の測定結果

と、回転の微分方程式となり、式（10）を得る。

$$\omega(t) = \frac{k_{emf}V - RT_f}{RC + k^2_{emf}}\left\{1 - e^{-\frac{1}{J}\left(C + \frac{k^2_{emf}}{R}\right)t}\right\} \cdots (10)$$

インダクタンスと同様に、時間0では回転数は0となり、時間が無限大（定常応答）では式（11）の回転数となる。

$$\omega = \frac{k_{emf}V - RT_f}{RC + k^2_{emf}} \cdots (11)$$

$-\frac{1}{J}\left(C + \frac{k^2_{emf}}{R}\right)t = 1$となる時間での回転数は、$\omega = 0.63\frac{k_{emf}V - RT_f}{RC + k^2_{emf}}$となるため定常回転数の63%の回転数になる時間を取得できれば、$J = \left(C + \frac{k^2_{emf}}{R}\right)t$により、慣性モーメントを同定できる。同定に用いた測定データを**図6-23**に示す。

(4)-7　同定したパラメータ

(2)～(7)により同定したパラメータを以下に示す。これらのパラメータを、**図6-24**に示すドライヤのモータ部分のモデルのパラメータとして定義した。

－電気抵抗(R)：6.26[Ω]

－インダクタンス(L)：2.15[mh]

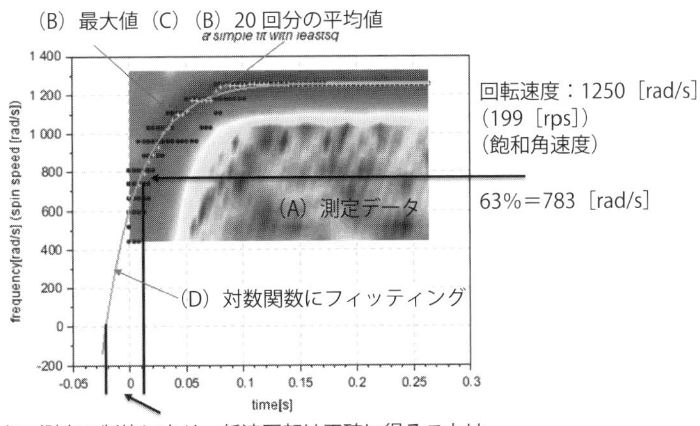

図6-23　慣性モーメントの同定測定結果

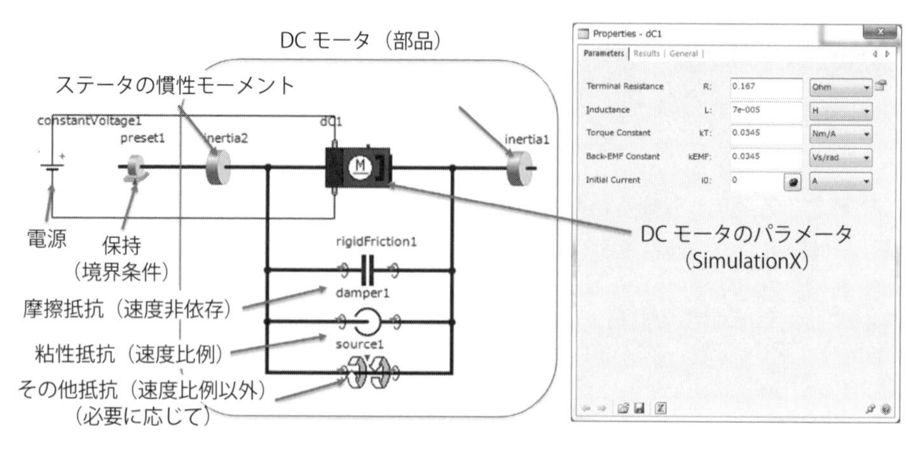

図6-24　DCモータ基本構成

－トルク定数(k_t)・逆起電力定数(k_{emf})：0.014［Nm/A］

－慣性モーメント(J)：9.6×10^{-7}［kgm^2］

－動摩擦(T_f)：1.30×10^{-4}［Nm］

－粘性抵抗係数(C)：7.70×10^{-7}［Nms/rad］

（5）電気部

電気部は、ドライヤの分解により電気回路を忠実にモデル化した。

(5)-1　ドライヤの電気回路

図6-25に、分解したドライヤ内部に含まれる電気部品の詳細を示す。今回対象としたドライヤの電気系は非常に単純で、電気基盤は組み込まれていない。

(5)-2　電気回路の解釈

次に、分解した部品の回路について解釈をした。**図6-26**に解釈図を示す。電源コードは、まず風量スイッチ（電源スイッチ）に接続され、モータ・ヒータ系とイオン発生器が並列に接続されている。モータ・ヒータ系のうち1系統は、キャパシタ・抵抗・ダイオードブリッジが並列に接続されており、直列に1つヒータの電熱線が接続されている。もう1系統は、ヒータ切断スイッチを介して、ヒータ用スイッチに接続されている。そのため、ドライヤを動作させると、1系統の電熱線には電流が流れることになり、風量の強弱に同期して発熱量が変化する。

(5)-3　電気部1Dモデル

解釈に従い構築した1Dモデルを**図6-27**に示す。スイッチ部品は2系統を含む部

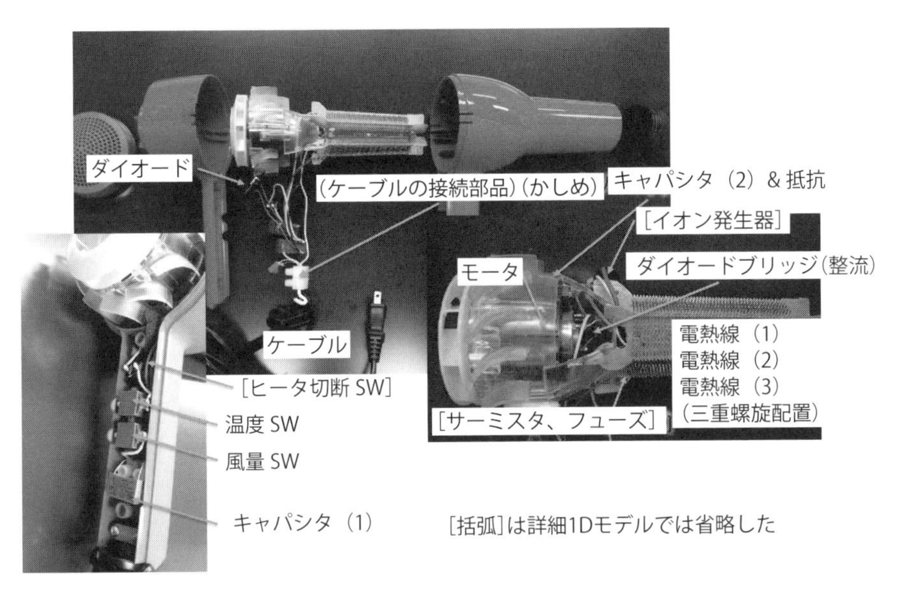

図6-25　ドライヤ内部の電気回路詳細

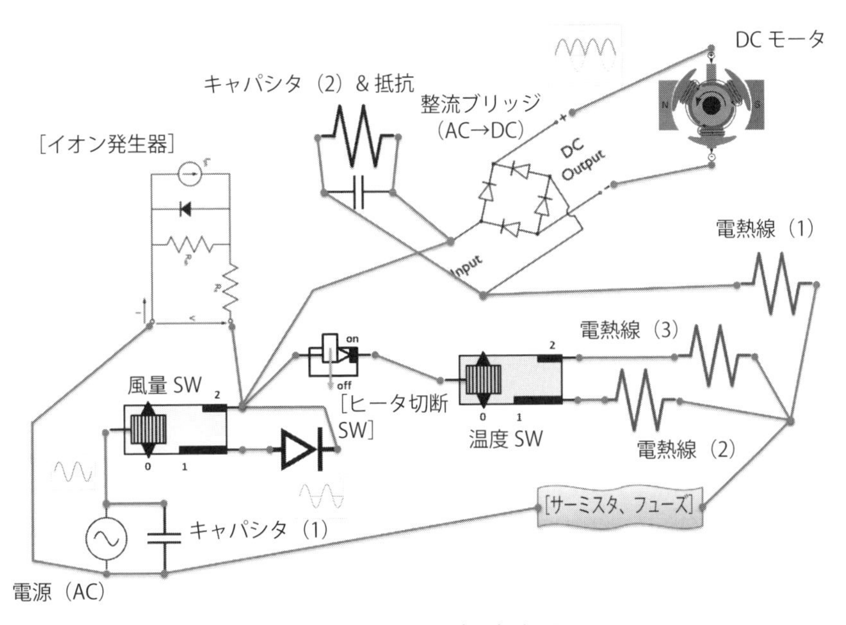

図6-26　電気回路の解釈図

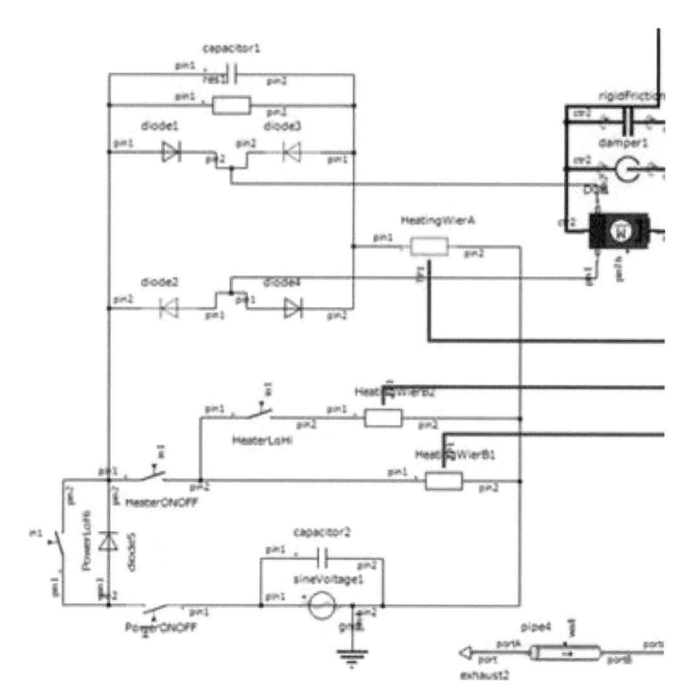

図6-27　電気部の1Dモデル

品のため、モデル上は2つの要素に分割してモデルに定義した。キャパシタや抵抗のパラメータは、部品に記載されているパラメータをそのまま定義している。また、電熱線の抵抗値はテスタによる実測値を定義した。

(6) 発熱部

発熱部は、電熱線が利用されており、発熱の特性は部品の電気抵抗値によって決定される。電熱線そのものの熱容量は、材質を特定する必要がある。以下の測定により、電熱線の材質の同定を行った。

(6)-1　電熱線の特性

電熱線の電気抵抗特性は以下に示す関係による。

$$R = \frac{\rho}{s} \ \ell \cdots (12)$$

R[Ω]：電気抵抗

ρ [Ω m]：体積抵抗率・電気抵抗率

s[m^2]：断面積

ℓ [m]：長さ

電気抵抗値は、テスタによる測定で既知のため、断面積と長さがわかれば、材質固有の値である体積抵抗率（電気抵抗率）から、材質の判断が可能となる。

(6)-2　汎用的な電熱線の特性

一般に利用される電熱線の特徴を以下に示す（**表6-9**）。

－ニッケルクロム線1種：耐熱性耐酸化性良好、強じんで高温強度大、非磁性

－ニッケルクロム線2種：1種に比べ耐酸化成・高温強度やや劣る、弱磁性

－鉄クロム線1種：耐熱性耐酸化性良好、高温使用に適する、高温強度は小さく強磁性

－鉄クロム線2種：1種に比べ冷間加工性が容易

(6)-3　形状の測定

分解したドライヤの発熱部には、電熱線が3系統非接触で巻き付けられている。巻き付けられた電熱線をほどき、長さと太さを測定した（**図6-28**）。

長さ：3.3m～3.4m（湾曲しているため厳密な測定不能）

太さ：0.35㎜

テスタにより測定した電気抵抗値と電熱線の太さ、また、一般的な電熱線の体積抵抗率から、電熱線の長さを式（12）より計算すると、鉄クロム2種が最も近く、また、着磁の確認からも本材質は鉄クロム2種と考えられる（**表6-10**）。

$$\alpha = \frac{R - R_0}{R_0} \frac{1}{T - T_0} \cdots (13)$$

$$R = R_0 \{1 + \alpha (T - T_0)\} \cdots (14)$$

α [1/℃]：抵抗温度係数

R_0 [Ω]：基準温度での抵抗値

T_0 [℃]：基準温度

表6-9　汎用的な電熱線の特性

			体積抵抗率 x10⁻⁶ [Ωm]		抵抗温度係数 x10⁻⁶ [1/℃]	熱伝導率 [w/m・K]
ニッケルクロム	1種	NCH1	1.08	+/－0.05	140	15
	2種	NCH2	1.12	+/－0.05	220	13
鉄クロム	1種	FCH1	1.42	+/－0.06	80	13
	2種	FCH2	1.23	+/－0.06	150	13

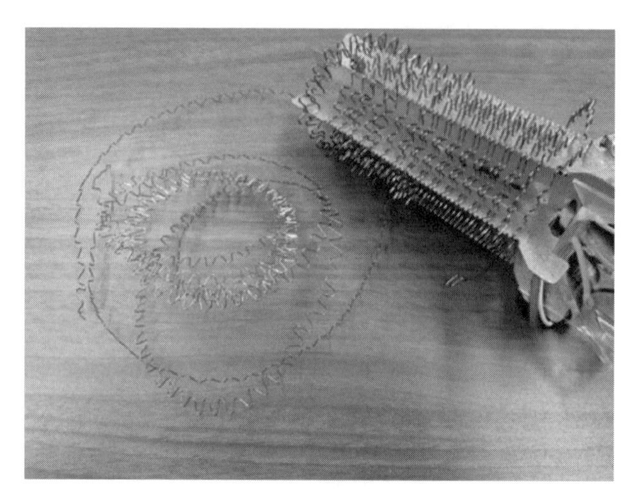

図6-28　電熱線の分解

表6-10　太さと抵抗値による長さ推測

直径	0.35［mm］	
断面積	9.62E-08	［m^2］
抵抗値(測定)	43.0	［Ω］

		体積抵抗率 x10^{-6}［Ωm］	抵抗温度係数 x10^{-6}［1/℃］	予想長さ［m］	130℃上昇時の抵抗値
ニッケルクロム	1種	1.08	140	3.83	43.8
	2種	1.12	220	3.69	44.2
鉄クロム	1種	1.42	80	2.91	43.4
	2種	1.23	150	3.36	43.8

また、一般に、電気抵抗は、素材の温度により抵抗値が変動（増加）する。温度上昇に対する抵抗値の変化は、材質固有の抵抗温度計数で、式(13)(14)により決定されるが、一般的なドライヤのサーミスタ温度（150℃程度）の範囲では、2%程度であるため、MBDモデルではこの影響は考慮から除外した。

(6)-4　電熱線の熱容量

電熱線の材質が同定できたため、比熱比が決定され、以下の関係により電熱線の熱容量を定義した（**図6-29**）。

$C = CpV\rho$ …(15)

C[J/K]：熱容量

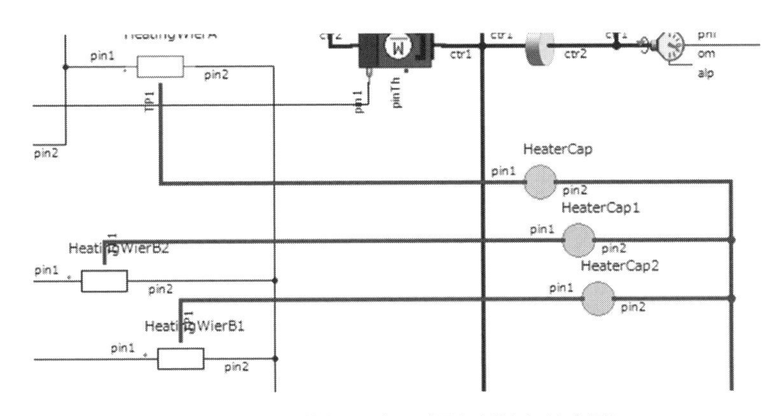

図6-29　発熱部モデル（電気抵抗と熱容量）

Cp[J/(kg・K)]：比熱比

V[m^3]：体積

ρ[kg/m^3]：密度

(7) 流体部

流体部は、ドライヤの外装によって構成される流路と、ファンの回転により流れを発生させる要素、熱を流体に伝達する要素で構成した。

(7)-1　流路形状モデル

ドライヤの外装が流路を形成していることから、X線CTスキャンにより取得された形状データをもとにパラメータを取得した。主な構造は、吸気部とファンやヒータを収納している中央部、吹出し口側の3つとして考え、3区間の長さと直径をパラメータとして定義した。**図6-30**に流路の構成を示す。

(7)-2　コンプレッサ要素のファン模擬

Modelica標準ライブラリでは、直接ファンが表現された要素が存在しないため、コンプレッサ要素を代用し、流体系の動力とした。コンプレッサ要素は、行程容積を定義することで、回転あたりの体積流量が吐出される。ここでは、モータの回転を受け、ファン（9枚）が回転数の9倍の流量をすると定義した。

なお、ファンをコンプレッサ要素で模擬し、適度な応答を得るためには、実測に対する合わせこみが必要であり、入出力の効率を40%に調整した。

(7)-3　熱の熱伝達係数

電熱線から生じた熱を流体系に伝達する要素も適した要素が存在せず、流体体積要素を仮置きしている。流体の体積・熱伝導率・表面積を定義するが、すべてのパ

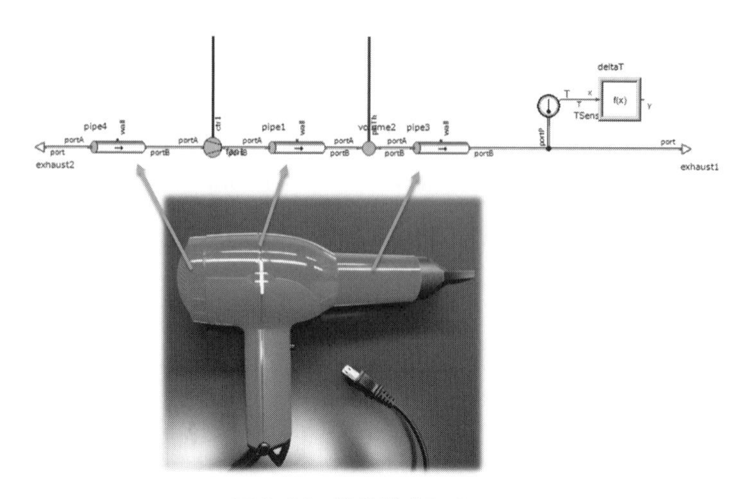

図6-30　流路構成配分

ラメータは実測結果に対して適度な値になるよう合わせこみをした。

なお、流路に利用したパイプ要素も、熱のインターフェースを持つが、この要素の熱伝達の表面積は、パイプの表面積と自動的に内部設定されるため、合わせこみや調整等が不可能で、電熱線の表面積に比べ小さい熱伝達となり、用途に適さない。ファンと熱伝達の部分は、より物理現象に忠実な定義を、要素のカスタマイズなどにより実施するのが望ましい。

(8) その他の調整項目

モータにファンを取り付けた状態における流体抵抗は、コンプレッサ要素では自動的に付与されない。一般に流体抵抗は、(角) 速度の二乗の反力となるが、**図6-31**に示す測定結果もその傾向を示している。モータ部のモデル化で示したDCモータの抵抗の同定手法で、ファンの回転に対する流体抵抗として、式 (8) に角速度の二乗の項を加え、同様の手続きで流体抵抗係数を求め、回転に対する反トルクを定義した。

$$i(t)=\frac{\gamma}{k_t}\cdot\omega(t)^2+\frac{c}{k_t}\cdot\omega(t)+\frac{T_f}{k_t}\cdots(16)$$

$$\gamma\left[\mathrm{Nm}/\left(\frac{\mathrm{rad}}{\mathrm{s}}\right)^2\right]$$：流体抵抗係数

(9) 解析結果例

作成した1Dモデルによる、解析結果例を**図6-32**に示す。図中上段がファン・

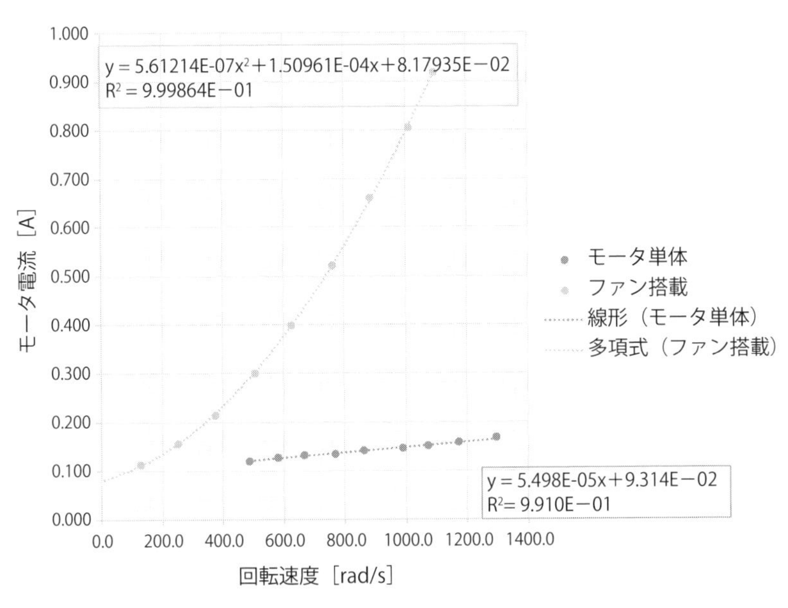

図6-31　ファン取り付け時の回転速度に対するモータ電流

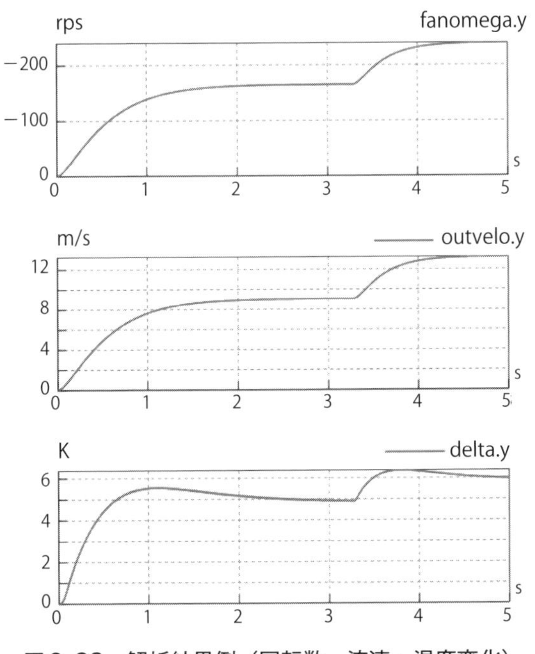

図6-32　解析結果例（回転数・流速・温度変化）

モータの回転数、中段はドライヤ吹出の流速、下段は吹出の温度変化を示している。解析開始とともに、風速を弱として運転、3.5秒付近で風速を強に切替えた結果となっている。回転数の実測は、弱で175rps、強で246rpsと比較的よく一致しており、流速は弱で9m/s、強で13.4m/sと、モデルの調整により適度な結果を得られている。温度変化は、弱2.3K上昇、強3.4K上昇に対して、各5K、6Kの上昇の結果となっており、上昇率は同等なものの、絶対量としては、モデル上に過不足がある結果となった

6.3.3 ドライヤのデライト1Dモデル

次に、以上作成ドライヤの1Dモデルを利用して、デライト1Dモデルを構築する。

(1) 音のデライト1Dモデル

(1)-1　音響モデルの追加

作成した1Dモデルを利用して、音の項目を追加する。**図6-33**に、音響系を追加

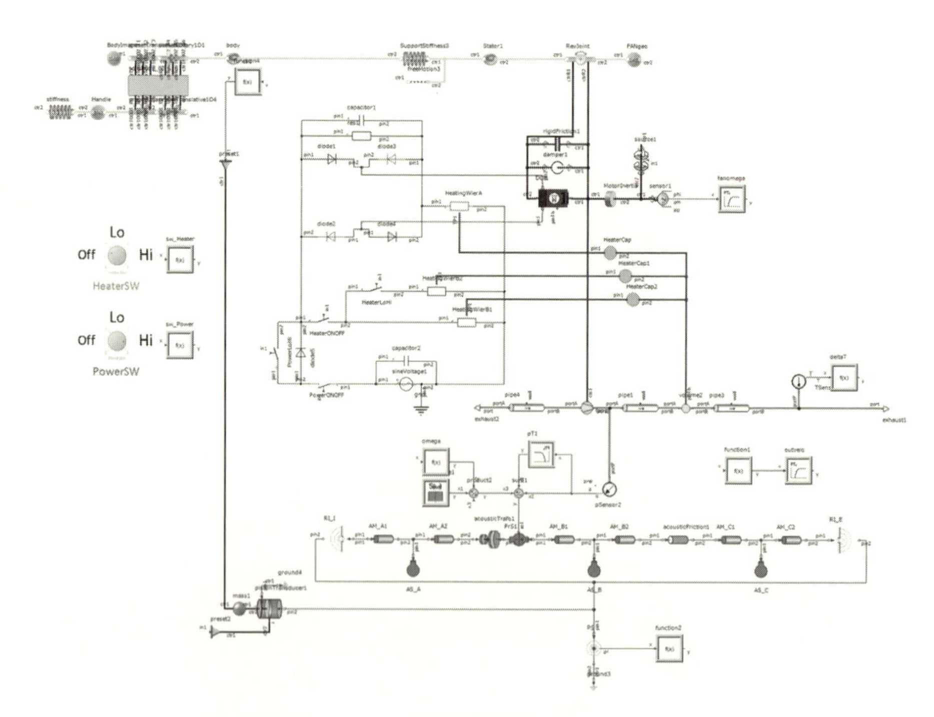

図6-33　ドライヤの音に関するデライト1Dモデル

したモデルを示す。ドライヤの音源としてファン直近の圧力変動を入力とし、その前後に、音響質量と音響バネから構成される管路モデルを流体系と同じ形状で定義した。管路による音の経路は、吐出口と吸気口の二系統に分離した。これらの管路モデルにより、経路の特性（共鳴周波数）を持つ音響モデルとなり、入力が特性により変化して出力されるモデルとなる。

さらに、外装の振動により生ずる音は、機構系の外装部分の振動（速度）を取得し、ピストン要素（スピーカコーン向けの要素を流用・表面積を設定）を加振することで、音圧を発生させるモデルとして定義した。流体の圧力変動に起因する音と、構造の振動に起因する音を合成し、距離0.2mで聞くと仮定して評価点を設けた。

(1)-2　解析結果

音のデライト1Dモデルによる、図6-32と同様の解析結果を**図6-34**に示す。回転上昇中（0.5秒付近）に音圧が一時的に大きくなり、風量を上昇させた3.5秒付近でも、微妙に振幅が増加している。

(1)-3　音ファイルへの変換と音質評価

音のデライト評価に向けて、デライトのものさしの入力は、ラウドネス、シャープネス等の音質指標に変換する必要がある。物理モデルシミュレーションには音圧から音質指標を求める機能が存在しないため、専用のソフトウェアに向け、シミュレーション結果をASCII形式でエクスポートし、WAVファイルへの変換をして、音質指標処理環境で算出した。その処理の流れを**図6-35**に示す。音圧から音質指標への変換は、外部ツールを利用した。

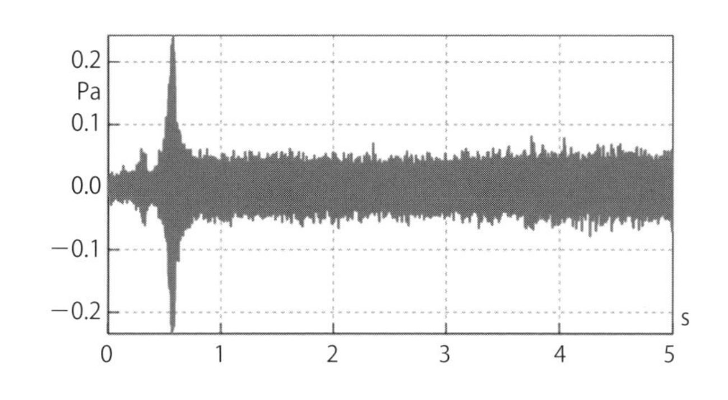

図6-34　評価点における音圧

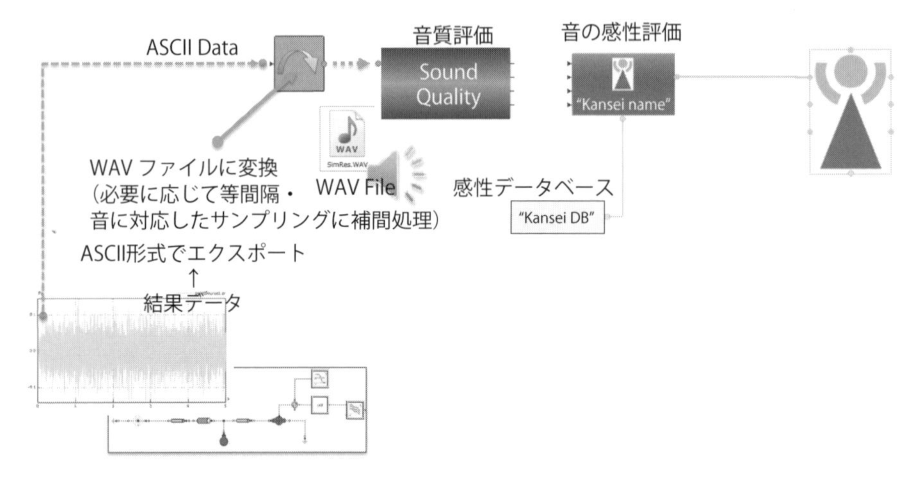

図6-35　音圧から音質指標、感性評価の流れイメージ

(1)-4　評価結果

図6-34に示した音圧を、WAVファイルに変換し、音質評価ソフトで音質指標を算出した結果を**図6-36**に示す。最上段は、横軸を時間、縦軸を応答周波数としたスペクトル図、中段はラウドネス、下段はシャープネスを示す。3.5秒付近で風量を弱から強に変化させた結果、電源周波数の50Hzの振動が消滅している。これは、図6-26に示した、電気回路の風量SWの直後に存在するダイオードに起因しており、弱では半波、強では全波通過するために生じている。強弱変化によるラウドネスの変化は小さいものの、シャープネスは増加しており、動作音が、高い周波数によりシフトしたことと矛盾しない結果となった。

(2) 持ち易さのデライト1Dモデル

次に、ドライヤの持ちやすさを評価するために、1Dモデルをもとに、持ち易さと関係すると考えられる、動作時の反力を推定するデライト1Dモデルを作成する。

(2)-1　モーションキャプチャデータ

力を評価するためのシミュレーションへの入力は、モーションキャプチャ機器で実測されたデータを1Dモデルへインポートし利用した。**図6-37**にデータの一例を示す。被験者の肩・肘・手首と、ドライヤ6点に取り付けられた光学式のモーションキャプチャ測定点のデータを機構運動の強制変位として扱い、各点の挙動に割り当てた。

(2)-2　ドライヤのマスプロパティ

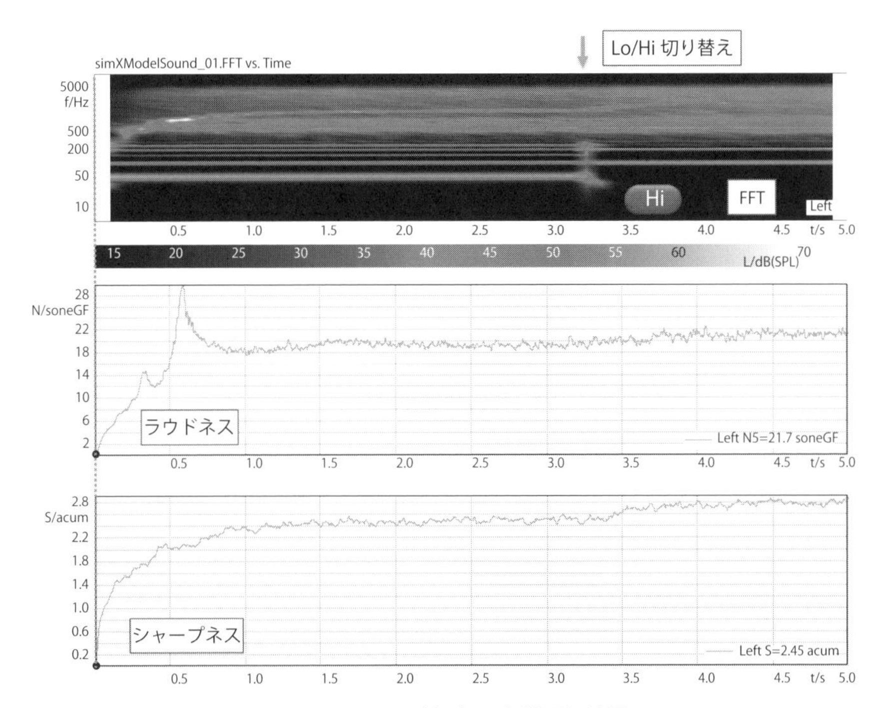

図6-36　ドライヤ音の音質評価結果

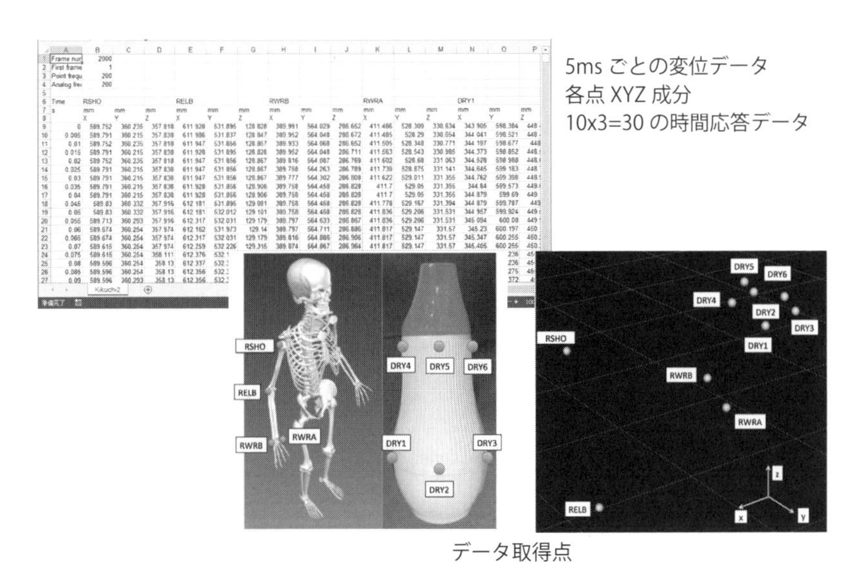

図6-37　モーションキャプチャデータ

解析で動作反力を得るためには、動きのデータの他に、ドライヤ自身の質量・重心・慣性モーメントなどのマスプロパティが必要となる。ここでは、**図6-38**に示したX線CT装置により撮像されたボリュームスキャンデータを用い、X線透過率による密度の推測により求められた値を、モデルのパラメータとして定義した。

(2)-3　持ち易さの評価モデル

持ち易さの評価モデルは、音評価モデルとは異なり、ドライヤを外界から動かす際の力の評価に特化したモデルとした。ドライヤの機構要素の剛体に対して、X線CTデータをリバースして得られたマスプロパティを定義することで、対象とするヘアドライヤに特化した質量バランスに対する応答を得ることができる。

モーションキャプチャにより得られるデータは、測定ターゲットの3方向変位であるため、機構モデルの挙動に対応付けられるようにデータを変換した。モーションキャプチャデータのうち、ドライヤに取り付けられた3か所のターゲットの動きの平均値を代表並進変位として扱い、強制変位として剛体に与えた。また、代表変位と各点の動きの差分からドライヤの方向余弦ベクトルを求め、オイラ角表現に変換することで姿勢角度を得て、同様に強制角度として剛体に与えた。強制変位・強制角度は、反力として動作に要した力・モーメントを持つため、それらの量を評価

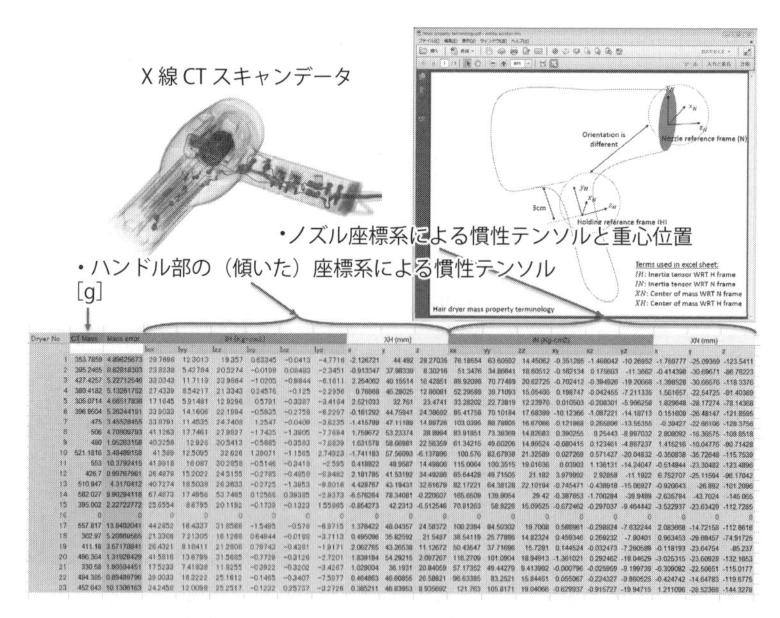

Dryer No	CT Mass	Mass error	IH (Kg-cm2) Ixx	Iyy	Izz	Ixy	Ixz	Iyz	XH (mm) x	y	z
1	353.7859	4.89625673	29.7898	12.3013	19.357	0.63345	−0.0413	−4.7716	-2.126721	44.492	28.27035
2	395.2465	0.82818303	23.8238	5.42784	20.5274	−0.0199	0.08483	−2.3451	-0.913347	37.98339	8.30216
3	427.4257	5.22712546	33.0343	11.7119	23.9864	−1.0205	−0.9844	−6.1611	2.254062	40.15514	16.42851
4	380.4182	5.13281752	27.4339	8.54217	21.3343	0.24576	−0.125	−2.2956	0.76868	46.28025	12.86081
5	305.0714	4.66517838	17.1645	5.91481	12.9296	0.5791	−0.3387	−3.4184	2.521033	32.761	23.4741
6	396.9504	5.26244191	33.9033	14.1606	22.1994	−0.5935	−0.2759	−6.2297	-0.161292	44.75941	24.38692
7	475	3.45528455	33.8791	11.4535	24.7408	1.2547	−0.0409	−3.6235	-1.415789	47.11189	14.89726
8	506	4.70909793	41.1263	17.7461	27.9827	−1.7435	−1.3805	−7.7694	1.759672	53.23374	28.8994
9	480	1.95263158	40.3258	12.926	30.5413	−0.5885	−0.3583	−7.0839	1.631578	58.66981	22.56359
10	521.1816	3.48488158	41.589	12.5095	32.626	1.39071	−1.1565	2.74923	-1.741183	57.56093	-6.137896
11	553	10.3792415	41.9918	16.087	30.2858	−0.5146	−0.3418	−2.595	0.418922	48.9587	14.49806
12	426.7	0.99787961	26.4878	15.2022	24.5155	−0.2785	−0.4658	−6.9482	2.181785	41.53192	34.49288
13	510.947	4.3170412	40.7274	18.5038	26.3633	−0.2725	−1.3953	−9.8016	4.428787	43.19431	32.61679
14	582.027	9.90294118	67.4873	17.4956	53.7465	0.12566	0.39385	−2.9373	-6.576264	78.34081	-0.220607
15	395.002	2.22722772	25.6554	8.6795	20.1192	−0.1739	−0.1323	1.55865	-0.864273	42.2313	-6.512546
16	0	0	0	0	0	0	0	0	0	0	0
17	557.817	13.8402041	44.2852	16.4337	31.8566	−1.5495	−0.578	−6.9715	1.378422	48.04357	24.58372
18	362.97	5.20889565	21.3306	7.21305	16.1268	0.64944	−0.0188	−3.7113	0.495096	35.82592	21.5487
19	411.18	3.67178841	26.4321	8.18411	21.2808	0.79743	−0.4381	−1.9171	2.062765	43.26538	11.12672
20	496.364	1.31928429	41.5816	13.6799	31.5685	−0.7729	−0.3126	−2.7201	1.839184	54.29215	2.087267
21	330.58	1.90504451	17.5233	7.41938	11.8255	−0.3922	−0.3202	−3.4267	1.028004	36.1931	20.84069
22	494.385	0.89489796	39.0033	16.3222	25.1612	−0.1465	−0.3407	−7.5977	0.464863	46.60856	26.58821
23	452.043	10.1306163	34.2456	12.0098	25.2517	−0.1232	0.25737	−3.2726	0.385211	46.83953	8.935692

Dryer No	IN (Kg-cm2) xx	yy	zz	xy	xz	yz	XN (mm) x	y	z
1	76.18554	63.60592	14.45062	-0.351285	-1.468042	-10.26952	-1.769777	-25.09369	-123.5411
2	51.3476	34.86641	18.60512	-0.162134	0.175603	-11.3662	-0.414398	-30.69671	-86.78223
3	89.92098	70.77489	20.62725	-0.702412	-0.394926	-19.20668	-1.398528	-30.66576	-118.3376
4	52.29689	39.71093	15.05406	0.198747	-0.042455	-7.211335	1.561657	-22.54725	-91.40369
5	33.28202	22.73819	12.23976	0.010503	-0.208301	-5.966258	1.829648	-28.17274	-78.14368
6	85.41758	70.10184	17.68399	-10.12366	-1.087221	-14.18713	0.151609	-26.48147	-121.8595
7	103.0395	88.78805	16.67066	-0.121868	0.265896	-13.56355	-0.39427	-22.66106	-128.3756
8	83.91851	73.39369	14.82683	0.390255	0.25443	-8.997032	2.808092	-16.36575	-108.8518
9	61.34215	49.60206	14.86524	-0.080415	0.123461	-4.867237	1.415216	-10.04776	-90.71428
10	100.576	82.67938	21.32589	0.027269	0.571427	-20.04832	-0.350838	-35.72648	-115.7539
11	115.0064	100.3515	19.01636	0.03903	1.136131	-14.24047	-0.514844	-23.30482	-123.4896
12	65.64428	49.71505	21.182	3.979992	2.92858	-11.1922	6.752707	-25.11594	-96.17042
13	82.17221	64.38128	22.10194	-0.745471	-0.438918	-15.06927	-0.920643	-26.892	-101.2096
14	165.6509	139.9054	29.42	-0.387853	-1.700284	-39.9489	-2.635784	-43.7024	-145.065
15	70.81263	58.9228	15.09525	-0.672462	-0.297037	-9.464442	-3.522937	-23.63429	-112.7285
16	0	0	0	0	0	0	0	0	0
17	100.2384	84.50302	19.7008	0.588961	-0.298824	-7.632244	2.083658	-14.72158	-112.8618
18	38.54119	25.77898	14.82324	0.459346	0.268232	-7.80401	0.963453	-29.68457	-74.91725
19	50.43647	37.71696	15.7281	0.144524	-0.032473	-7.260589	-0.118193	-23.64754	-85.237
20	116.2709	101.0904	18.94913	-1.361021	0.292462	-18.04629	-3.025315	-23.60928	-132.1653
21	57.17352	49.44279	9.413992	-0.000796	-0.025969	-9.199739	-0.309082	-22.50651	-115.0177
22	96.63385	83.2521	15.84461	0.055067	-0.224327	-9.860525	-0.424742	-14.64783	-119.6775
23	121.763	105.8171	19.04066	-0.629937	-0.915727	-19.94715	1.211096	-28.52368	-144.3278

図6-38　ドライヤのマスプロパティデータ

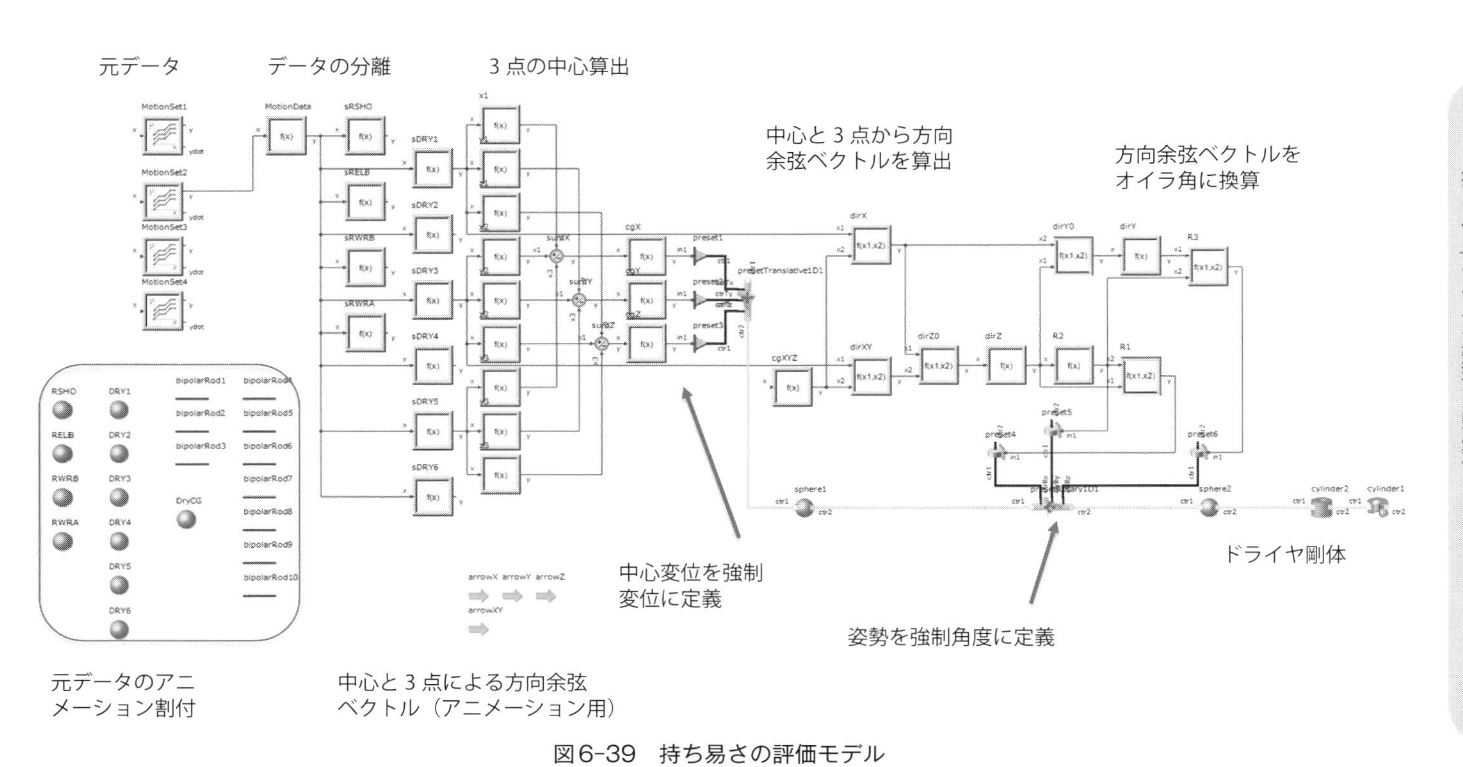

図6-39　持ち易さの評価モデル

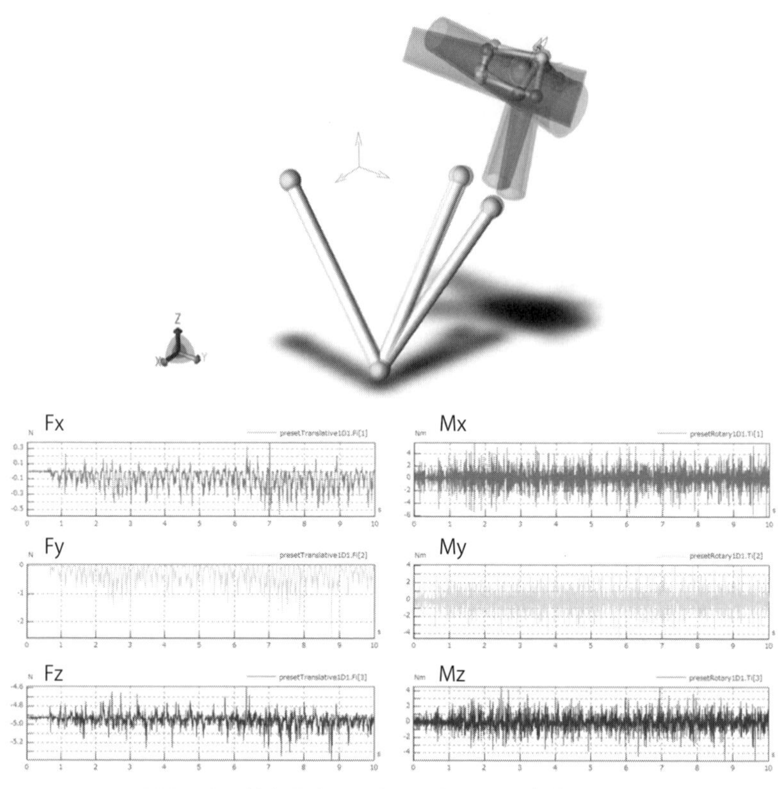

図6-40　持ち易さの評価モデルによる解析結果例

値とした。**図6-39**に作成したモデルを示す。

(2)-4　解析結果例

図6-40に解析結果例を示す。評価項目は、モーションキャプチャデータの動作に要した、ドライヤ把持部における力とモーメントで、この値の大小は、ドライヤのマスプロパティと変動量により変化する。変動量は、ドライヤの重心や大きさ・形状などにより変化することが考えられるため、それぞれの動きで評価するか、代表的な動作パターンなどを抽出し、汎用的な入力を求めることで評価につなげることが望ましい。

6.4 デザイン×デザインによる新製品創出

以上の議論により、ドライヤのデライト設計においては、スタイル、持ち易さ、音が重要であることが分かった。このうち、持ち易さと音に関してはデライトのものさしを定義、設計できる仕組みが構築できた。一方で、スタイルに関してはその重要性は認識できているものの、デライトのものさしが構築できるレベルまで研究が進んでいない。

ここで、いったん家電製品のように性能、機能、デザインが混然一体となった製品のデライト設計について考えて見たい。**図6-41**に、クリーナの例を示す。大きく言って、「原理」、「方式」、「見た目」がデライト設計の3要素となる。

クリーナは、ファンにより内部を負圧にしてごみを吸い取る原理で、これはクリーナなるものが世の中に出てから変わっていない。従って、画期的なごみを取る原理が生まれれば最高のデライトなクリーナの誕生となる。これは通常は設計者の仕事である。

一方、方式に関しては、集塵方式として紙パックからサイクロンに、使い勝手としてキャニスタからステック（併せてコードレス）に、自動化の流れとしてキャニスタからロボットに、それと皆さん気にされていないと思うが、意外と重要なブラシが電動ブラシにと進化している。

このようなアイデアは主に設計者が考えるが、方式の進化とともに見た目も大きく変化するので、途中からデザイナが参入することになる。また、見た目に関して

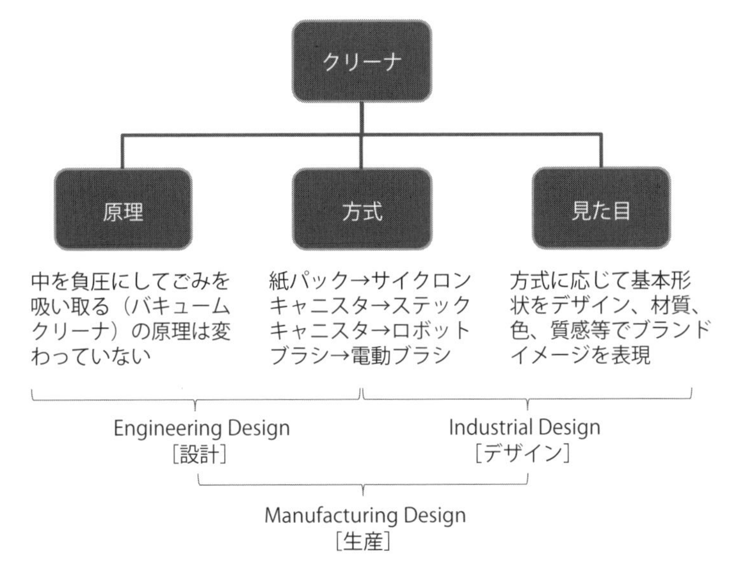

図6-41　クリーナを例としたデライト設計の構成

は、方式に応じた基本形状のデザイン、材質、色、質感等のブランドイメージをデザイナが具現化していく。さらに、原理、方式、見た目を通して製造の視点から生産設計者が全体に関わる。

理想的を言えば、設計者、デザイナ、生産設計者を一人のエンジニアが担当できると良い。最近、デザイン家電ということで魅力的な（デライトな）家電がベンチャ企業から生まれている。この場合、設計、デザイン、生産を一人のエンジニアが担当している場合が多い。ただ、このようなベンチャ企業も会社の規模が大きくなって来ると図6-41の形態になり、人依存からの脱却が求められる。その場合に、デライト設計の考え方、手法が必要になってくる。

上記の背景も踏まえて、ドライヤのデライト設計を設計者とデザイナが一体となって実施した。このようなデライト設計の方法をここではデザイン×デザインと呼ぶ。エンジニアリングデザイン（設計）とインダストリアルデザイン（デザイン）を、人を介してデライト設計の考え方で実施するという意味である。

図6-42に、デザイン×デザインによるドライヤのデライト設計の流れを示す。設計者は以前からドライヤの新方式のアイデアを持っており（彼の過去の他分野での経験からひらめいた）、これをコンセプトとして表現（デザイナではないので拙い絵ではあるがやりたいことは分かる）した。この時点でデザイナが入り、新方式のアイデアを形の視点から同時並行で検討した。

設計者の方ではデザイナの意見も考慮して、デライト1Dモデルによる機能設計、デライトのものさしによる機能確認を行った。この時点で3D設計のための情

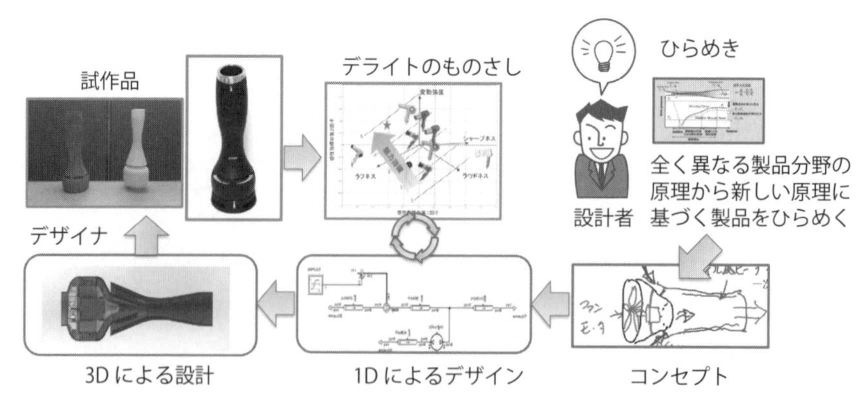

図6-42　デザイン×デザインによるドライヤのデライト設計の流れ

報を仮決めして、デザイナ、設計者一体となって3D設計を行った。この際、デザイナとしての理想的な形状が設計者の視点からは必ずしも実現可能ではないので、両者でどこまで歩み寄れるかせめぎ合いの議論となった。

図6-43に、デザイン×デザインによるドライヤのデライト設計の具体的手順を示す。すでに述べたように、評価グリッド法によりドライヤに関するキーワードを抽出、これらをもとにSD法、因子分析を行って、ドライヤのデライトとして音、持ち易さ、スタイルを設定した。このうち、音と持ち易さを主に設計者が、スタイルをデザイナが担当した。音に関しては音が小さくて高域の成分が少ないことを目標に、ジェットポンプ型のファンを採用した。ジェットポンプ型のファンは設計者が以前、大型機械の設計で経験があったもので、ドライヤへの適用を閃いた。

ジェットポンプ型のファンには二つの方式が存在するが、ここでは実現可能性を考慮して図6-42のコンセプトに示す方式を採用した。一方、持ち易さに関しては、デライトのものさしから重量だけでなく回転慣性が小さいほうがいいとされたので、極力ドライヤの重心位置が持ち手位置と同じになるようにした。結果として、取っ手をなくし、コードレス（コードが邪魔との意見が多かった）とした。コードレスとしたことにより、バッテリを本体に実装することになり、逆にこれを生かして、バッテリ位置を制御することにより、重心位置を調整、回転慣性の最小化を図った。上記作業と並行してスタイルのデザインをデザイナが実施した。

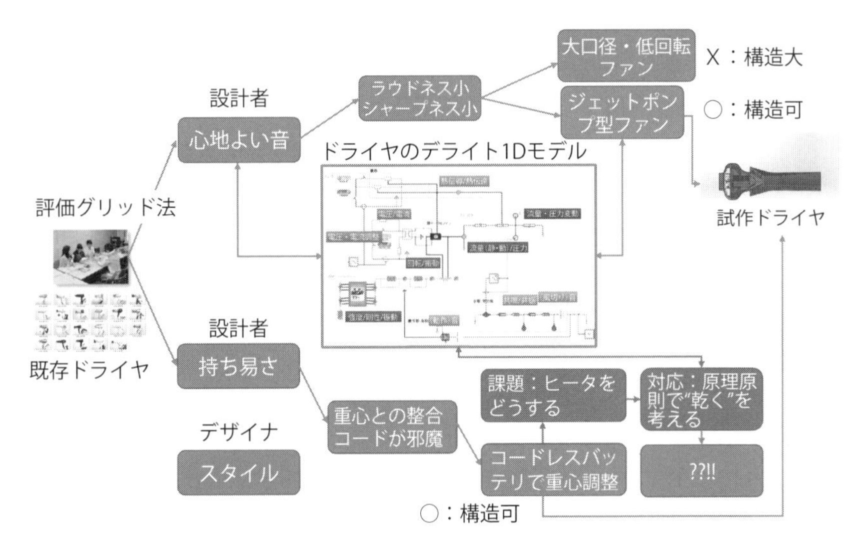

図6-43 デザイン×デザインによるドライヤのデライト設計の具体的手順

上記手順でデライト設計したドライヤのデザインモックを**図6-44**に、実際に動く試作ドライヤを**図6-45**に示す。図6-44はデザイナが理想とした形状で、二種類のデザインモックは色が異なるだけではなく、表面の材質の処理も異なる。白はいわゆる光沢処理、黒はいわゆるラバー塗装となっている。これは一連の検討の中で、女性と男性とで色、質感の嗜好に差があることが分かり、これらの知見を反映した。白が女性用、黒が男性用を想定している。実際に手に取ってみると、見た目以上にその差を感じる。

一方、図6-45の動く試作ドライヤは、図6-44のデザインモックと比較してもらうと分かるが、基本形状は同じあるが若干太めとなっている。これは、デザイナが提示した理想形状ではファンが収まらず、全体に少し径を大きくしたことによる。ドライヤの下部は非接触の充電台でドライヤをセットするだけで自動的に充電を行い、充電の状況は充電台中央のLEDで確認できる。また、ドライヤのON／OFF状態はドライヤ上部中央のLEDで確認できる。製品として出すには幾つかの課題はあるが、ドライヤのデライト設計のキーワードとして設定した項目の多くは満足したのではと考えている。

澄川伸一氏のデザインによる

図6-44　ドライヤの デザインモック

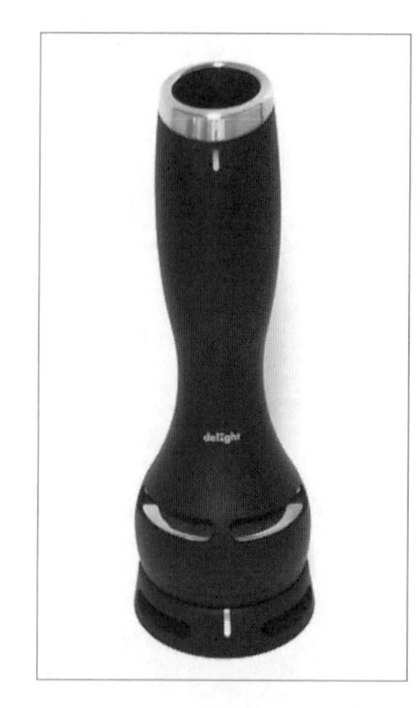

シンプル
らしさがある
音が良い
高級感がある
使い易い
持ち易い
質感が良い
収納性が良い
重量バランスが良い
新しい
性能が良い
操作性が良い
装飾的である
魅力的である

図6-45　動く試作ドライヤ

第7章

デライト設計の今後

デライト設計は緒に就いたばかりで、今後どのように展開するか分からない。というか、ある程度、我々がけん引していかないと従来の感性工学に戻ってしまう。感性工学に問題があるのではなく、人の資質を前提とした感性工学に加え、今後はある程度感性を指標化し、これに基づいて設計を行うデライト設計が必要になってくると考えるからである。そこで、デライト設計の今後について下記の二つの視点で考えて見たい。

7.1 人の行動パターンから見たデライト設計

デライトおよびデライト設計の定義は何度か行ったが、突き詰めるところ、値段に関係なく買ってしまう（欲しくなる）製品を設計することではないだろうか。このような視点で、人が製品（商品）を購入する際の行動パターンを考えて見る。

本書でも紹介したドライヤを例にとる。家電量販店に行くと、多くのドライヤが置いてある。事前に目星をつけていない限り、さっと見て気に入ったドライヤを見つけるであろう。その際、何が訴求点になるかといえば、見た目の感じが自分の感性に合っているかどうかだと思う。

候補が見つかると、実際に手に取ってみて意外と重いとか、使いにくいとか言ったより詳細なチェックに入る。この関門を通過したいくつかの製品に対して、初めて実際に使ってみて、風の具合、温度の具合、音の具合を確認することになる。

ここで言いたいことは、ドライヤの基本機能である“髪の毛を優しく乾かす”は必ずしもチェックされていない（できない）ことである。

これは、缶入りコーヒーを購入する時も同じである。缶入りコーヒーは缶入りなので、ドライヤと違って実際に試飲して購入することはできない。従って、ドライヤ以上に見た目だけで購入する比重が増える。いったんこうやって購入した缶入りコーヒーが満足するものであれば、おそらく次回も同じものを購入するであろう。他に、もっと好みに合った缶入りコーヒーがあったとしても、そこにたどり着くことはあまりない。

オーディオ用のイヤホン、ヘッドホンに関しては、試聴コーナーが置かれている。確かに、ここで試聴している人もいるが多くはない。この場合も、見た目と装着感で決めているのではないかと思う。

以上の人の行動パターンは**図7-1**の様に表現できる。まず、見て、次に触って、最後に聴いて購入の可否を決める。すなわち、このプロセスを経ないと、人は購入という行為に移ってくれない。話はそれるが、猛獣が餌を見つけるときの行動も同じらしい。美味しいそうな動物を見つけたらよく観察し、良さそうであれば追いかけて捕まえ、触って食べられそうかどうかチェックして、ようやく食べるという行為になる。これも全く図7-1の人の行動パターンと同じである。

図7-1の人の行動パターンから、デライト設計の今後を考える。観察して（この際のデライト値をAとする）、手に取って（同様にBとする）、使って（同様にCとする）購入を決めるプロセスが図7-1の様にシリーズになっていると仮定すると、製品自体のデライト値（S）は

$$S = A x B x C$$

となる。すなわち、三つの項目A，B，Cすべてがデライト設計には必要となっ

図7-1　人の行動パターン

てくる。

また、項目Cはいわゆる性能に近いデライトなので、多くの製品ではこれを満足している。一方で、項目A、項目Bは指標化が難しいため、製品による凸凹が大きい。デライト設計の重要な点は、項目A、項目Bに関しても項目C同様に指標化を試みている点である。さらに、試験の点数と同じで、ある点数（及第点）以上でないと人は購入意欲を満たされない。従って、項目A、B，Cを図式的に描くと**図7-2**のようになる。

図中の実線が、人のデライトと各項目の充足度を表わす。実際には及第ライン以下は零点に等しいので、その場合は点線となる。この図からも、項目Aが最もハードルが高く、次いで項目B、そして項目Cとなることが分かる。

項目A，B，Cはいずれもデライトへの寄与度は同等と考えられるが、Aのハードルを越えないとBには行けず、Bのハードルを越えないとCには行けないことを考えると、デライトへの重要度は一般にA＞B＞Cと考えてよい。

別の見方をすると、項目Cは満足していることが当たり前で、充足していないと不満となるという意味でマスト的デライトと定義することができる。例えば、ドライヤで音が煩いと文句は言うが、音が静かだからと言ってこれは素晴らしいとは思わない。また、項目Bは、充足度に比例して満足度も上がるという意味で、ベター的デライトと定義できる。そうすると、項目Aがデライト的デライトということになる。「4.2.2　デライトを定義する」でいうと、項目Aのデライト的デライトが“強めのデライト”、項目Cのマスト的デライトが“弱めのデライト”に相当する。

なお、蛇足であるが、ここで製品と商品について考えて見る。

本書では、製品という言葉を使ってきたが、市場では製品は商品と呼ばれる。で

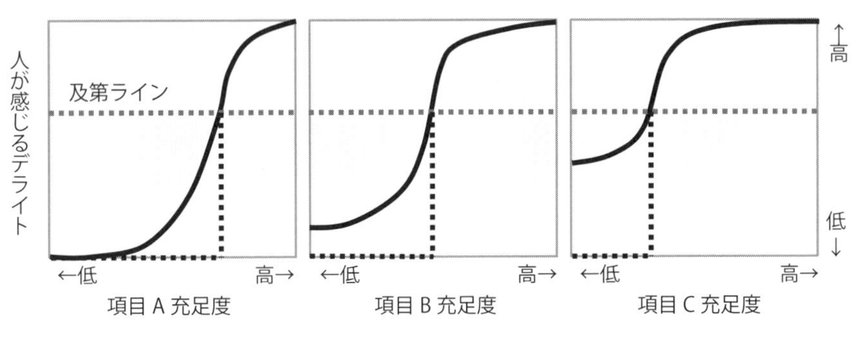

図7-2　人が感じるデライトと各項目の充足度との関係

は、製品と商品は違うのであろうか。筆者は、商品の方が製品よりも広い概念と考える。商品の一部が製品ともいえる。前述の缶入りコーヒーの場合は、中身のコーヒーが製品で、缶、パッケージも含めた全体が商品である。だからこそ、味には関係ない外観デザインにも注力するのである。

別の言い方をするならば、デライト設計では製品を商品としてとらえることが重要ともいえる。最近発売になったドライヤは、本体性能もさることながら、パーケージングもデライトである。モバイル端末についても同様である。これは、人が奇麗な服を着たいのと一緒で、せっかく手塩にかけた製品であればドレスアップして世に商品として出したいものである。

7.2 ものづくりの視点から見たデライト設計

デライト設計を、ものづくりの視点で考える。デライト設計の直接の対象は、製品である。製品は部品、材料から構成される。一方、製品は人が使用し、社会で用いられる。従って、デライト設計を考える場合には、**図7-3**に示すように、社会⇔人⇔製品⇔部品⇔材料の流れで考える必要がある。社会⇔人⇔製品は、デザイン、または、最近はやりの言葉で言うとエクスペリエンスデザインに相当する。人⇔製品⇔部品がいわゆる設計の範疇、製品⇔部品⇔材料が生産の範疇に入る。

デライト設計のやり方としては、社会、人が求めるもの、いわゆるニーズを明らかにし、これを具現化していくニーズドリブンの方法と、部品、材料といったシーズをもとに、これからどのような製品が人、社会に提供できるかといったシーズドリブンの方法がある。前者は、いわゆるトップダウンものづくりで、欧米流デライト設計といえる。カリスマ経営者が時代を先取りした製品コンセプトを考え、具体化していく。必要な技術（部品、材料）は世界から調達する。この場合、日本は部品、材料の供給元に甘んじる。一方、後者はいわゆるボトムアップものづくりで、日本流デライト設計といえる。革新的な部品・材料技術をベースに、今まで世の中に存在しなかった製品を具現化、人、社会に提供する。

ここで言いたいのは、欧米流、日本流のどちらがいいということではなく、いずれもそれぞれの文化的、地理的背景から自然に醸成されたデライト設計だということである。日本が欧米流を真似ても欧米を追い越すことはできないし、欧米についても同様である。しかしながら、日本流をベースとしながらも欧米流のいいところを導入することは意味がある。

もう一つ、日本のものづくりの強みでもあり弱みでもあるのが“擦り合わせ”技術である。複数の技術者が阿吽の呼吸でものづくりを行う、日本ならではの方法である。ちゃんとした仕様書がなくてもものができていく様子に、欧米の技術者は驚いたものである。擦り合わせは今後も日本のものづくりの強みとして残していくべきと考えるが、製品の形態がハードだけでなくハード／エレキ／ソフト混在となり、今後はさらにソフト主導となっていくことを考えると、擦り合わせと同列の考え方が必要になってくると考える。

それが、ものづくりにおける指標化である。特にデライト設計においては、人の感性といった曖昧な情報を扱うため、指標化は特に重要である。指標化に関しては、社会⇔人⇔製品をカバーする製品マップ、製品⇔部品⇔材料をカバーする材料マップの二本立てを現在考えているが、今後はさらに多様な指標が必要になってくると考えられる。

図7-3に示すように、デライト設計のための指標を共通言語とし、デザイン、設計、生産に関わる技術者が一体となって、欧米流、日本流に捉われないでデライト設計を行っていく仕組みが今後望まれる。

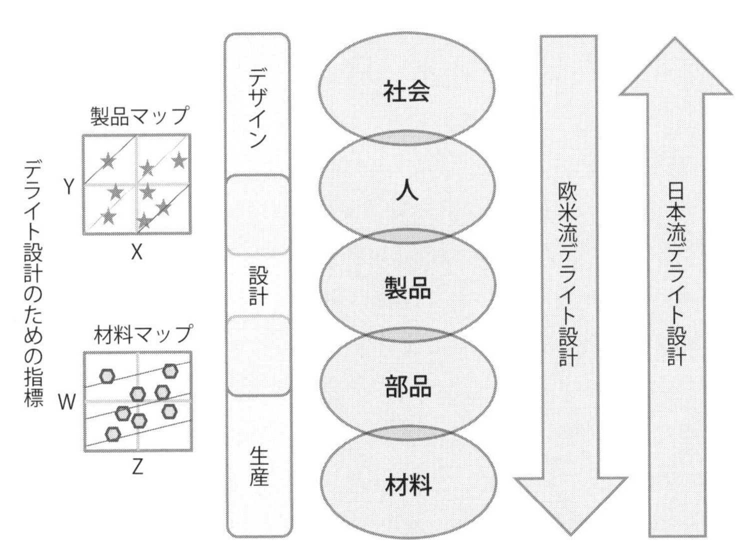

図7-3　ものづくりの視点から見たデライト設計

おわりに

デライト設計について紹介した。デライト設計に関して、考え方は分かるが実際にどうやったらいいか良く分からないと言われることが多い。また、デライト設計を行えば色んなアイデアが自動的に生まれてくると思っている人も少なくない。このような期待と誤解の中でデライト設計の研究開発を行うことは、やりがいもあるが忍耐力も必要である。

まず、デライト設計に関わらず、設計そのものへの誤解がある。本書でデザイン、設計、生産をデライト設計の3本の柱として紹介した。デザインに関しては良くも悪くも皆さんはあるイメージを持っている。かっこいい製品であればデザインがいいと評される。一方、生産に関してはものづくりの出口であり、成果がイメージしやすい。これに対して、設計はデザインと生産の狭間で正しく理解されていない。私は、設計とはプロ野球のバッターみたいなものだと説明している。どんなに優秀なバッターであっても、打率3割を超えれば一流といわれる。また、ホームランバッターでも、10打席で一回ホームランが出ればいい方である。打率2割台のバッターは打率3割を目指して努力している。あるバッターはとにかく大量トレーニングに明け暮れるであろう。また、あるバッターは打率を上げるために色々と戦略を考え、これに沿ってシーズンオフにトレーニングをし、シーズン中もある戦術で試合に臨む。この前者と後者でどちらがいい結果に繋がるであろうか。設計も同様と考える。ものづくりに関する戦略、戦術がなくてもものはできていく。特に、日本の擦り合わせが有効に働く分野ではいまだにこの効果は無視できない。しかしながら、昨今のものづくりの現状を見ると擦り合わせの限界も見えてきている。

まさに、ものづくりにも戦略と戦術が必要となっている。だから設計が重要なのである。バッターの例と同じで、設計は良い製品を生み出す確率を向上させる種類のものである。戦略と戦術に基づいた設計が100%良い製品につながるとは言えないが、その確率は上がるはずである。設計の中でも、デライト設計ではその色彩がさらに濃くなる。本書でも何度となく述べたが、デザイン、設計、生産を通したデライト設計のための指標（ものさし）を設計の視点で提示するプロセスが重要なのである。この指標は多少間違っていても（間違っていたら早期に発見修正すればいい）、ものづくりに関わるエンジニアがこの実現に向かってベクトルを揃えることができれば鬼に金棒といえる。

デライト設計を始めとした設計研究は今後も茨の道を歩くことになるだろう。しかし、やるべきことは明確になっていると考える。一歩一歩、着実に成果を出し、同志を増やしていくことにより、社会に認知してもらうしか方法はない。

参考文献

第1章

1. 大富、これからの製品開発と設計、日本機械学会、2007年度年次大会講演論文集
2. 大富浩一：心を豊かにするものづくりと製品音のデザイン、日本機械学会誌2月号、Vol. 112 No.1083, 2009

第2章

1. JSME技術ロードマップ（日本機械学会 創立110周年事業）、日本機械学会誌，Vol.110, No.1067, October, 2007
2. Kano N., "Attractive quality and must-be quality". Journal of the Japanese Society for Quality Control（in Japanese）14（2）. 1984

第3章

1. 大富浩一、穂坂倫佳、岩田宜之、"製品音のデザイン"、東芝レビュー Vol.62 No.9, 2007
2. 大富浩一、穂坂倫佳、"家電製品の音のデザイン"、音響学会誌、64、2008.
3. K. Ohtomi and R. Hosaka,"Design for Product Sound Quality", Internoise, 2008
4. 柳澤秀吉，村上存，大富浩一，穂坂倫佳、"感性の多様性を考慮した感性品質の定量化手法（製品音の設計における感性品質の定量化への適用）"，日本機械学会論文集C編，74-746，2008.
5. 穂坂倫佳、大富浩一、"要素音のタイミングと1周期の時間長が全体音に与える影響評価"、音講論集、2009.10
6. Richard Lyon, Designing for Product Sound Quality, CRC Press, 2000
7. 木村建一、"建築設備基礎"、pdf version0.8.1, April 22, 2011
   https://code.google.com/p/setukiso/downloads/detail?name=Setukiso_vers.0.8.1.pdf
   （ア）木村先生のご好意によりHP上で公開されている
8. Zwicker., E, Psychoacoustics: Facts and Models, Springer, 2nd Update Edition 1998

第4章

1. Michael F. Ashby, Kara Johnson, Materials and Design, Third Edition: The Art and Science of Material Selection in Product Design, Butterworth-Heinemann, 2014

2. 赤尾洋二. 新製品開発のための品質展開活用の実際. 日本規格協会、1988

第5章

1. 井上勝雄、エクセルによる調査解析入門、海文堂出版, 2010
2. 森典彦、森田小百合、人の考え方に最も近いデータ解析法—ラフ集合が意思決定を支援する、海文堂出版, 2013
3. Michael F. Ashby, Materials Selection in Mechanical Design, Fifth Edition, Butterworth-Heinemann, 2017
4. 大富浩一、羽藤武宏、"1DCAEによるものづくりの革新"、東芝レビュー Vol.67 No.7, 2012
5. 機械設計、2015年9月号（2015 Vol.59 No.9）特集：ものづくり革新を実現する1DCAEによる製品開発
6. 機械設計、2017年1月号より"材料・プロセス選定のためのAshby法と機械設計"を連載中
7. 大橋秀雄、流体機械（改訂・SI版）、森北出版、113-116,1987

第6章

1. K. Ohtomi,"Delight design for hair dryer sound", Internoise, 2016

索引

【さ行】

【た行】

【な行】

【は行】

【ま行】

【や行】

【ら行】

著者略歴

大富　浩一（おおとみ　こういち）

1952年生まれ。東京大学大学院工学系研究科特任研究員　内閣府戦略的イノベーション創造プログラム（SIP）“革新的設計生産技術”の研究開発業務に従事
1974年、東北大学工学部機械工学科卒業
1979年、東北大学大学院工学研究科機械工学専攻博士課程修了。工学博士
1979年から2014年まで大手総合電機メーカの本社研究所に勤務
この間、原子力、宇宙機器、医用機器、家電機器、昇降機器、ノートPC、半導体関連、省力機器、等の製品開発に従事。
これらを通して、設計に関する広範な研究開発を実施。
専門は機械力学、設計工学。現在は音のデザイン、1DCAEの普及啓蒙活動に注力。日本機械学会、米国機械学会、日本音響学会、日本計算工学会等会員。

よくわかる デライト設計入門
ワクワクするような製品は天才がいなくとも作れる

NDC531

2017年4月25日　初版1刷発行

定価はカバーに表示されております。

©著　者　大　富　浩　一
発行者　井　水　治　博
発行所　日刊工業新聞社

〒103-8548　東京都中央区日本橋小網町14-1
電話　書籍編集部　03-5644-7490
販売・管理部　03-5644-7410
FAX　03-5644-7400
振替口座　00190-2-186076
URL　http://pub.nikkan.co.jp/
email　info@media.nikkan.co.jp

印刷・製本　新日本印刷

落丁・乱丁本はお取り替えいたします。　2017　Printed in Japan

ISBN 978-4-526-07703-6　C3053